Planning and Design of

HIGH DENSITY CENTRAL DISTRICT

高密度城市中心区规划设计

陈天 王峤 臧鑫宇 编著

江苏凤凰科学技术出版社

序 言

近年来，全球人口数量持续增长，城市化率不断提高，极大地加重了城市空间环境的承载压力。我国的城市化率已突破 50%，并进入“城市时代”，城市建设普遍面临人口膨胀、资源枯竭、环境恶化等城市问题，城市中心区是城市中各类要素最复杂、最密集的区域，也是城市规划设计的重点和难点地区。随着人地矛盾的不断加剧，城市中心区采取高密度、紧凑型的城市布局已经成为解决人地矛盾的重要途径，高密度发展模式已经成为未来城市发展不可避免的趋势。在这种形势下，高密度环境带来的积极作用及消极问题已经成为学术界讨论的热点之一，如何在高密度环境下形成适宜的城市中心区空间环境也成为城市规划亟须解决的问题。

全球范围的环境危机呼唤绿色、生态时代的回归，生态城市的理论研究和建设实践呈现出新一轮的创新和发展，为高密度城市中心区规划设计提供了与时俱进的理论基础和技术支持。城市形态是多元社会发展的空间体现，未来的城市发展也具有多样、高效、人文、生态等多方面的价值取向。绿色、生态时代的高密度城市中心区，是一个体现绿色、节能、文化、集约等综合内涵的有机生命体，城市规划研究者和设计者肩负着重要的责任，必须保证这个有机生命体不会因其生命系统的复杂性和脆弱性而呈现病态和不适，通过有效的规划方法和策略使其呈现勃勃生机和强韧的生命力。本书的写作目的在于通过理论思维和实践经验的有效结合，探讨高密度城市中心区的生态设计思路，为规划设计者提供可供参考的方法和典型案例，为生态城市设计方法的持续研究提供理论和实践支撑。

目 录

理论篇

1 城市中心区的基本概念与特征

城市中心区，是一个城市从初始时期就孕育而成的物质空间实体，是经过漫长的历史时期演变形成的，具有政治、经济、文化等核心地位的地区，能够集中体现城市的发展水平和风貌特色，并具有较强的吸引力。城市中心区是市民活动的公共核心区，人口最密集，各类活动最频繁，是城市最具活力的区域 。城市中心区作为城市发展的源头和内核，是城市的浓缩和雏形，是最能体现城市风貌和特色的地区。如果将城市比喻成一个生物体的话，城市中心区就是最初的种子，这颗种子具备促进城市不断增长的所有基因信息和重要器官。

城市中心区的主要功能可分为核心功能、辅助功能和特色功能三类（表 1）。核心功能是城市中心区有别于城市其他地段的根本要素，由一定规模的中心商业或中心商务功能构成，在服务类型和服务水平等方面均高于城市平均水平。辅助功能包含居住、行政管理、各类生活、社会和信息服务机构及基础设施机构等。辅助功能是维持城市中心区正常运转的各类支持功能，是城市中心区内必不可少的功能区域。特色功能一般包括行政中心、会展中心、文化中心等功能，往往会成为城市中心区的标志性特征，或成为形成次级城市中心区的基本条件。如东京中心区和美国曼哈顿地区以公共设施和居住功能为主，而公共设施用地（包括公共系统和商业系统）所占的比重最高，东京中心区占 35%，曼哈顿占 22.8%，其中以商业金融、行政办公、教育文化服务为主。

表 1　城市中心区的主要功能

类型	内容	描述
核心功能	中心商业	主要包括中心零售商业和餐饮等
	中心商务	主要包括总部办公、国际国内贸易、金融办公和其他办公等形式，随着城市经济的发展和产业结构的升级，商务功能逐渐趋于多样化和复合化
辅助功能	居住	居住功能虽不是中心区形成的基础，但是维持中心区发展的重要职能。与旧城中心区相关联的城市中心区往往包含大面积居住功能；新建中心区为保证活力及避免钟摆式交通，居住功能必不可少
	行政管理机构	相应级别的行政管理机构
	各类生活服务机构	主要包括餐饮、商业、宾馆等
	社会服务机构	主要包括文化娱乐、金融保险、医疗、教育等
	信息服务机构	如邮政、通信、咨询等
	基础设施机构	主要包括煤、水、电等相关基础设施机构
特色功能	行政中心	市级行政中心及相应机关所在地，空间形态具有特色
	会展中心	大型会展建筑或建筑群形成的以展览为主要功能区域
	文化中心	博物馆、展览馆、纪念馆、科技馆、影剧场、文化宫、活动中心等集中布置形成的文化中心
	文物古迹、旅游景点	围绕文物古迹或旅游景点形成的中心区域
	教育园区	以集中的中等、高等教育院校为主的区域
	专业市场	各类批发或零售市场，如纺织市场、古玩市场等，以街区或建筑及建筑综合体形式存在

城市中心区由于其特殊的地位和功能，在产业、空间、交通、活力等方面均体现出区别于城市其他区域的显著特点（表2）。城市中心区作为城市政治、经济和文化的中心，不仅表现在公共设施的集中布局，还表现为公共设施层级在城市范围内的核心地位，城市中心区无论是以中心商业还是以中心商务为核心，均以商业金融类的公共设施为主要功能，体现了城市中心区对城市经济较强的控制力。城市中心区的优势地位吸引各类功能体竞相入驻，成为各类要素的集散中心，引发用地紧缺现象，使地价升高。通过地价的过滤，最终在城市中心区留下赢利最高的经济功能体，以服务水平在城市范围内较高的第三产业为主要产业类型。

表2　城市中心区的主要特征

类型	内容	描述
地位	核心地位	城市政治、经济、文化中心
	经济的控制力强	中心区是金融、贸易、保险等产业的集中区域，是城市的经济枢纽，对城市及区域的经济具有较强的控制力和影响力
产业	各类要素集散中心	中心区的功能复合性使其成为各类要素的集散中心
	第三产业集中	城市中心区往往集中当今时代最先进、最发达的第三产业，如金融、保险、证券、中介、会计等
	服务水平高	中心区提供高水平的商务、商业、娱乐服务，服务类型多、范围广、便捷、质量高等
空间	用地	用地紧缺，地价高
	设施	各类设施类型多，设置完备
	建筑	建筑密度、高度、强度均高于城市其他区域；建筑间联系紧密，趋于在建筑间及街区间形成整体；建筑在垂直方向分层发展
	开放空间	数量少，尺度较小，人工环境所占比重大
	风貌	最能体现城市的历史及特色；依托旧城区发展的城市中心区，其建筑及环境形式与原有形式相呼应
交通	区位优势	一般位于城市几何中心附近，可达性高。一般包含对外交通枢纽，与各地联系方便
	交通会合处	城市其他区域交通会合于中心区
	交通形式多	中心区含有多种交通形式，且各种形式趋向于各成系统，如步行系统、公交系统等
	街道尺度小	依托旧城中心区发展而来的城市中心区街区尺度较小，快速交通发展受到限制
	分层发展	为保证各种交通形式互不干扰，中心区交通在垂直方向分层发展
活力	人口	人口数量多、密度高，人口流动频繁，昼夜人口差别大
	活动	活动类型多样，包括生活、工作、娱乐等

城市中心区的用地紧缺及高土地价值促使其向高密度、高强度、高层化方向发展，在垂直方向最大限度地利用有效空间，并积极利用相邻的室外空间，体现出建筑与城市空间一体化发展的趋势。受土地资源的限制，城市中心区开放空间一般数量较少、尺度较小，且人工环境相对较多。建筑和环境的风貌往往能够体现出城市在历史、经济、文化、地域特色等方面的发展水平。

相对于城市其他区域，城市中心区在城市对外交通和内部交通方面可达性最高。城市中心区一般地处城市最佳区位，位于城市几何中心附近，与城市各部分地区的距离相对较短，与城市对外交通枢纽及过境道路等设施联系便捷，且城市其他部分交通往往汇集于此。城市中心区一般包括多种交通出行方式，且各类交通形式发展成熟，为避免各类交通形式互相干扰，城市中心区交通逐渐向立体分层化发展，并使各类交通形式自成完整系统，如步行系统、公交系统等。

此外，城市中心区人口数量多，包括中心区的常住人口和流动人口，表现出人口密度高、人口流动频繁、昼夜人口数量差别大等特征（图 1）。城市中心区复杂多样的功能为各类活动提供了发生的可能性和物质平台，如提供较多的就业岗位、娱乐场所等，进一步促进了城市中心区的活力。

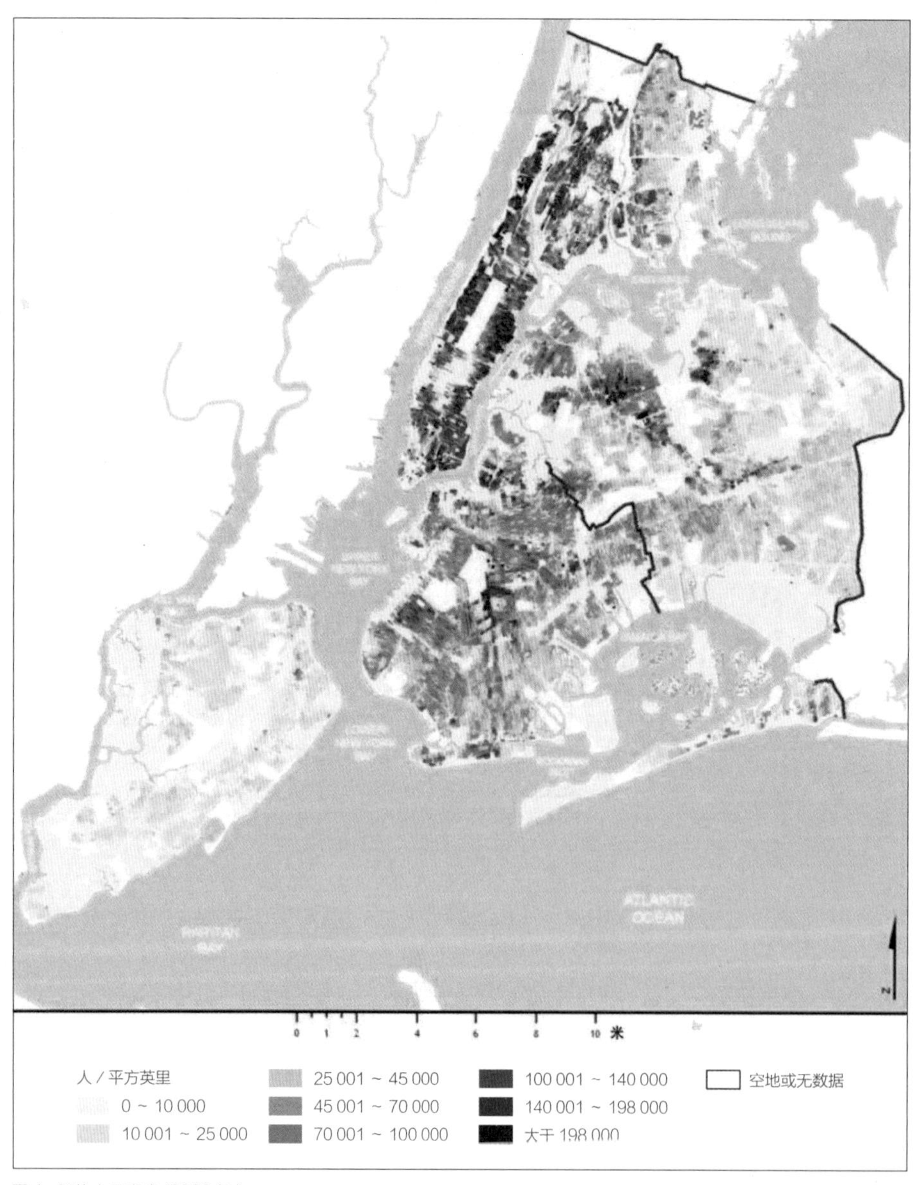

资料来源：2009 New York City Natural Hazard Mitigation Plan[R].OEM

图 1 纽约人口密度 (2000 年)

2 高密度城市中心区的研究进展

国外针对高密度的研究由来已久，早在 1922 年，柯布西耶在“明日城市”的概念中就提出了高强度的摩天楼设计。此后，柯布西耶提出了“人居单元”的概念，即以一栋建筑作为城市的基本单位，形成多种生活功能的复合，如其代表作马赛公寓，成为应对城市人口膨胀、土地紧缺背景下的高密度发展策略，这一概念对西方很多国家和城市的高密度研究产生了重要影响。随着全球经济的快速发展、城市土地资源的稀缺和人口的持续增长，国内外很多城市和地区表现出高密度发展的特征，如纽约、荷兰、新加坡、中国香港和上海等地都建成了世界著名的高密度建筑群。然而，高密度城市建设也普遍面临热岛效应、雾霾、暴雨等严重的生态问题，使高密度地区的研究成为世界范围内的重点学术课题。当前，国内外学者从不同方面提出了高密度研究的概念、策略、方法和技术措施。

建筑学领域延续了柯布西耶的研究，并逐步深入研究了高密度的相关概念和指标。如荷兰建筑师雷姆·库哈斯（Rem Koolhaas）提出“拥挤文化”是对城市高密度状态的积极响应和探索其空间特征的重要途径；此后，出现了与高密度研究直接相关的最大容积率（Farmax）、城市密度(Metacity/ Datatown)、三维城市（3D City）等高密度概念和指标。2000 年，德国汉诺威世博会荷兰馆，即是荷兰 MVRDV 事务所基于高密度研究进行建筑创作的代表。以罗杰·哈默（Roger B. Hammer）、杰米·瑞特罗斯（Jamie Tratalos）为代表的城市规划学者，对高密度的研究主要侧重于城市尺度的密度和增长分析及其时空动态变化特征，并开始关注城市形态与生态环境要素之间的关系，为建筑密度控制提供发展和管理的基础。美国城市生态学家理查德·瑞吉斯特（Richard Register）针对当前的城市高密度发展现状，提出了自然、紧凑、集约的生态规划策略，展望了生态城市的未来发展愿景。

国内对高密度的研究主要集中在两个方面：其一是以邹经宇、费移山、王建国、刘滨谊等学者为代表，从宏观城市层面和建筑层面重点研究我国城市高密度地区的规划方法和策略。并以香港、上海等城市高密度地区为例，对其空间模式、城市形态、公共交通、绿地系统、防灾减灾、建筑设计等方面的内容进行了系统研究，从不同的城市规划子系统角度提出了应对策略；其二是以吴恩融、缪朴、赵勇伟、陈昌勇等学者为代表，重点研究我国城市高密度地区的环境问题和改善方法，包括高密度环境的气候适应性研究 、高密度环境的城市设计准则、运用整体适应的城市设计策略构建中心区高密度协调单元、从塑造高密度环境日常生活空间的视角提出缩微化的城市设计策略、高密度居住环境的问题和改善方法。

从城市高密度研究成果不难看出，随着高密度地区生态环境问题的日趋严重，以绿色、生态、节能为核心理念进行城市高密度研究已经成为主要发展方向，以高密度既有研究为基础，未来与高密度空间环境相关的研究将主要集中在生物气候适应性、空间形态节能设计、新技术手段应用等方面。

3 高密度测度指标与环境特征

目前，对于城市中心区高密度环境定量指标的研究还缺乏统一的标准，城市规划领域内常用的用于表征城市（物理）密度的指标可分为人口密度和建筑密度两类。选取国内外部分城市中心区人口密度进行对比（表 3）。可以发现，不同国家、城市的人口密度差异仍然较大，且人口密度也体现出类似的层级划分现象。较大城市高密度城区人口密度峰值分布在 1 万人 / 平方千米至 5 万人 / 平方千米的范围内，我国十大中心城市人口密度峰值为 2 万人 / 平方千米至 4 万人 / 平方千米，区域中心城市人口密度峰值为 1 万人 / 平方千米至 3 万人 / 平方千米。全国范围内，人口高密度区域的具体数值差异主要与城市级别相关，而同一级别内，城市人口高密度区域的具体数值主要受到城市在世界和全国的地位、经济水平、整体人口以及其他因素影响。建筑密度指标中，以建筑容积率、建筑覆盖率、开放空间率为主要指标。由于居住区具有较强的独立性，与城市其他区域在使用功能、建筑形式上的差异性，将住宅建筑密度与非住宅建筑密度分开进行定义。对于我国内地城市，住宅区高密度环境一般容积率在 2.0 ~ 4.0，建筑密度为 30% ~ 40%（表 4）。非住宅建筑的高密度环境中，多层高密度环境一般容积率大于 4.0 并且建筑密度在 70% 以上；高层高密度环境一般容积率大于 8.0 且建筑密度在 60% ~ 70%（表 5）。

表 3　国内外部分城市高密度城区人口密度表

城市		分区	人口 / 万人	用地面积 / 平方千米	人口密度（人 / 平方千米）	时间 / 年
部分国外城市	纽约	曼哈顿	154	57.91	25 846	2000
	伦敦	伦敦市	0.78	2.6	3000	2006
		威斯敏斯特	25.31	21.48	11 784	2010
	巴黎	市区	221.1	105	20 164	2008
	东京	中央区	12.03	10.15	11 852	2012
		港区	20.15	20.34	9908	2010
我国特别行政区	澳门	澳门半岛	1.1	9.3	501 000	2010
		氹仔	7.4	6.8	111 000	2010
	香港	观塘	62.21	11.27	55 204	2011
		黄大仙	42.02	9.30	45 181	2011
我国十大中心城市	北京	西城区	124.3	50.53	24 599	2010
	上海	黄浦区	68.04	20.46	33 255	2011
	天津	和平区	27.3	10	27 347	2010
	广州	越秀区	114.89	33.80	33 991	2011
	重庆	渝中区	156.31	23.71	26 575	2010
	南京	秦淮区	100.49	49.2	20 425	2010
	武汉	江汉区	68.35	33.43	20 446	2010
	深圳	罗湖区	92.3	78.75	11 726	2010
	成都	青羊区	82.81	65.89	12 569	2010
	西安	碑林区	61.47	23.37	26 303	2010

表 4　部分城市 / 国家住宅建筑密度控制指标比较

名称	类型	最大容积率 /%	最小开放空间率 /%	最大建筑密度 /%	建筑高度控制 / 层
美国纽约	高密度	4.0 ~ 10.0	1.0 ~ 11.9	70 ~ 100	—
	中密度	2.0 ~ 5.0	15.5 ~ 37.5	60 ~ 80	—
	低密度	0.5 ~ 2.0	70	30 ~ 80	—
中国香港	高密度	6.5 ~ 10	—	—	—
	中密度	5.0	—	—	—
	低密度	3.0	—	—	—
日本	高密度	2.0 ~ 4.0	—	60	—
中国上海	高密度	1.8 ~ 4.0	—	20 ~ 33	—
	中密度	0.35 ~ 3.5	—	18 ~ 30	—
	低密度	0.3 ~ 3.0	—	18 ~ 27	—

表 5　部分城市 / 国家非住宅建筑密度控制指标比较表

名称	高度类型	最大容积率 /%	最大建筑密度 /%
美国纽约	多层	0.5 ~ 10.0	—
	高层	4.0 ~ 15.0	—
中国香港	多层	5.0 ~ 7.4	92 ~ 100
	高层	8.0 ~ 15.0	60 ~ 90
日本	—	2.0 ~ 13.0	80
中国上海	多层	4.0	70
	高层	8.0	70

综上，高密度属性中包含了城市各类要素的高密度，如人口高密度、建筑高密度和高强度的开发，以及各类设施和信息的高密度。高密度城区环境一般具有复杂性、双重性和系统脆弱性等主要特征。

首先，在高密度环境下，人口、建筑、设施等实体要素高度集中，各要素之间的间隙距离较小，各类要素相互之间接触机会较多，使高密度环境具有复杂性特征。

其次，高密度环境还具有双重性特征。一方面，高密度城区以土地集约利用为目的，通过提高城市内部土地利用率，避免了城市向郊区的蔓延，同时将城市各类资源相对集中地布局在城市核心空间内，提高各类公共空间的使用效率，使商业设施、文化设施、公园绿地等公共资源集中共享，有助于促进市民的交往，提升城市空间活力；另一方面，高密度城区环境也容易造成一些不利影响，如环境拥挤、交通阻塞、空气污染、采光和通风较差、热岛效应、噪声和光污染等问题，这些问题给城市生态环境建设带来了困难。此外，在高密度城区环境中，人员、车辆、物资等要素频繁流动，各类设施和空间使用强度较高，设施损耗快、维护成本高，增加了灾害发生的概率。高密度环境在空间形式以及人员、建筑及财富等方面分布的特点使其体现出系统脆弱性，一旦发生灾害，往往会造成大量的人员伤亡和经济损失，严重时还会造成恶劣的社会影响。

4 高密度城市中心区的特征与发展趋势

在高密度发展趋势下，城市中心区面临着日益严重的人地矛盾，从而引发城市中心区内部功能和空间进行重组，即城市中心区再开发的过程。从 20 世纪 60 年代开始，世界许多城市陆续经历了中心区的再开发过程，其模式大体包括以下几类：

●在平面维度上，城市空间向四周扩展延伸；

●在垂直维度上，城市空间向空中发展，大量建造各类高层建筑；

●在垂直维度上，城市空间向地下发展，开发各类地下空间。

城市中心区再开发模式基本上是随着城市中心区的发展演进而逐步出现并大量应用的，并且几种模式可能同时存在于某一阶段的城市中心区发展过程中。高密度城市中心区最终呈现出建筑空间和城市空间的一体化发展以及空中、地面、地下空间的立体化发展趋势。

（1）城市中心区发展的平面维度。

主要发生在中心区发展的初期阶段。城市用地较为充足，城市中心区在水平方向扩展延伸，可通过向周围空间同心圆式扩展或在城市其他区域产生新的中心区等方式实现。当城市中心区发展到一定阶段和规模时，其所承载的要素与其现状单一平面维度的空间形态发生矛盾。平面维度空间下，城市中心区的服务能力与其日益增长的需求失去平衡，从而在客观上产生了城市中心区更新改造的需求，以适应新的功能环境。这时，城市其他区域基本已建成并形成固定的功能和空间，用地紧缺且受限，并且城市中心区周边地价已显著高于其他地区，如继续选择平面扩展方式，需要进行改造或拆迁的成本较高；另外，一味扩大平面规模将受到交通等条件的限制，难以维持经济效益的持续增加。

（2）城市中心区立体化发展的水平维度：建筑空间和城市空间的一体化发展。

主要发生在中心区发展的中期阶段。随着人口的持续增加，人地矛盾再次加剧，城市中心区开始向全面立体化发展。即在不继续扩张地表土地面积的前提下，通过竖向空间的高效率利用拓展城市可利用空间，使高密度城市中心区的人地矛盾得到积极转化。其立体化发展强调突破二维空间限制，向垂直和水平共同构成的三维空间发展。这一阶段，城市中心区主要向空中发展，以建造大量高层建筑为特征，而保持原有水平方向面积不变。

城市中心区立体化发展的水平维度表现为独立建筑物的边界向外扩展，采用硬质的建筑连接体（如廊道、天桥）或柔质的构筑物及环境等连接建筑物之间的空隙，将室外空间逐渐转化成为建筑的一部分。高密度的不断压力促使大型建筑之间的联系更加紧密、便捷、直接。城市中心区建筑经历了从单一体到建筑群、建筑综合体、城市综合体等多个发展阶段，最终形成建筑空间与城市空间的一体化发展，使建筑成了缩微的城市。

（3）城市中心区立体化发展的垂直维度：空中、地面、地下空间的立体化发展。

主要发生在中心区发展的终期阶段。在立体化发展的初始阶段，城市中心区呈现出地上空间分层发展的趋势。高层建筑成为城市空间构成的重要部分。除高层建筑外，城市地上空间分层发展还包括建筑屋顶平台、建筑之间连廊、高架道路桥梁、步行天桥等形式。各种分层发展形式最大限度地在垂直维度上占领城市中心区空间。然而，地上分层发展容易受到建筑成本、建筑技术、建筑规范和景观风貌等限制。并且大量的高层建筑可能对中心区环境产生较大的负面影响，并引发城市中心区吸引力下降、居民逐渐迁出等现象。

这时中心区开始出现向地下发展的趋势，地下空间开发是中心区立体化发展的重要组成部分。与向高空发展的高层建筑相比，地下空间具有与地面空间相似的连续性特征，易于与中心区地面空间作为整体开发。由于地下开发的成本较高，一般在中心区发展到一定阶段才开始大规模建设。根据国外发达国家的经验，当人均 GDP 达到或超过 1000 美元时，普遍进入大规模开发地下空间的阶段。

设计篇

1 高密度城市中心区的设计原则

（1）绿色、生态、集约，以区域和城市整体生态目标为导向，保护和改善中心区生态环境，减少环境污染，集约利用中心区范围内的土地、植被、水体等资源和能源，构建稳定的中心区生态安全格局。

（2）技术适应高效，顺应科学技术发展趋势，遵循中心区整体发展的实效性需求，提倡采用适宜性技术和低技术，适度结合高技术策略，为中心区的规划设计提供支撑条件。

（3）文化活力延续，结合使用者的心理和生理需求，注重中心区规划设计的美学原则和心理舒适度，延续城市传统文化和地域性要求。结合地域文化要素，塑造具有活力的城市中心区。

（4）健康、安全、可持续，根据中心区的高密度、高强度特征，规划设计应注重安全设计原则，预留足够的城市开放空间，塑造健康社区单元，增强城市韧性，以应对未知的灾害风险。

2 绿色中心区——通向可持续发展的必由之路

绿色，代表生命、健康和活力，从本质上体现的是和谐、可持续的生态思维。绿色概念源于 20 世纪 70 年代绿色和平组织发起的绿色运动，其核心目的是保护地球的自然环境和生物的安全，倡导绿色、和平、可持续。此后，随着世界范围内绿色运动的发展，绿色概念逐渐深入到经济、社会、环境、技术、文化等诸多领域。绿色概念突破了传统的生命、自然、和平，更表达了生态、健康、和谐、安全等含义，学界开始出现了绿色城市、绿色经济、绿色文化、绿色行动和绿色意识等多种概念 。

绿色人文理念的复兴，为城市中心区的生态化发展提供了基础和源泉。我国城市在新型城镇化发展战略和新常态经济战略的双重指引下，更应深刻认识到全球城市的生态危机，增强政府和市民的生态环保意识。因此，城市中心区的发展不能过分关注城市形象和经济效益，应保持理性和感性并重的原则，在城市发展和保护之间寻求动态平衡，增强城市的韧性和弹性，以应对未来不可预知的发展变化。未来的城市中心区必将是以生态、高效、可持续发展为基本目标的绿色中心区，这也是解决中心区各类复杂问题的根本途径。

生态城市设计方法为高密度城市中心区的发展提供了技术基础，生态城市设计以生态学为基础，以可持续发展为原则，是一种涵盖了自然、社会、经济、文化等多方面的综合性规划设计方法。当前，世界各国以生态城市设计思想为指导进行了诸多的生态城市建设，从宏观的生态城市系统研究到中观的生态社区实践、微观的绿色建筑设计，为生态城市理论和实践的研究奠定了基础。城市按照系统原则可以划分为 3 个层级，即宏观的城市层级、中观的街区层级和微观的建筑层级。生态城市设计以城市的不同层级为研究对象，形成宏观、中观、微观相结合的技术体系，针对不同层级的城市空间特征和要求提出具有实效性的生态城市设计策略（图 2，表 6）。

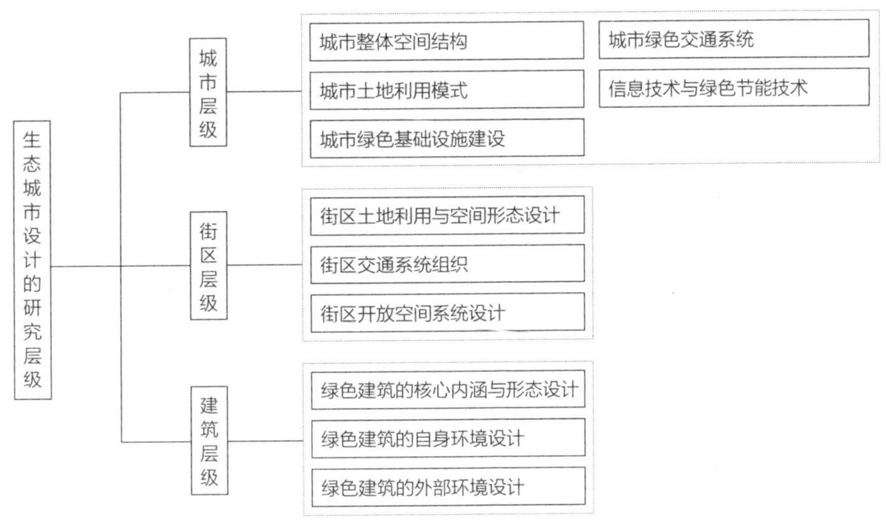

图 2　生态城市设计的研究层级

表 6　生态城市设计的层级

层级	内容	主要职能
城市层级	包括按照行政区划划分的城市范围和较为独立的新区、较大规模的城市片区	构建城市生态网络，作为生态城市设计的宏观基础
街区层级	包括以城市干道网围合的街区基本单元和最小单元	实施生态城市设计的中观空间载体，是城市层级和建筑层级的桥梁和纽带
建筑层级	包括街区内部的建筑本体及其一定范围内的外部环境	维护微观建筑环境，为生态城市设计策略提供具体的行动支撑

绿色人文理念与城市中心区空间形态设计的结合，是研究中心区空间发展模式的核心内容。基于“绿色”所具有的生命、健康、活力、可持续等深刻内涵，在中心区的具体规划设计中，需要通过对区域和城市的自然、经济、社会等方面要素的分析，明确城市发展的优、劣势，制定生态城市的整体发展框架，为构建生态城市设计体系积累基础条件。遵循生态优先原则，以维护城市原始的自然平面形态为出发点，构建稳定的城市生态安全格局，并结合生态城市的发展目标，提出具有实效性的生态城市设计策略。因此，高密度城市中心区不仅具备城市物质空间特性，也兼具深刻的生态、人文关怀，其规划设计是城市空间形态与生态、人文内涵的和谐统一。

3 高密度城市中心区规划设计方法

3.1 绿色生态设计

3.1.1 土地利用规划策略

在城市新区建设和旧城改造过程中，应根据城市中心区的生态条件和环境特征，构建稳定的城市生态安全格局，形成良好的自然生态环境。

首先，对城市中心区一定腹地的范围进行自然、经济、社会等方面的要素分析，明确城市中心区发展的增长边界。对中心区用地范围内的生态环境进行详细调研，深刻了解其生态环境的历史形成过程和现状条件，确定其环境容量和生态系统稳定性。高度重视城市中心区的资源集约利用和自然环境保护，维护其原始的自然平面形态，构建区域城市一体化的生态安全格局，为制定具有实效性的发展策略奠定生态基础。一般而言，紧凑集中与有机分散相结合的土地利用模式是当前城市开发建设的战略选择。针对城市中心区和边缘区可以采取差异化的开发强度，对于城市中心区，一般采取紧凑集中为主、有机分散为辅的土地利用模式；对于城市边缘区则采取有机分散为主、紧凑集中为辅的土地利用模式，从而为高密度的城市开发建设留有间隙，创造适宜的绿色空间，兼顾生态环境和开发建设的整体要求。如美国著名的绿色城市波特兰市，在《区域2040》中提出了严格的土地利用策略，包括现有面积 7% 的城市增长边界（UGB）扩张，保留 UGB 内外的开敞空间和农林用地，增加 UGB 内的建设密度等（图 3）。

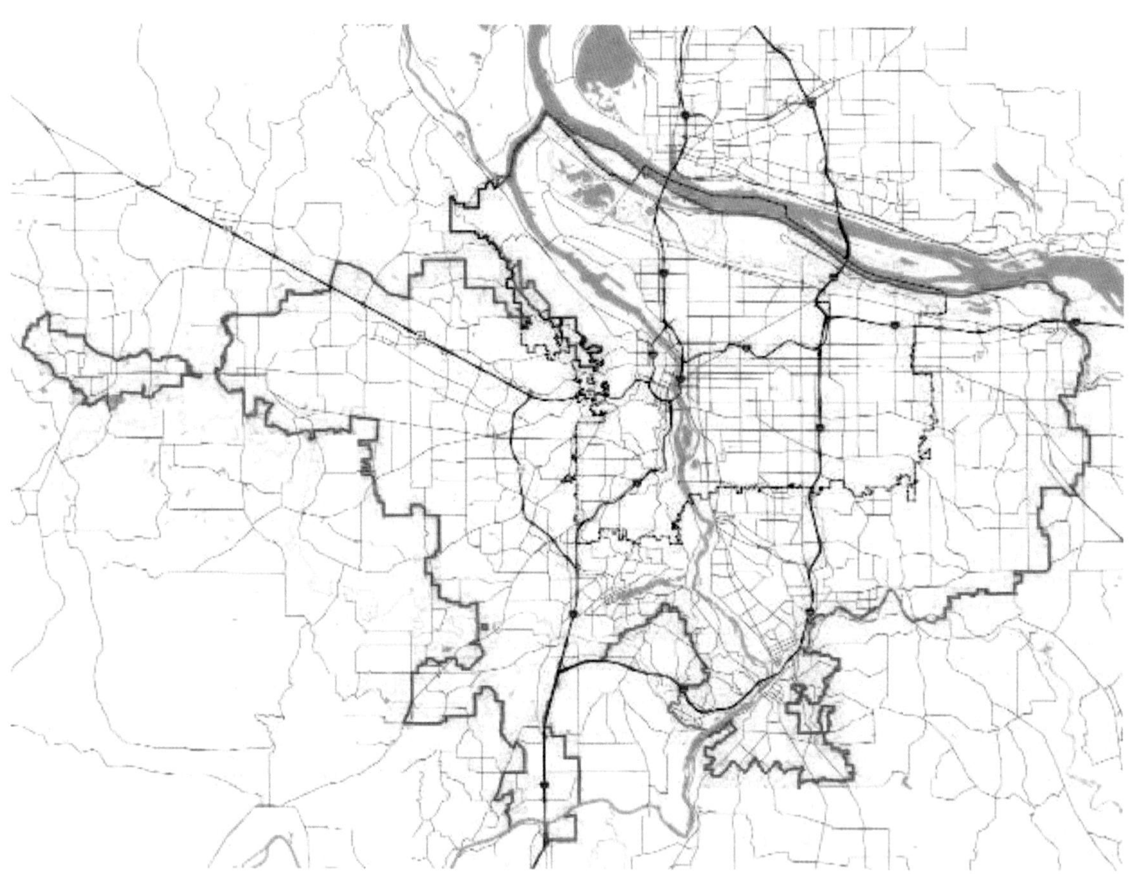

图 3　波特兰城市增长边界

其次，根据现状调查研究的结果，以保护城市生态安全格局为基本原则，注重规划和设计的气候适应性。优先进行中心区生态敏感度分析和生态分区，对现有的资源和环境划分保护重要度层级。尽量提高中心区土地效能，倡导土地集约利用，通过对土地进行适用性评价，确定土地使用的兼容程度，根据土地承载力情况和土地兼容性测评进行建设用地选择，选择兼容性较好、对生态环境破坏最小的用地优先作为建设用地（图 4）。明确非建设用地的保护范围及策略，得出适宜的用地布局结构，进而划分不同的建设用地规模和开发强度，倡导生态、紧凑的理念，尽量保护和利用土地资源。并根据政策和市场的变化，适度增加土地的开发强度，采取弹性土地利用模式，以应对城市未来建设的需求。同时，以中心区既有的自然植被和水体为基础，遵循景观生态学原理，建立适合人类和动植物生存的绿色基础设施系统，保护生物的多样性，为中心区的发展创造良好的自然生态本底。

最后，控制高密度城区的开发容量，系统研究国内外高密度城区的绿地分布原则和比率，进一步提高城市中心区的绿地率，减少地面硬化率，为城市防灾提供充足的生态本底条件。同时，采用保护性规划设计和可持续开发策略，避免采取粗暴、短视的规划方式，如盲目的毁林造地、填湖造地和建造人工湖等措施，从而在实施层面保护城市资源和环境。并应用压力一状态一响应 (PSR) 模型构建城市中心区生态安全评价指标体系，根据指标体系对城市中心区实施效果进行生态安全检验，明确其自然环境的优劣和需要改善的方面，形成良性的中心区韧性反馈机制。

此外，可以制定规划控制导则，结合容积率奖励政策，引导高密度城区内开放空间和谐有序的开发建设。政府和各类慈善机构应增加对公共开放空间的投入，倡导公民参与，加强公民维护开放空间的责任感。通过制定严格的法律规范和管理制度，在规划中严格划定开放空间的用地范围，对于违法变更用地性质的情况进行行政监督和处罚。

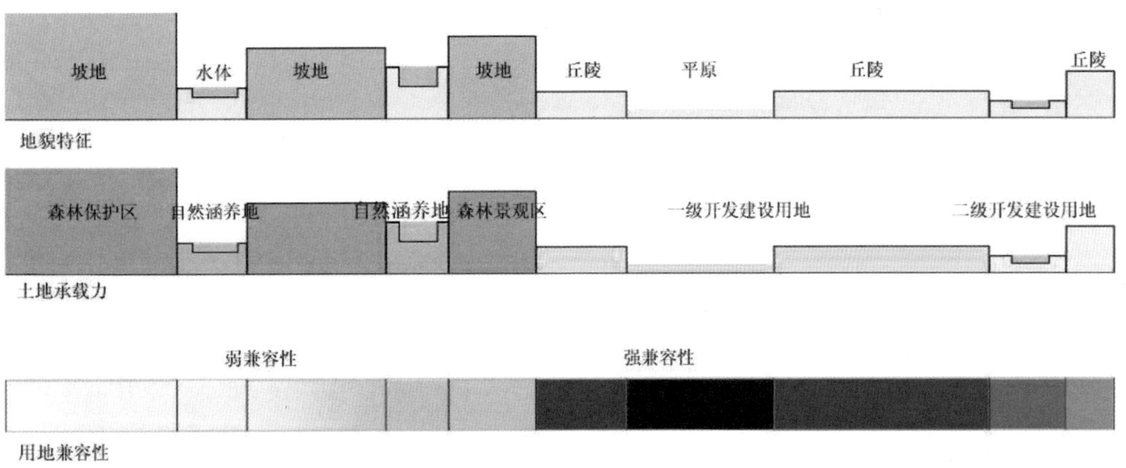

图 4　土地承载力和兼容性分析

3.1.2 土地利用规划策略

1990 年，美国马里兰州绿道运动中正式提出绿色基础设施概念（Green Infrastructure，简称 GI），这一概念源于 1984 年联合国教科文组织在人与生物圈 (MAB) 计划中提出的生态基础设施概念（Ecological Infrastructure，简称 EI），二者在内涵上并无本质差别。目前，绿色基础设施并没有形成公认的完整定义，但国际上的组织和学者对其概念基本能够达成如下共识：即绿色基础设施是由森林、水体、动植物栖息地、城市公园、绿地等组成的，具有系统性、连接性的自然及人工的开放空间网络 。

绿色基础设施包含了从宏观到中微观不同尺度的内容（表7），其系统性、多样性、连通性等特征为生态城市的发展提供了宝贵的生态基础，有效地整合了城市公共和私有的开放空间资源，既保护了城市的土地资源，又为市民提供了良好的生活环境。生态城市设计中的绿色基础设施规划策略包括：通过对城市内部和外部一定腹地的土地、植被、水文等资料进行收集、整理、分析，确定绿色基础设施的要素组成和空间格局；以绿色基础设施的现状要素为基础，采用保护和开发并行的策略，将区域绿道、城市公园、社区公园等不同尺度的要素进行连接，延续现状生态要素的生长过程，实现“绿色孤岛”向“绿色网络”的转变；建立绿色基础设施评价体系（Green Infrastructure Assessment，简称 GIA），以景观生态学理念为指导，运用 3S 空间分析技术，对组成城市绿色基础设施的要素进行数据叠加，从而确定绿色基础设施的枢纽和廊道。通过对枢纽和廊道的各类生态因子进行价值、风险和脆弱性评价，建立系统模型。美国马里兰州绿色基础设施规划就是应用这一评价系统的典型代表。

表 7　绿色基础设施的类型与功能

类型	内容	主要功能
宏观尺度	国家公园、区域绿道、森林、城市湿地、城市公园等	形成区域范围的生态网络，维护生态系统平衡
中观尺度	社区公园、绿地、私家花园、蓄水池等	形成街区内部的生态网络，融入区域、城市生态网
微观尺度	屋顶花园、空中花园、庭院绿化等	形成建筑个体生态因子，与街区生态网络直接联系

以构建城市中心区绿色基础设施体系为目标，结合城市中心区既有的绿地和水体基础，形成网络化的绿道系统，并与城市整体生态系统进行有效关联。在这一过程中，环境改善和生态补偿等技术手段和措施，具有重要的实效性意义。绿色开放空间的生态调节功能对高密度中心区环境引发的热岛效应等问题能起到明显的缓解作用，各类层级的公园、绿地、绿色屋顶以及各种植被对改善高密度地区的小气候及美化环境具有关键作用。

以城市热岛效应为例，高密度环境容易引起热岛现象的发生，从而加剧气候变化。1987 年，加拿大气象学家欧克 (T.R.Oke) 以北美和欧洲的部分代表城市为例，系统研究了气候与自然植被、城市环境之间的关系，并进行了最大热岛强度的比较，得出热岛强度取决于城市规模大小和形态的结论，从而为城市热岛效应的研究提供了技术研究的基础 。从伦敦维多利亚商业改造区域（Victoria Business Improvement District，BID）的 ASTER 卫星图可以看出，伦敦中心城区与其周围地区相比温度变高，热岛效应也较为明显（图 5）。热岛效应的产生给空气质量、居住舒适性、建筑能源以及水的消耗等方面都带来了不利影响。

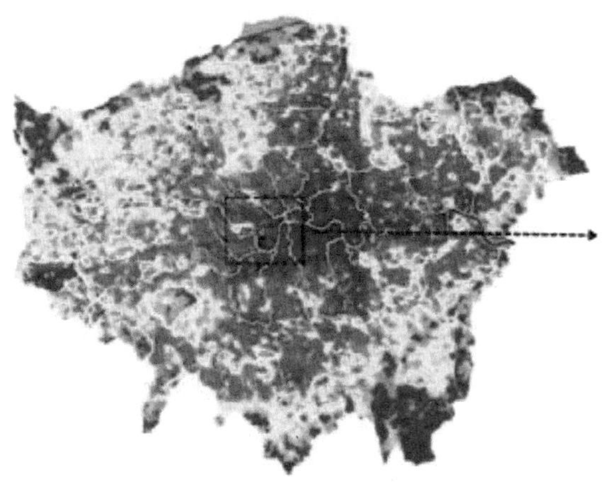

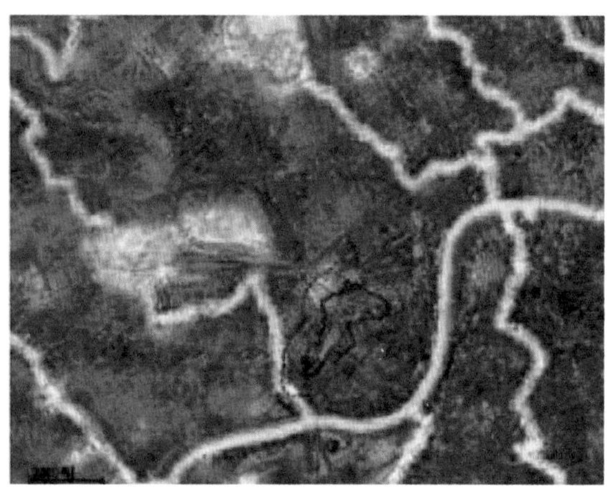

图 5　维多利亚 BID 范围的 ASTER 卫星图（2006 年 6 月 12 日 21：00 土地温度）

以植被覆盖为主的绿色开放空间具有气候调节作用，特别对热岛效应具有减弱效应。曼彻斯特大学在 ASCCUE 项目中应用的模型说明了维多利亚商业改造地区植被覆盖与夏季峰值温度的关系：当研究区域的植被覆盖率为 23% 时，夏季峰值地表温度为 32°C；如增加 10% 的植被覆盖率，峰值地表温度减少到 29°C；而如果减少 10% 的植被覆盖率，将会使峰值地表温度上升到 35°C（图 6）。伦敦市将绿色屋顶改造计划作为一项重要的绿化政策提出，通过分析各区内建筑屋顶改造成为绿色屋顶的适宜度，确定改造时序。屋顶平坦度、平坦区域面积、屋顶复杂度（是否被分割为多块区域以及是否跨越了多个标高区域）、朝向 4 个方面决定了绿色屋顶改造的适宜度，其中适宜度为 5 的是最适宜进行绿色屋顶改造的建筑（图 7）。

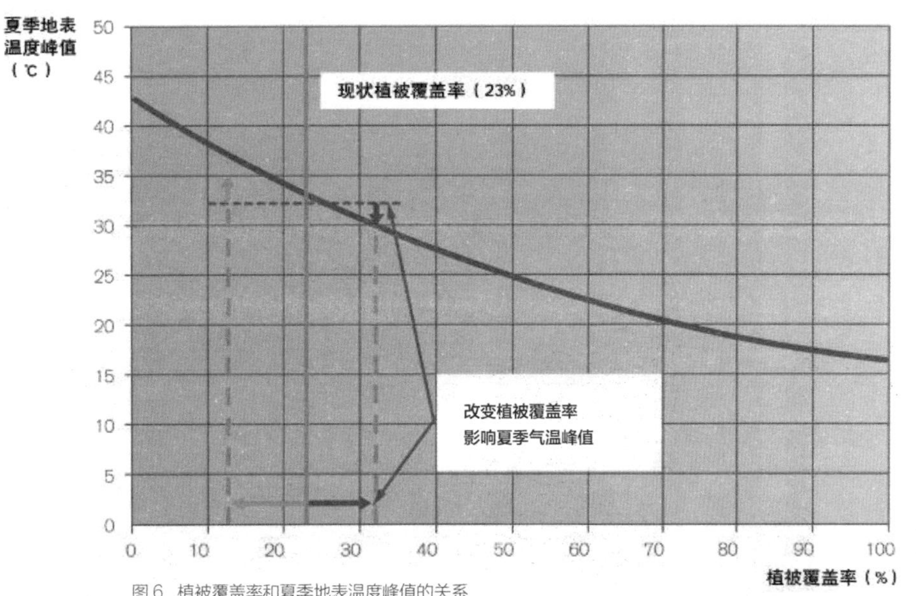

图 6　植被覆盖率和夏季地表温度峰值的关系

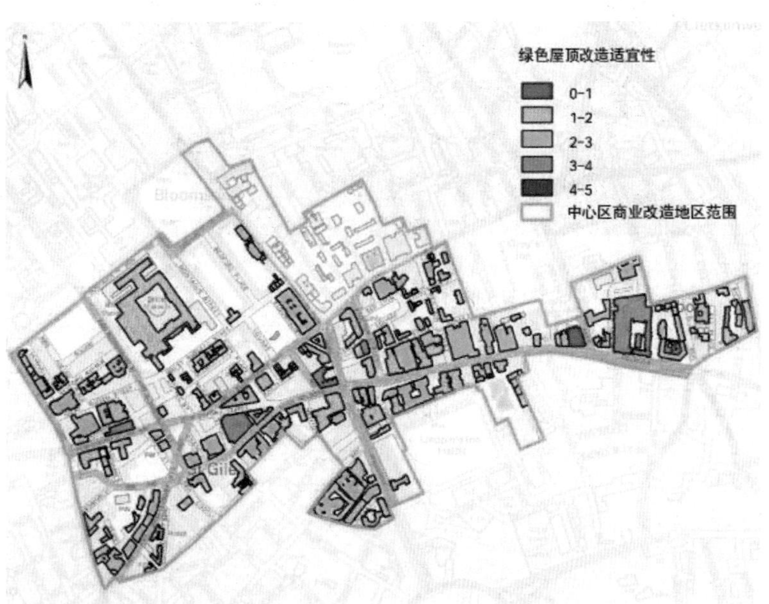

图 7　伦敦 BID 地区绿色屋顶改造适宜性分析

“生态补偿”策略能够为城市中心区地面开放空间提供补偿，以缓解高密度环境的拥挤，保持开放空间的完整性、系统性以及功能性的完备。尽管高密度中心区的开放空间用地极为紧张，从规划和管理层面仍然可以实现生态补偿策略，以中国香港为例，在其高密度环境中设置作为“城市留白”的开放空间非常困难，但它们却真实存在，主要表现为高密度建筑和城市公园的有机结合。尖沙咀位于香港九龙半岛南端，是香港最主要的商业购物区之一，具有较高的人口密度和建筑密度，以地铁荃湾线两端密度最集中的地区（70 公顷）作为研究对象，其东侧、南侧是高密度的商业、居住、办公、酒店等建筑类型，内部包括香港天文台（占地约 2 公顷）、讯号山花园（占地约 2.5 公顷）两处城市绿地公园，西侧坐落着九龙半岛最大的城市公园——九龙公园（占地约 10 公顷），建筑密集区与绿地公园在占地面积上约为 4 ： 1 的对应关系，形成高密度城区城市单元内部功能的复合、空间形态的多元和互补（图 8）。这种开放空间与高密度建筑有机结合的布局方式，为城市提供了天然的防灾避难场所，有利于调节城市肌理，形成整体的生态防灾环境。

图 8　尖沙咀地区的开放空间

此外，在绿色基础设施规划中，基于低影响开发的雨洪管理技术，是建设海绵城市的重要技术手段。低影响开发理论（Low-Impact Development，简称 LID），是一种基于自然生态理念，采用分散的、小规模的源头控制机制和设计技术实现雨洪控制与利用的雨水管理方法。基于低影响开发的规划设计有助于使开发建设后的地区尽量接近于开发前的自然水文循环状态，实现地区生态安全的稳定。作为当前较为科学的城市雨洪管理方法，低影响开发理念为城市设计提供了一种设计结合自然的生态思维，为水系统保护和利用提供了一种创新方法。

例如，传统的雨水排放和洪涝防治方法主要通过城市排水系统来抵消暴雨降水负荷，事实上，城市排水管网的建设速度往往赶不上城市扩张的速度。暴雨到达地面的降水可以分为 4 部分，分别为地表径流、土壤渗流、洼地蓄水和植物截留。其中地表径流是形成降水的主要来源。如果某地区内部的地表植被覆盖率较低，而硬质地面等渗透率较低的表面面积大，则地表径流会显著增加。因此，在新建地区排水系统中，应首先确定出可渗透水源区的位置，确定流域对土地利用方式的适应性，确定在何处设立“内在性”的自然排水设施。需要从坡度、土壤、植被、水体特征和土地利用等情况入手。寻找排水性较好，且植被覆盖良好的土壤区域（如湿地），作为土地利用中的自然缓冲带，滞留降水，减少地表径流，消除对工程性排水设施的过度依赖。

规划中应避免在非产流区布置雨水排水设施，这将导致把本应被缓冲带吸收的雨水变成暴雨径流，从而增加暴雨的排水量，同时失去了减少暴雨洪水量的机会。如在场地规划前调查清楚这些地区的分布和比例，可以更好地利用这些生态的雨水吸收设施，从而将单位时间产生的暴雨流量大大降低，减少对城市排水设施的冲击，节约场地排水设施的土建成本。

以城市中心区的街区单元为例，内部或者相邻的河流、湖泊为最终汇水区，结合街区各级绿地公园设置不同级别的蓄水单元和集水区，以集水区为核心，建立排水防洪分区，每个排水防洪分区由若干街区开发单元组成。街区开发单元由建筑、场地组成，处理后的中水和雨水汇集到蓄水单元，经过地面径流通道和地下管道进入集水区。集水区一般设置在街区中心绿地公园内部，可以有效地控制水量，为街区绿地植被保留足够的景观用水。剩余水体可以汇入河流或者湖泊中，形成完整的水体循环过程。集水区可结合街区景观设计，如利用下凹式绿地作为集水区（图 9）。这一过程不仅有助于改善街区本身的地质水文条件，维护水体的生态涵养能力，对于城市整体水系统的水量提升、水体净化、水生态平衡也具有重要意义。

图 9　某住宅小区的下凹式绿地（左）平时；（右）暴雨过后

3.1.3 绿色交通规划策略

科技的进步引发了城市交通方式的转变，以高速铁路、地铁、快速公交线路（BRT）为代表的快速交通方式促进了城市规模的扩大，加快了城市生活的节奏，尤其是小汽车的使用在很大程度上影响了城市的生态安全。绿色、生态、低碳理念下的城市交通系统以先进的、人性化的交通理念为基础（表8），注重快速交通与慢速交通的有机结合，构建分梯度、安全、健康的绿色交通系统。绿色交通是一种通过先进的交通措施、技术和适宜的规划策略实现低碳、节能、环保的交通概念，其核心目的是为市民提供安全、便捷、健康、舒适的交通环境，实现交通与生态、社会、资源的和谐共存和可持续发展 。

在当前快速交通发展迅速的背景下，绿色交通开始关注城市慢速交通系统的建设，倡导低碳环保的绿色出行，使之成为城市快速交通的重要补充部分。基于慢速交通理念的实效性策略如下：针对城市生活性道路、城市支路及人流密集的道路，实行交通稳静化理念，通过水平和垂直速度控制措施，限制机动车车速；建设公交专用线，鼓励公共交通；结合城市景观系统设置慢行步道等方式，提倡步行、自行车的短途出行方式；建立严格的交通惩罚措施，保证行人人身安全。

遵循绿色交通理念，在城市中心区范围内，以绿色街区尺度的基本单元和最小单元为依据划分弹性的路网结构，一般街区最小单元在70米×70米到100米×100米，基本单元在200米×200米到400米×（400米~600米）。根据路网结构，合理组织街区的车行、步行交通流线，实现街区交通系统与城市公共交通和快速轨道交通的便捷接驳。按照不同性质的街区，可以采取差异化的交通策略，以实现节能减排。在人流量大、建筑密集的高密度城市中心区范围内，通过制定机动车停车限制策略，减少进入中心区的车辆数，并增加新的绿化空间，从而有效地改善中心区的人居环境；鼓励设置自行车专线和停车设施，采取立体交通策略塑造良好的步行环境。针对旧城人流活动密集的街区，则应用有机更新和绿色交通理念进行街道改造，创造绿色、健康的交通环境。例如丹麦的哥本哈根在旧城商业街区的改造中，政府采用交通稳静化等策略，减少道路宽度，增加道路绿化设施，限制以穿行为目的的机动车数量和车速，从而达到改善步行环境的目的。

表8 典型的绿色交通理念

名称	时间	代表人物或地点	主要内容
绿色交通	1994	克里斯·布拉德肖（Chris Bradshaw）	采用多元化的低污染、低能耗的交通方式和方法，减少交通、环境问题，实现环境、社会、经济协调发展的交通运输系统
交通稳静化	20世纪60年代	英国《比沙南报告》（Buchanan Report）；荷兰乌纳夫（Woonerf）模式	通过对道路实施一系列的措施，降低机动车速度，使街道安全化、人性化，从而有效地改善市民的出行环境
公交优先	20世纪90年代	新加坡	以公共交通为主导（TOD），实现土地利用与交通发展的一体化规划
慢行交通	20世纪70年代	荷兰、丹麦、伦敦、纽约	建立步行、自行车、公交相结合的交通模式，在规划设计和政策导向上提高慢行交通的效率和安全性

3.2 技术适应设计

3.2.1 信息技术在中心区规划设计中的应用

信息技术（Information Technology，简称 IT），是以信息科学为原理，以电子计算机和现代通信技术为主要手段进行信息系统的研究、开发和应用，实现信息的获取、加工、传递等功能的综合技术。随着信息技术的发展，以软件地图、数字查询系统、空间分析为代表的技术手段在城市规划领域的应用日益广泛。随着城市设计的研究和表达向数字化转化，信息技术在城市地形、气候条件、环境要素的分析以及城市交通、夜景照明等方面的智能系统建设得到广泛应用，推动了生态城市设计理论和实践的发展。其中，以 3S 技术（GPS，GIS，RS）为代表的空间信息技术、环境模拟分析技术和数据库分析模型是比较有代表性的研究内容，对于生态城市设计目标的实现具有重要的技术支撑作用。

在中心区规划设计中，运用 GIS 空间分析技术可以对规划范围内部的地形地貌、绿化水系、建筑和道路分布进行数据提取分析，从而确定规划区的高程、坡度、坡向等物理要素，并准确获取自然植被、水体的具体位置，为中心区的规划设计提供科学依据和有效引导。如运用 GIS 技术对天津市小白楼主中心的建筑密度和容积率进行分析，可以获取准确的分布图，为进一步的深化设计提供数据基础（图 10、图 11）。

同样，运用空间句法技术对小白楼主中心路网结构进行研究分析，可以获取主中心范围内道路的自组织系统关系。空间句法以整合度描述整体与局部之间的离散程度，以连通性体现各部分之间的联系程度。通过绘制小白楼城市主中心的轴线地图，运用空间句法 Depthmap 软件进行分析，分析结果通过各色线段表示——红色代表较高的整合度或连通性，蓝色代表较低的整合度或连通性（图 12、图 13）。一般来说，整合度较高的道路吸引力较强，在发展中适宜形成较高等级的道路。全局整合度越高，其吸引车流能力越强；而 R3 局域整合度表明其在一定范围内具有较高等级，其道路等级可能略低于全局整合度，一般代表能吸引较多人流。连通性较强的道路表明其与周围联系较强，交通便利，通过空间句法获取的分析结果可以为城市中心区的道路交通规划提供数据基础和理性依据。

图 10　天津市小白楼城市主中心建筑密度分布图

图 11　天津市小白楼城市主中心容积率分布图

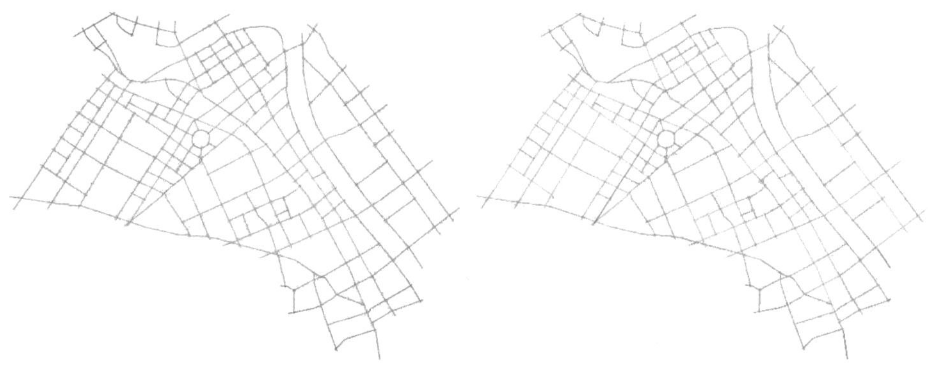

图 12　天津市小白楼城市主中心整合度分析（左）全局整合度；（右）R3 局域整合度

图 13　天津市小白楼城市主中心空间句法连通性分析

目前，世界多个国家和地区的城市已开展城市环境气候图的研究，通过对研究区域的环境气候条件进行综合分析，将环境气候与城市规划联系起来，用以指导城市规划设计。城市环境气候图的运用使规划设计中对于环境气候的认识更为科学、准确、方便。城市环境气候图所显示的气候分区结果是建立在对研究区域进行的一系列环境调查和模拟基础上的，环境调查主要包括实地调研和应用 3S 技术的空间观测方法，主要对建成环境进行分析；而环境模拟技术通过对已建成或拟建区域的风环境、热环境、光环境、声环境等进行计算和模拟（包括实验方法和计算机数值模拟方法），从而得出其对城市街区环境舒适度的影响，并由分析结果指导提出进一步改善的措施。

高密度城市中心区具有不同于其他区域的环境特征，因此，气候分区图也可作为高密度城市中心区范围界定的参考。德国斯图加特区域政府制定的气候分区图以气温、湿度、风环境、空气质量等作为主要因素，将城市划分为 11 个气候环境分区，其主要气候影响因子包括：每日热量变动、垂直粗糙程度（风场的干扰）、地形环境或裸露、排放物的等级以及最重要的土地利用基质类型（图 14）。

中国香港都市气候研究中的相关影响参数包括地形、建筑物体积、绿化开放空间、建筑覆盖率、绿化覆盖率、与开放空间的距离、城市和建筑物的透风度、风道和通风廊道布局等。研究对香港气候进行分析并划分为 8 个都市气候特性类型，在进一步规划中将其分为 5 个气候分区，其中分区 4 和 5 为高密度区域（图 15）。

环境模拟技术也可以应用于中心区的具体形态设计。例如，风环境模拟是环境模拟技术中最常见的一类，它可以在设计阶段预测中心区形态布局引起的风环境变化，描绘气流在模型中的实时运动情况，包括风速、风向、空气龄等，还可以反映出模型中的温度、湿度、污染物浓度，以及人体舒适度、空气质量等评价指标，并且提供速度矢量、云图和粒子流线动画等多种可视化模式，通过对变化的评估提出改善环境的方法。应用 Fluent Airpak 风环境分析软件，对中心区建筑组群进行风环境测评，可以得出一定建筑高度的冬季风场分布，从而有效地确定高层建筑的高度、体量和形体特征，成为中心区生态设计的有益探索。

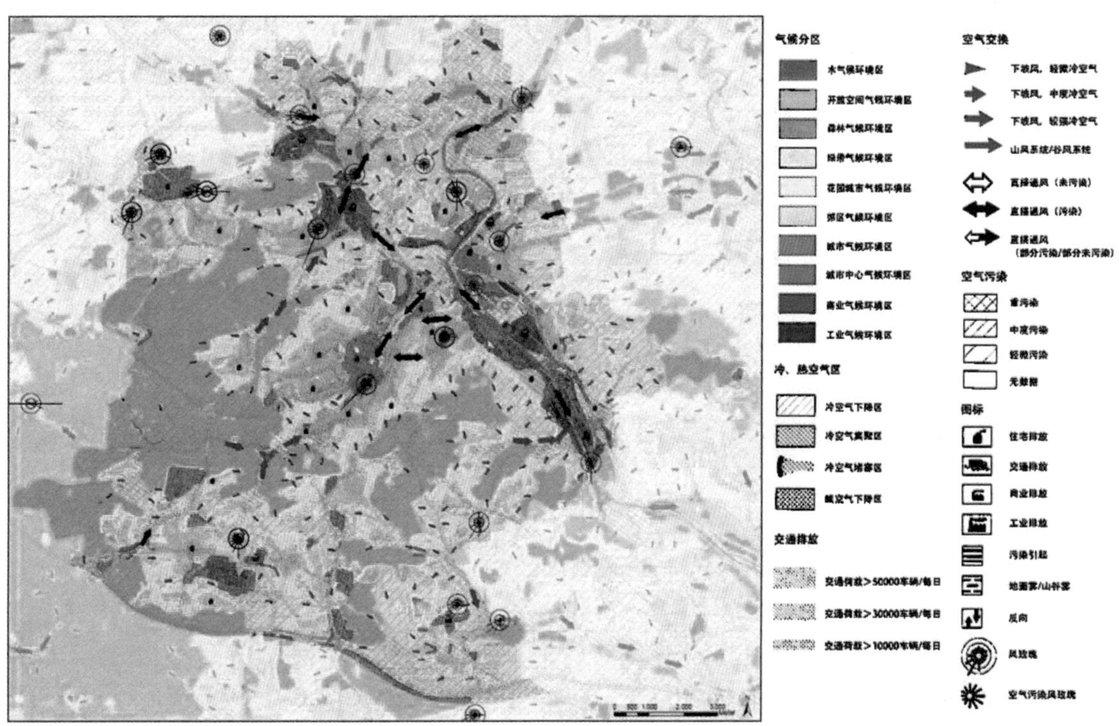

图 14　德国斯图加特都市气候环境分区

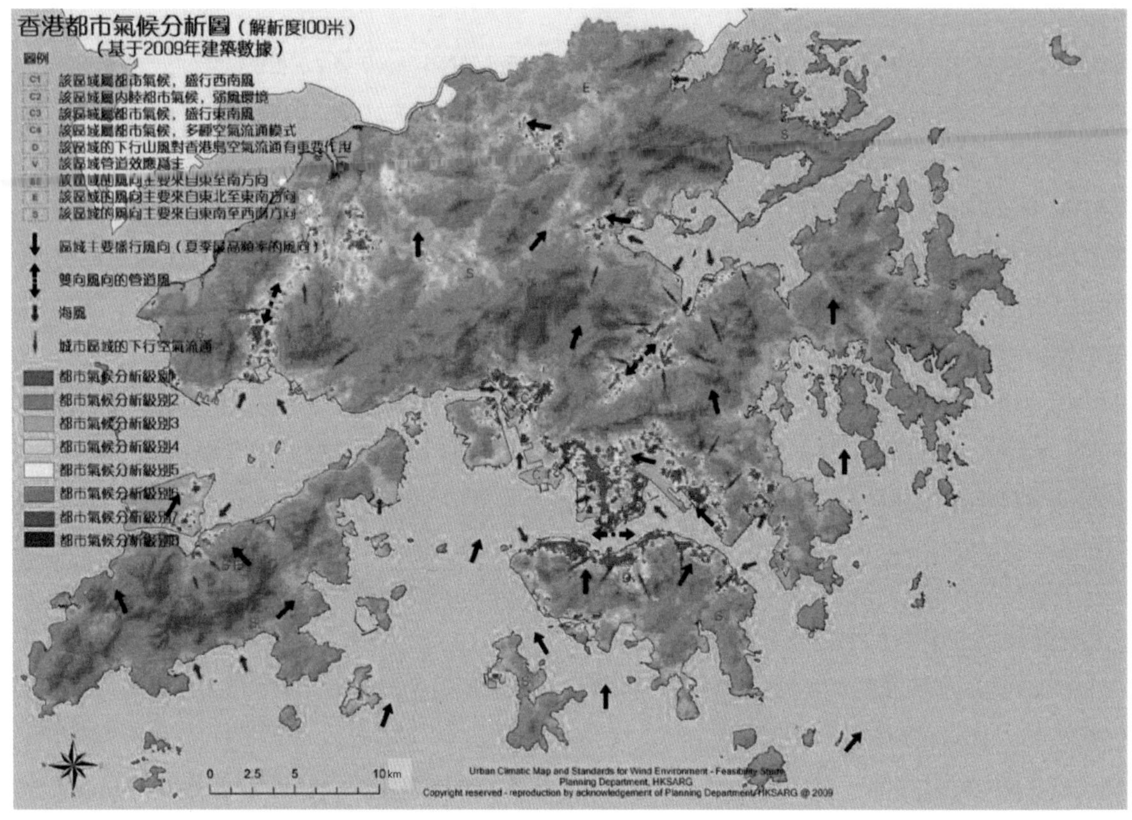

图 15 香港都市气候分析图 （资料来源：都市气候图及风环境评估标准——可行性研究 [R]. 香港中文大学）

3.2.2 节能技术在中心区规划设计中的应用

在生态城市设计中，节能技术的应用也日趋广泛，主要以建筑节能、环境节能以及城市基础设施节能为主。其技术方法主要包括环境模拟技术、绿色建筑节能技术、交通节能、照明节能技术、光伏太阳能发电技术、地源热泵技术、排风热回技术、水源热泵技术、循环水泵节能技术以及被动式节能和行为节能等。生态城市设计倡导主动式节能和被动式节能相结合的策略，可以根据规划区所处地域的经济、社会现状制定具体的行动措施。主动式节能技术是通过高技术手段和方法，利用固定装置对太阳能、风能等可再生能源进行收集利用，实现节能目的；被动式节能技术是通过建筑、交通、环境、基础设施等自身的规划设计，利用可再生能源，实现节能目的。一般情况下，被动式节能技术在成本投入和管理维护上具有明显的优势，因此，在城市设计中，鼓励积极采取被动式节能技术和行为节能，达到集约利用资源、节约能源的目的（表 9）。

表 9 主动式与被动式节能技术的特征比较

类型	内容	主要功能
节能方式	利用固定装置收集和利用太阳能、风能等可再生能源，实现节能目的	通过建筑、交通、环境、基础设施等的自身规划设计，实现节能目的
节能效果	能够达到较高要求的节能标准和效率，短期效果明显	能够达到基本要求的节能标准和效率，长期效果明显
成本投入	一次性成本较高，成本回收周期长	较低
后期维护	工作量大，成本高	工作量小，成本低
技术复杂度	高技术，高复杂度	低技术，低复杂度

随着城市中心区规划设计研究的深入，对技术的适应性要求也会越来越高。信息技术解决了城市海量数据的搜索、汇总、分析等复杂问题，通过信息技术可以对实际建成区进行环境实时监控和数据收集整理，形成动态数据库，从而对城市中心区规划设计形成良性反馈机制，以期在未来实现城市中心区规划设计的数字化模拟。从中心区用地、气候、自然植被、河流等生态因素的分析，到具体街区路网结构、空间形体的生成，再到根据日照、通风等规范要求进行布局调整，最终完成一个适应环境特征的绿色中心区规划设计。随着信息技术与节能技术在城市规划领域的应用，二者的结合也越来越紧密，表现出较强的适应性和动态性，信息技术与节能技术必将成为城市中心区规划设计的重要技术支撑手段。

3.3 文化活力设计

城市美学和建筑美学是城市文化的核心要素，也是塑造独特城市魅力和活力的重要条件。最初的城市设计思想就是要为城市建设具有艺术性的、优美的建筑形态。无论是功能决定形式，还是形式追随功能，城市设计总要体现美学原则，即使在城市设计中强化生态优先原则，也并没有否定建筑的美学原则。因此，塑造基于生态思维的、优美的城市形态也是生态城市设计的重要研究内容。从古希腊的和谐优美到古罗马的宏丽辉煌，从中世纪的崇高神秘到文艺复兴的人文感性；从威尼斯、热那亚的有机布局式街坊，到以巴黎、罗马为代表的方正、严谨的网格式街区；从中国南方自然、有机的江南水乡布局到中国北方秩序、整齐的院落式街坊，我们不应该仅仅看到不同城市的外显形式，更应该体会的是地域文化差异带来的特色鲜明的、风格各异的美学思维。建筑美学所具备的深层次的哲学内涵及多重艺术标准使其具有一定的争议性，但是抛开特立独行的美学观点，符合人类基本审美情趣的普适性理论和观点依然是美学思维的主流。

当前我国的城市形态设计呈现出建筑肌理千篇一律的趋同和建筑风格的杂乱无章，致使城市空间丧失活力，大部分城市失去了美，失去了城市特色与文化内涵。导致这一现象的原因包括复杂的城市发展机制、行政法规的限定和社会约定俗成的规则，当然，规划和建筑界的设计师也难辞其咎，过于粗放的设计态度、缺乏地域性和现实依据的设计方法也是罪魁祸首之一。当前，国内的一些房地产开发不乏粗制滥造之作，在建筑和环境塑造上谈不上美观，更无须说具有内涵。由此来看，周期短、资金支持不足、粗放式的设计很难呈现出优美的街区形态；相反，周期较长、资金支持充足、精细化的设计则能够实现街区建筑形态设计与传统文化、美学内涵的统一。

随着生态城市的发展及可持续发展观念的兴起，生态建筑、绿色建筑、生态城市设计理论和设计方法逐渐成为规划界、建筑界的主流设计方法，也得到了全社会的认同。以绿色、生态为核心思想，生态建筑美学已经成为当代城市设计和建筑设计的核心思想，也符合人体的特征需求和心理舒适度要求。生态城市设计的目的在于创造富有生命力的城市空间，文化与活力恰是城市生命力的两个重要指标。城市文脉延续和城市活力塑造是中心区规划设计的重要组成部分，与地域特色有机结合的规划设计，往往能够展现出一个城市独特的魅力，形成强烈的吸引力。经济、政治、文化等因素都能够在一定程度上影响城市活力，经济的发展能够促进商业空间的积聚，从而带动人流的聚集；政治的促动容易影响经济的发展和大事件的发生，从而形成不可思议的人流聚集；而文化则是城市活力的灵魂，对于生态城市设计自身而言，传承地域文化、精心设计空间环境才是与活力塑造息息相关的核心要素。

因此，生态城市设计的一个重要任务是通过对城市空间环境的设计，创造符合地域特色（包括文化和景观环境）的空间载体，以增强城市吸引力。作为处于不同地域的城市来说，地域特色也不同，每个城市在自然、文化、社会资源等方面都具有鲜明的地域性。地域性特征不仅是绿色建筑的形态设计原则，也是生态城市设计的重要原则。在城市建设中，建筑的形态、风格、材质、色彩需要与地域文化要素紧密融合，避免文化符号的滥用，力求通过含蓄、内敛的精细手法实现文化的融入，形成兼具体验和欣赏的独特空间魅力。通过对环境和文化两大地域特色主体的深入发掘，生态城市设计才能塑造出充满活力并符合人类情感的空间氛围。世界各地的传统建筑从萌芽到发展成熟的整体过程中，往往表现出很强的整体性、统一性、气候适应性和生态美学原则，并在漫长的历史过程中，形成了特有的形式和文化语汇。如新加坡的新加坡河周边地区，使新建的建筑群体与河流融合成有机的整体，不仅延续了旧有的城市文脉肌理，也为城市增添了新的活力，带来了生机（图 16）；与之相反，与地域特色格格不入的地区，往往缺乏生机、活力，最终必然会走向衰败。我国江南的水乡建筑、北方的四合院、陕北的窑洞、西南的吊脚楼等，都是与地方气候条件紧密结合的典型代表，而其建筑语汇也历经时代的发展变迁，经久不衰。

图 16　新加坡河局部空间形态　　（资料来源：新加坡城市规划展览馆）

我国建筑大师程泰宁先生的设计理念，则实现了中国传统美学思维与现代建筑技术的完美结合 。在其代表作浙江美术馆的设计中，建筑采用中国传统的庭院式布局，层叠的坡屋顶与背景的山体形成和谐的统一，建筑整体形态融于西湖的整体环境之中，最终形成了展现地域文化又不失现代感的建筑设计。在建筑内部环境设计中，以中国山水画的写意手法，形成素雅的水墨画卷，透过钢与玻璃构成的回廊，远望西湖边上的雷峰塔，建筑与水庭形成和谐对话，蕴含中式特有的诗情韵律。在建筑细节塑造上，运用现代的石材、钢与玻璃构成传统江南建筑的屋顶、庭院、回廊，表达出婉约的江南韵味，形成了中国传统文化元素与现代材料和技术的有机结合，这对于当下城市建设而言，是一个值得借鉴和思考的课题（图 17）。

图 17　浙江美术馆　〔资料来源：浙江美术馆，建筑学报，2010(6).〕

杭州铁路新客站的设计也很好地反映了建筑的地域性特征，方案在新时代的建筑功能和建筑体量中融入了江南传统建筑特有的符号语言，由传统建筑坡顶演变而成的人字形深色坡屋顶，与素白色的墙面形成和谐的整体形态。建筑形式与色彩在体现现代感的同时，仍然能够表现出江南建筑的素雅风韵，展现出现代与传统的和谐统一（图 18）。

图 18　杭州铁路新客站

〔资料来源：程泰宁 . 我的创作理念 [J]. 城市环境设计，2005(2):48-55.〕

针对旧城高密度中心区，其现状因素较多，用地权属情况较为复杂，历史建筑遗留较多。在规划设计中需要延续城市历史肌理，在建筑风格、形态、色彩上留存传统建筑语汇，塑造能够满足人的心理舒适度要求的空间尺度。尤其是历史建筑、环境保护较好的街区，具有深厚的文化基础，通过建筑改造更新后，应该能够适应现代休闲娱乐的功能需求，实现形态与文化、功能的有机融合。如上海新天地的改造更新规划，其现状占地约为 4 公顷，改造前为高密度的低层住宅区，改造更新规划将居住功能改为休闲娱乐和商业用途，根据改造后的建筑功能重构了街区的空间组织方式，将中国传统的街市引入街区内部，通过小型广场组织交通流线，使街区内部成为休闲娱乐活动的中心，在街区空间组织方式上实现了中国传统向西方的转变，体现了街区改造与外来文化的融合。由于大部分现状建筑内部设施非常残破，不能适应现代生活的需要，因此，建筑只保留了外墙，对其进行立面整修和功能置换，在节约资源的同时，也给城市带来了新的经济增长点（图 19）。尽管上海新天地在改造过程中付出了较大的经济代价，也引发了诸多学术争议。相较于国内很多历史街区拆除重建的地毯式改造方式，上海新天地的改造更新延续了城市的历史人文意向，仍然是一种值得借鉴的旧城改造模式 。

图 19　上海新天地

［资料来源：上海新天地广场——旧城改造的一种模式 [J]. 时代建筑，2001(4)］

又如北京的798艺术街区，是保护、传承地域文化，节约建筑材料的典型代表，在空间环境设计和节约资源方面充分体现了绿色街区的设计要求。798艺术街区建立在一片20世纪50年代的工厂旧址上，具有浓郁的德国包豪斯建筑风格。通过画家、音乐人等艺术家群体的不懈努力，798艺术街区得以采取有机更新的方式实现了整体的留存，街区空间得以重新界定，这不仅是对包豪斯现代主义建筑文化的保护，也是对中国工业历史遗迹的传承。798艺术街区已经成为全球最具时尚、文化魅力的城市艺术中心之一。

因此，对于城市中心区而言，应秉承生态性和地域性设计原则，充分保护和利用现状既有的山体、植被、河流等自然资源，把中心区的建筑、道路等人工因素嵌入自然环境中，从而创造出吸引人进入的公共空间，供人们静心、休憩的私密空间。同时，注重城市历史文脉和建筑语汇的延续，从中国传统文化中汲取营养，塑造天人合一的宇宙观，对于城市中仅存的物质文化遗产和非物质文化遗产进行有效的保护和适度开发，为城市文化和活力的塑造提供基础。此外，注重城市中心区空间环境的人性化设计，在中心区用地布局、规模、功能、形式、街道空间等方面体现人文关怀。在用地布局上倡导混合利用，居住、商业、休闲娱乐等功能有机布置，从而满足各街区内部的生活需求，提升城市活力；在不同城市街区的形式上适度选择围合式布局，在增加街区公共服务界面的同时，又能形成街区内部宁静、外部活跃的不同空间氛围，在保证商业行为的同时，满足居民的休闲需要 。在城市街道空间设计中，以公共空间的活力塑造为核心，以人们的生活习惯为依据，为人们提供更多商业、购物、餐饮、驻留、休憩、交流的场所。从而使街道空间拥有足够的活跃度和关注度，使几个街区形成连续的纽带，从而应对社会的变化，保持持久的活力。

3.4 健康安全设计

对于一个城市而言，健康和安全是首位的。近年来，世界范围内灾害频发，造成了极为重大的经济损失和人员伤亡，城市防灾减灾研究已经成为一个世界性课题。随着我国城镇化进程的日趋加快，人口、资源、环境与经济发展之间的矛盾也日趋尖锐，粗放式的城市建设方式往往造成资源匮乏、生态环境破坏严重、自然灾害频发，甚至对区域生态安全格局产生严重影响。新常态经济发展战略对我国城市的经济、社会、环境发展提出了更高的要求，城市中心区作为一座城市中最重要的核心区域，其健康安全设计尤为重要。

3.4.1 高密度城市中心区孕灾环境及灾害特征

在城市范围内，高密度城市中心区比城市其他区域面临更多的气候、用地、交通、环境等城市问题。城市中心区自身特有的高密度、高强度环境特征，使其具有较强的脆弱性，在遭受灾害时极易引起灾害的扩大和蔓延，造成重大的人员伤亡、严重的经济损失和恶劣的社会影响（表10）。因此，开展高密度环境下城市中心区防灾规划的研究，是具有重要意义的现实问题，也是城市发展亟待解决的重点和难点问题。

表 10　城市中心区的孕灾环境分析

项目	城市中心区属性	潜在灾害风险
地位重要	经济、政治、文化等功能核心区域，包含城市最重要的各类要素	一旦受到灾害，损失巨大，且恢复难度大，是恶性事件的主要目标
用地功能	用地功能多样，混合布局	能够达到基本要求的节能标准和效率，长期效果明显
	用地紧缺，开放空间较少	
空间形式	空间立体化和一体化趋势；高层建筑、地下开发较多；高建筑密度和高容积率	其空间形式增加了可能承灾的空间；立体空间结构和设备复杂；致灾隐患多；易发次生灾害综合性强；灾时疏散困难；修复文脉风貌和重建场所内涵难度大
	建筑和空间形象上呈现出区别于周边地块的特点；通常体现出城市的文化和历史	
人员密集	用地以第三产业为主；有较强吸引力	人员密集；易引发各类人为灾害
交通复杂	交通系统发达完善；是周边地段的交通汇合区域，交通工具种类多、交通流量大；交通目的和方向多；道路密度大，街区尺度相对较小；步行交通需求高	易引发交通堵塞和事故等
公用设施	生命线系统种类多而复杂	产生复杂的相互影响，致灾因素多
新旧混合	依托旧城发展的城市中心区内部面临新旧建筑的混合、更新与改造	旧建筑有老化、功能不符合现状要求，形象与新建建筑不协调；设施设备与新建部分衔接不良；新旧区的其他建设水平差异较大
	新建城市中心区在短时期内不能达到活力聚集效果，易形成衰败空间	易滋生犯罪行为
周期性	昼夜钟摆式、节假日周期性人口流动	易产生某时压力大于中心区可承受能力的现象，发生突发事件

通过总结《国家突发公共事件总体应急预案》、21 项国家专项应急预案、国家部门应急预案、地方应急预案中对灾害类型的规定，结合高密度城市中心区的环境特征，可将高密度城市中心区易发灾害归纳并分为自然灾害、事故灾害、公共卫生事件和社会安全事件 4 类，共 9 项主要灾害内容。具体包括：气象灾害、地震灾害、交通事故和交通堵塞、火灾事故、基础设施事故、环境污染、传染病疫情、恐怖袭击事件和拥挤踩踏事件（表 11）。

表 11　高密度中心区易发灾害

类型	主要灾害内容	类型	主要灾害内容
自然灾害	气象灾害 地震灾害	公共卫生事件	传染病疫情
事故灾害	交通事故和交通堵塞 火灾事故 基础设施事故 环境污染	社会安全事件	恐怖袭击事件 拥挤踩踏事件

3.4.2 高密度城市中心区的防灾规划体系构建

城市灾害具有多样性、复杂性、高频度、人为性、群发性、链状性、高损失性和区域性等多重特征，学界对于城市灾害的认识目前已经从突发性自然灾害（如地震）及人为灾害（火灾）扩展到渐进性破坏的环境污染、生活质量下降等各方面，因而常态下，规划建设与灾害的萌芽、孕育、爆发有着密不可分的关系。由于近年来全社会对于灾害形势的重视，城市防灾在理论和实践中均取得了极大进展，并已进行了许多关于防灾规划体系构建的探讨。目前的防灾规划体系多侧重于灾时的应急避难和救灾研究，对常态防灾的研究较少，而常态防灾体系与灾时应急体系是防灾规划体系中两个同等重要的方面，常态防灾更是灾时应急体系的基础。高密度中心区防灾规划体系主要以平灾结合和综合防灾为主要原则，构建常态防灾和灾时应急相结合的防灾规划体系，为城市防灾工作提供具有可操作性的理论和实践框架。

3.4.3 高密度城市中心区常态防灾策略

城市常态防灾策略将防灾思想贯穿于城市规划的各个层次和阶段中，根据对城市空间特征的分析，通过完善的规划布局方法调整城市肌理，优化城市环境，形成易于疏解灾害的空间，提高城市的适灾性，促使城市健康有序发展。常态防灾与应急防灾是城市综合防灾规划体系两个不可或缺的阶段（图 20），常态防灾规划体系以避免孕灾环境的形成、减少灾害发生概率、降低灾害风险隐患为目标，主要在灾前发生作用；应急防灾规划体系以避免或减轻灾害的影响和损失、阻止灾害蔓延和扩大，以及人员安全疏散和避难为目标，主要在灾时发生作用（图 21）。因此，常态防灾是应急防灾的基础，是城市应对灾害的第一道防线；城市防灾规划中的常态防灾和应急防灾应被赋予同等重要的地位，并且通过与城市建设中其他方面的有机结合，更加有效地指导城市的健康发展。

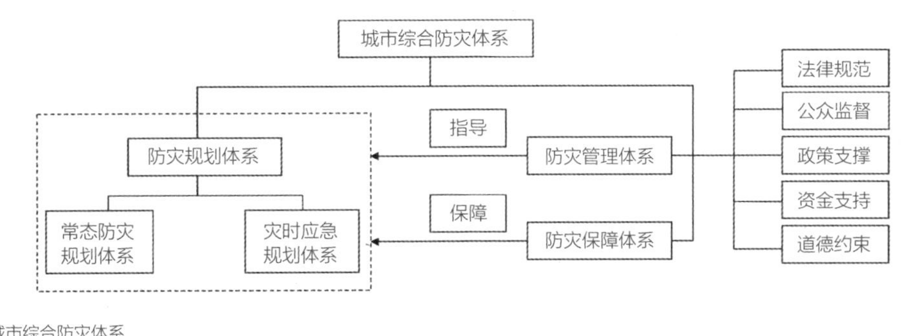

图 20　城市综合防灾体系

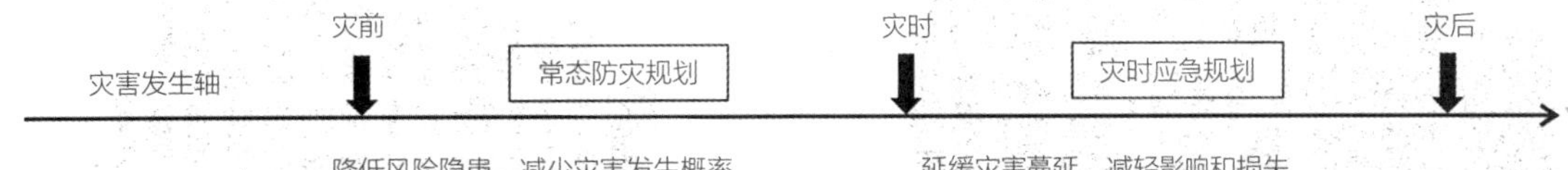

图 21　灾害发生时段与防灾规划

一般而言，城市中心区常态防灾体系的建构主要遵循如下 3 个原则：首先，通过规划设计减轻城市中心区固有的灾害隐患，消除可能出现的灾害情况，并避免在建设中产生人为灾害诱因太大；其次，对可能发生的灾害进行预警，做好消除或抵御灾害的措施；最后，提升建筑和城市环境的应灾能力，保障灾时人员安全，如延长疏散和避难的安全时间，提供灾时安全可靠的避难场所等。

在上述原则的指导下，高密度中心区常态防灾规划体系主要从整体用地布局、开放空间格局、道路格局、建筑空间环境、基础设施布局等方面展开研究，提出基于常态防灾思想的高密度中心区规划策略，实现中心区整体防灾水平的提升。

（1）常态防灾体系下的中心区用地布局。

高密度、高强度的城市中心区需要安全有利的地理位置和环境保障。首先，科学选择利于防灾的城市中心区位置是减少灾害发生概率的必要保证，在城市建设初期，应针对城市地域特点，深入研究可供选择的城市发展用地的地质和环境条件，进行用地适宜性评价，避开有潜在灾害隐患的区域，并合理安排各项用地功能。

其次，高密度中心区产生的灾害风险随其规模的增长会加倍扩大，中心区规模过大易导致城市道路交通拥挤堵塞、基础设施超负荷运转、生态环境恶化、社会安全等城市问题，致使城市运行秩序严重紊乱。这种无序蔓延的结构自身即存在着较强的易损性、脆弱性和低效率。因此，合理控制中心区规模。一方面，能够减少高密度所引发的灾害的发生概率；另一方面，增强了对中心区灾害的可控性，有利于在灾害发生初期进行有效控制，阻止灾害蔓延到更大范围。这一过程中，可以通过安全容量评价并预测中心区发展规模，通过土地利用规划对城市建设进行引导和控制，可以建立一定规模的城市副中心，吸引和转移城市中心区功能，疏解中心区过度集中的人口和交通，避免形成圈层式中心区蔓延模式。并通过混合式用地布局，避免单一功能的过度集聚，优化配置各时段空间使用人群和功能，减少周期性流动对城市各类设施产生的影响。

另外，交通系统对中心区的整体布局具有重要的影响和作用。根据中心区的交通特征，方格网式的高密度道路网系统对常态交通状况的改善和灾时疏散救援活动的开展均具有一定优势。方格网式路网具有方向明确、清晰的特征，高密度路网增加了道路的冗余度和路口选择的灵活性，在常态交通拥堵和灾时部分道路破损受阻等情况下，为疏散救援道路网的多样化选择提供了保障。对已建成的城市中心区，在保持原有道路肌理的基础上，可通过疏通原有道路网络，增加道路网密度，加强支路级别的道路建设，提高道路冗余度，形成窄而密的道路和较小尺度的街区（图22）。另一方面，通过对相关设施、道路的限定和提升，积极发展步行、非机动车和公交相结合的交通模式，在一定范围内划定步行区范围，建设易达的步行天桥或地下过街设施以减少人车冲突，建设多种形式的停车设施，并采用公共性和经营性相结合的管理方式加以控制和引导，通过复合立体化的交通系统，形成多种交通方式互不干扰的系统。

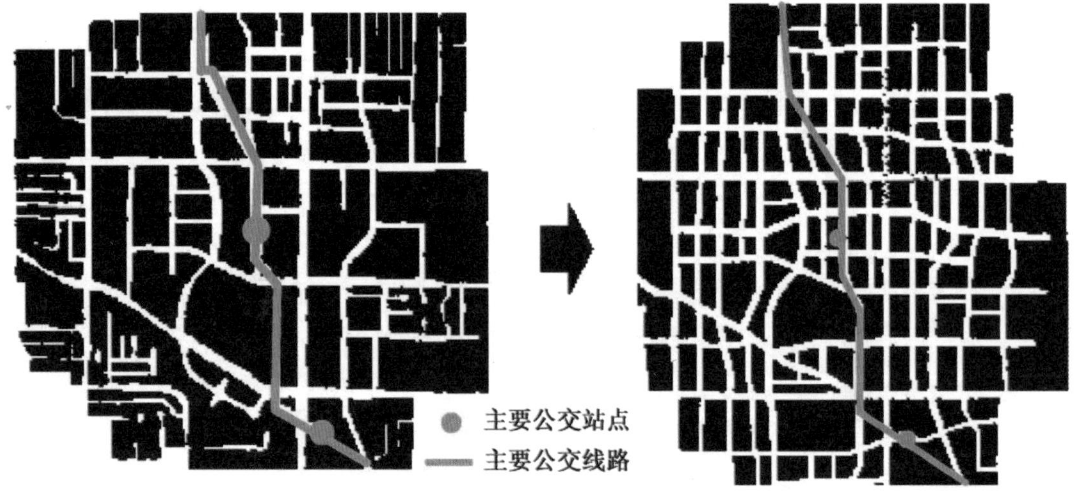

图 22　萨里公交社区中心道路系统规划

（2）间隙式的中心区空间结构。

间隙式空间结构是使城市在整体上形成有利于防灾减灾的空间格局，即在保持城市空间局部高密度发展的同时，保留旧有及新建的开放空间，表现为高密度实体区与公园、绿地、广场等开放空间间隔相嵌的空间肌理。日本建筑师桢文彦在其“集合造型”(Collective Form) 城市理论中曾提出关于“间隙”的观点。他认为，随着城市的高密度化，城市内部空间和外部空间的关系必然更加趋向紧密，因此，外部或内部空间之间的间隙空间就更具有现实意义。“间隙”空间作为各种城市问题摩擦的缓冲带，通过其易于与自然紧密结合的属性为高密度的疏解提供了余地，可以通过调整城市肌理的构成，从而减少城市致灾诱因的产生，并改善城市生态环境。

开放空间中的广场等硬质空间可与城市的防灾分区结合，围绕开放空间形成具有防灾中心的协调单元，并通过层级设置形成网络化的防灾避难场所。绿地、植被等柔质空间能够改善中心区局部地段的微观环境，不仅能够净化空气、涵养水源、减少噪声污染等，在灾时还能起到避震、防火、防风和阻隔病菌源等作用。如日本建筑师大野秀敏在“纤维”绿廊规划中提出的“绿垣”就是较为典型的开放空间防灾策略。“绿垣”是将城市不同尺度的绿化开放空间建立直接联系，通过对高密度地区绿化空间的持续改造和更新，最终形成“绿垣”系统。“绿垣”围绕火灾危险源，以不规则的网络状划分防火分区，能够控制火灾的蔓延（图 23）。另外，开放空间还可以控制空间的无序蔓延，提高中心区功能的运行效率，增加居民身心活动的场所，促进社会和谐。

图 23　高密度地区“绿垣”系统的形成过程 1、2

图 23　高密度地区“绿垣”系统的形成过程 3、4

（3）微观层面的中心区防灾街区。

街区是城市中心区的基本组成单元，主要包括建筑实体空间和建筑周边环境。美国总务管理局将建筑周围从外到内分为街道、路边停车带、人行路、建筑周边场地、建筑外界面和建筑内部 6 个梯级安全圈 。在街区建设初期，应通过对街区各项指标进行风险评价以了解其优劣势，确定适宜建设的类型，与现有环境相结合进行规划设计，并通过景观设施的布置、视线的安全设计及安全照明等措施维护基地环境安全。建立合理的内部道路及停车系统，确保街区内部的消防车道与城市防灾通道形成通畅的网络。

其次，在街区内部塑造网络化的开放空间，一方面有利于改善密集地区的小气候并美化环境；另一方面，开放空间的存在使建筑形成相对分散的平面布局，对火灾蔓延起到隔离或减缓作用，并为高密度地区提供第一时间的临时避难地。此外，在建筑设计中，应采用有利于防震的建筑接地方式和结构形式，尽量选择相对简单、对称的建筑体型，匀称、均衡的整体尺度，均匀变化的内部造型及牢固、安全的细部构造，并选用不易产生污染和引发次生灾害的建筑材料，以增强建筑材料的抗灾能力等。高层建筑设计中应利用自然条件和现代技术手段优化高层建筑的采光、通风等内部环境，避免公共卫生灾害的发生和蔓延，应保证避难层的建设及使用，并确保各类防灾设施和设备的合理布局和正常运转。

（4）基于安全保障的中心区生命线系统。

高密度中心区的特征决定了各类设施的频繁使用和高强度使用，对生命线系统的安全性能提出了挑战。在中心区防灾规划中，应重点关注城市基础设施建设，加大资金、人员、技术等要素的投入。首先，提高中心区生命线系统的配置等级标准，延长其使用寿命，并在设计和建设中为城市发展留有余地，以减少维修、更新及增设的反复。其次，提高中心区生命线系统的设防标准、覆盖率和冗余度，增强其自身稳定性及应对灾害的抵御能力，并在设计和配置中考虑灾时的运行状况。设置主、辅生命线相结合的运行系统，为灾时城市生活的整体安全提供保障，并建立灾害应急预案，对灾时生命线系统的使用和修复等做出有效的规定。同时，拓展基础设施新技术的研究范畴，如工程结构的隔震、减震与消能技术等。进一步优化基础设施的管道材料，加快城市基础设施共同沟的建设，使大部分管线实现地下化、廊道化（图 24）。并运用智慧技术对基础设施进行实时监测、破损自动探测和切断装置，科学预测、控制和消除灾害的风险隐患。

最后，还应重视消防及人防等专业规划，适度提高中心区建设指标标准，建立清晰、完善、统一的标识系统，包括常态标识系统和灾时疏散标识系统。新旧区交汇处的防灾建设应对旧城区的现有用地条件和安全隐患进行全面分析，强化旧城区对新型灾害的应对能力，在用地条件和开发潜力方面加强新旧区之间的协调性，使新旧城区用地在预防城市灾害方面能够实现统一布局、一体管理和设施共享，实现城市整体的防灾系统布局。

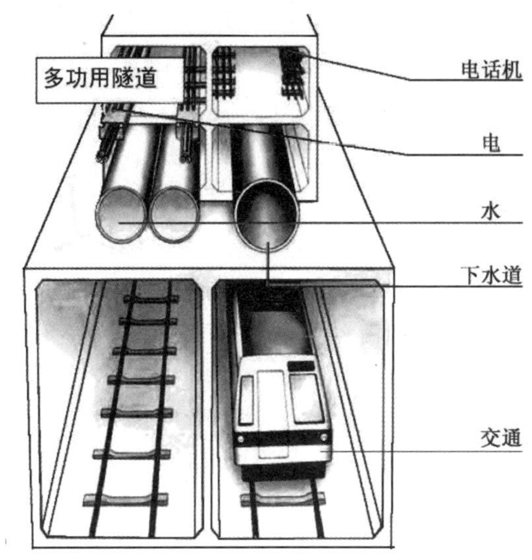

图 24　多功能隧道

3.4.4 高密度城市中心区应急防灾策略

应急防灾规划通过在灾时对灾源进行控制和隔离，对人员进行安全有效的疏散和安置达到减轻灾害损失的作用，主要包括应急避难场所、应急避难道路和防灾隔离设施 3 个方面。

（1）应急避难场所。

应急避难场所是指在灾害发生后或其他应急状态下，供居民紧急疏散、临时避难、生活的安全场所，其特征是地势平缓、有大面积空地或绿化用地，经科学规划、建设与规范化管理，配套设施和设备在灾时能够发挥作用。应急避难场所以防灾公园的形式为主，也包括广场、体育场、操场、停车场、学校、寺庙、开阔空地等。灾害发生时，各级避难场所将随着灾害发生时序发挥作用，将灾民由分散的、小规模、邻近的紧急避难场所引导到固定避难场所和中心避难场所等；应急避难场所一方面可疏解城市密集实体空间，改善生态环境，为人们提供休闲娱乐的场所，另一方面，也可以作为防灾宣传教育和演习的场所。

目前，针对应急避难场所规划的研究较多，对其分级设置的研究多参考日本防灾公园的构成方式，将避难场所分为紧急、固定和中心 3 个等级，并在此基础上进行空间扩展或强调特殊性场所。我国目前还未出台关于应急避难场所的相关规范，因此，其设置没有统一标准，一般可以将应急避难场所划分为室外开放空间和室内空间进行分类总结（表 12）。在应急避难空间分类中，除紧急、固定和中心 3 个等级以外，还存在 500 平方米左右的街心公园可以作为邻近灾民的防灾空间，以及城市近郊地带的郊野公园。结合我国城市行政区划特点，可以将避难空间按照市级、区级、居住区级和居住小区级，与相应的行政管理单位紧密联系，以明确其防灾职责（表 13）。

表 12　应急防灾系统

	面积或宽度	避灾服务半径	避灾发生时段	避难方式	空间类型
室外开放空间	—	—	—	郊野避难	城市近郊地带的郊野公园
	50 公顷以上	2000 米以上	两周以上	中心避难	全级大型公园、大型广场、大型体育场，具有一定规模的大学校区的大面积块状开放空间
	10 公顷以上	2000 米以内	半日至两周	固定避难	区级公园、广场、绿地、体育场、中小学的大面积块状开放空间
	1 公顷以上	500 米以内	3 ~ 5 分钟	紧急避难	社区公园、城市绿地、城市广场、大中型户外停车场
	500 平方米左右	300 米以内	半日内	紧急避难	毗邻居住区、办公区、商业区等人员聚集区的宅旁绿地、小区绿地广场、小型户外停车场、宅旁开放空间等
室内空间	—	—	半日以上	固定避难	抗震设防高的有避震疏散功能的建筑物，如体育馆、人防工程、居民住宅的地下室、经过抗震加固的公共设施等
	—	—	半日内	紧急避难	高层建筑物中的避震层（间）

表 13　应急避难空间管理

应急避难场所性质	应急避难场所等级	面积	服务半径	行政管理单位
市级	郊野避难场所	—	更大范围	城市
	中心避难场所	50 公顷以上	2000 米以上	
区级	固定避难场所	10 公顷以上	2000 米以内	各行政分区
居住区级	紧急避难场所	1 公顷以上	500 米以内	街道
居住小区级	街心公园	500 平方米左右	300 米以内	居委会

（2）应急避难道路。

应急避难道路是联系应急避难空间的线形防灾要素，也是灾时居民使用的第一临时避难地。此外，道路系统在灾时的作用还包括起防火隔离带作用、确保灾害发生后避难者的通行空间以及运输功能等。应急避难道路系统一般按照与应急避难场所相应等级的连接分为 4 个等级，并包括城市出入口和过街设施的防灾规划，与应急避难场所共同构成应对应急避难的安全地图（表 14）。

表 14　应急避难道路系统

类别	宽度	服务半径	服务内容	作用
特殊避难通道	20 米以上	2000 米以上	固定与中心避难场所之间的联系通道	灾区与非灾区、各防灾分区、各主要防救据点的联系通道
一级避难通道	15 米以上	2000 米以内	紧急和固定避难场所之间的联系通道	转移避难人员、物资、器材的运输道路
二级避难通道	8 米以上	500 米以内	前往紧急避灾疏散场所的道路	满足消防需求
三级避难通道	8 米以下	300 米以内		联系各应急避难场所，完善防灾网络
出入口与对外交通	—	—	—	外界与城市联系和救援的通道
过街设施	—	—	—	联系避难通道

（3）防灾隔离空间规划。

应急避难系统（包括应急避难场所和道路）以硬质开阔空间为主，提供对人员的疏散和救援；防灾隔离设施以柔质空间为主要元素，着重于减缓灾害的发生速度及阻隔灾害蔓延。防灾隔离空间分为灾害防护空间（防护林带、防护绿地、滨水堤岸、大型道路等对灾害起到隔离防护的空间）和生态调节空间（城市生态保护区、郊野公园、大型绿地、水体空间等对城市环境和生态平衡起到重要调节作用的空间），以植被的防灾抗灾功能为主，是城市防灾系统的重要组成部分。

防灾隔离空间与应急避难系统的结合可起到避震防火、防洪抗旱、防风固沙、减弱泥石流等自然灾害、改善环境品质等作用。例如，在地震发生时，防护空间内的树木可以防止坠落物伤人、阻止建筑物彻底坍塌，树下可形成救援、输送的临时通道，并且树木可防止地震灾害引起的火灾，起到吸附坍塌建筑粉尘的作用 。而火灾发生时，防灾隔离空间在控制火势、熄灭火灾、减少火灾损失方面有显著效果。高密度中心区应尽量利用城市建设中常见的边角空地建设口袋公园，使此类空间均匀分散，并依据相关规范适当提高人口密集地带的绿地建设指标。按照我国城市绿地植物配置要求及相关防灾植被特性，结合日本“FPS”防灾林带要点，划分火灾危险地带（F 区）、防火树林带（P 区）、避难空间（S 区），通过防火树林带将 F 区和 S 区隔离，形成生态性强、富有层次感的立体化植被景观，既可在平时美化环境，改善小气候，又可在灾时发挥作用。

案例篇

本篇以国内外城市规划设计机构的相关代表作品为基础，从绿色节能、文化活力延续、健康安全可持续等3个方面，探讨了高密度城市中心区规划设计的基本原理与方法，尽管文中案例并不能涵盖高密度城市中心区规划设计的所有内容和要求，但仍能从不同的侧重点提出较为合理和科学的规划策略，对读者有一定的借鉴意义和参考价值。

1 基于绿色节能目标的中心区规划设计

城市中心区是城市人口、建筑、交通及城市活动最集中的地区，也是能源消耗的高密集区域，本节所选的规划方案从宏观、中观和微观 3 个层面，采取不同的可持续发展策略以提升其绿色节能水准。

提高土地的开发强度和复合利用程度是基于用地集约和高效使用的可持续发展战略。从城市能源消耗上看，高密度的城市中心区由于供热、道路等基础设施的共享而降低了人均能耗，因此，结合城市公共交通的发展，以 TOD 模式为核心，有效提升土地在居住、商业、文化、教育等方面的复合利用，有利于形成产居平衡的综合城区，减少交通的能源消耗。如芝加哥中心区脱碳计划和平潭海峡两岸论坛展览中心及歌剧院均提高了公共交通轴沿线的开发强度，并与商业中心进行了有效对接，以提高土地的综合利用效率。

绿色交通是减少城市交通能源消耗的核心战略。城市中心区作为商业、贸易及工作最集中的地区，土地经济的集聚效率要求集中大量的工作和生活活动，因此，在城市中心区的规划中应结合公共交通，尤其是大运量轨道交通枢纽，形成集中开发的模式，既有利于改善交通结构，将公共交通作为城市中心区的基本交通模式，降低单位出行的能源消耗，又有利于提高城市土地的经济效益，形成具有活力的城市公共空间环境。通过提高公共交通的使用，促使传统交通工具从使用石化能源转向使用绿色可再生能源，并促进人们采取更为绿色的步行和慢行系统等措施来减少交通能源消耗，特别是减少交通尾气对城市空气的污染。通过减少交通拥挤、降低能源消耗、促进环境友好，提升城市的可持续发展能力。在平潭海峡两岸论坛展览中心及歌剧院项目中，规划将具备大量交通吸引能力的商业文化建筑与环海大运量地铁通道相结合，形成脊柱状的公共交通及公共空间走廊，使绿色公共交通成为交通结构的主导，提升城市交通的可持续发展能力。

采用网络化的绿地系统能减少夏季能耗，并减弱城市的热岛效应。绿地系统与通海、通陆的夏季主导风向相结合，形成城市的夏季风道系统，有利于增加以人工环境为主的城市中心区夏季通风，从而减少中心区建筑的夏季能源消耗，提升城市的可持续发展能力。同时，城市绿地系统自身通过蒸腾作用和遮阴可以降低城市的地面和空气温度，形成较明显的城市“冷岛”，由公园内部与外部温差形成的微风，可以使这种“冷岛效应”辐射到周边 100~400 米处，也能有效降低周边建筑的能耗。在 Metamorfosi 设计竞赛、亚特兰大市旅游区总体规划、约旦死海区域发展规划及金水科技园详细规划中，均将城市外围的绿地以楔形引入城市建设区内，并与公园、水体组成网络化的绿地体系形成完善的绿地系统网络。

芝加哥中心区脱碳计划

项目地点：美国伊利诺斯州芝加哥

设计公司：艾德里安·史密斯 + 戈登·吉尔建筑设计事务所

芝加哥中心区脱碳计划是一项促进芝加哥市中心环线碳减排目标的整体构想。这项计划为实现芝加哥气候行动计划的目标提供了方法，以 1990 年的水平为基础，到 2020 年将实现碳减排 25%；针对新建筑和改造建筑，到 2030 年将实现 100% 的碳减排，这将是一次更大的挑战。

多模式策略和改良措施

该计划阐述了 8 个关键策略以满足城市的碳减排目标。第一，"建筑策略"，探讨如何改进现有建筑结构以提高能源效率，增加存量建筑的价值，充分挖掘潜力，转移过剩能量并加载回电网，同时抵消新建工程的需求；另一个策略是"城市矩阵策略"，预计通过改善设施、增加学校和服务、将老化的办公楼改造成住宅等措施增加卢普区的住宅密度。

其他策略包括"智能基础设施策略"，主要关注能源的生成、存储、分布和共享；"流动性策略"，主要是对交通和连通性的评价；"水策略"，主要是检查这一关键资源的使用方式和保护方法；"垃圾处理策略"，主要评估全市的垃圾减量、回收和处理等流程和系统；"社区参与策略"，提出各种计划引导市民参与绿色议程；"能量策略"，检查现存能源和新能源。

规划主要内容

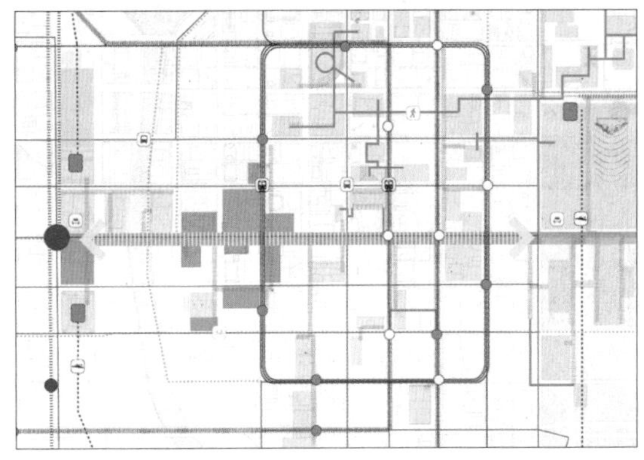

脱碳计划的概念和对策：

建立一个地下步行桥系统，使卢普区在极端天气条件下也适于步行；沿门罗大街创建一个绿色廊道和地下联运轴线，为居民、通勤者和游客提供一个可供休憩的地方。

绿色廊道

地面联运

地下联运

· 把卢普区地下隧道改造再利用为气动废物处理系统；

· 扩大现有的芝加哥滨河步行道和自行车道，增加卢普区内外部的流动性；

· 参照 1911—1927 年出版的《瓦克芝加哥计划手册》原版，发行《绿色城市》一书，并使其进入公立和私立学校的课程系统，作为学习城市设计和碳减排方面的初级教科书。

滨河步行道

戴利环境学校

脱碳计划还包括资金筹措渠道的分析，以帮助开发商和既有建筑物业主支付绿色改造和其他可持续措施成本。对脱碳计划的研究也是创建参数模型的催化剂，虽然仍在研发过程中，但这项研究将被用于计算城市环境变化所形成的碳储蓄。

绿色屋顶

空气中的碳排放

热成像图

展厅入口

SUSTAINABLE TECHNOLOGY
LEARNING CENTER
SUSTAINABLE TECHNOLOGY
LEARNING CENTER

主要建筑简介

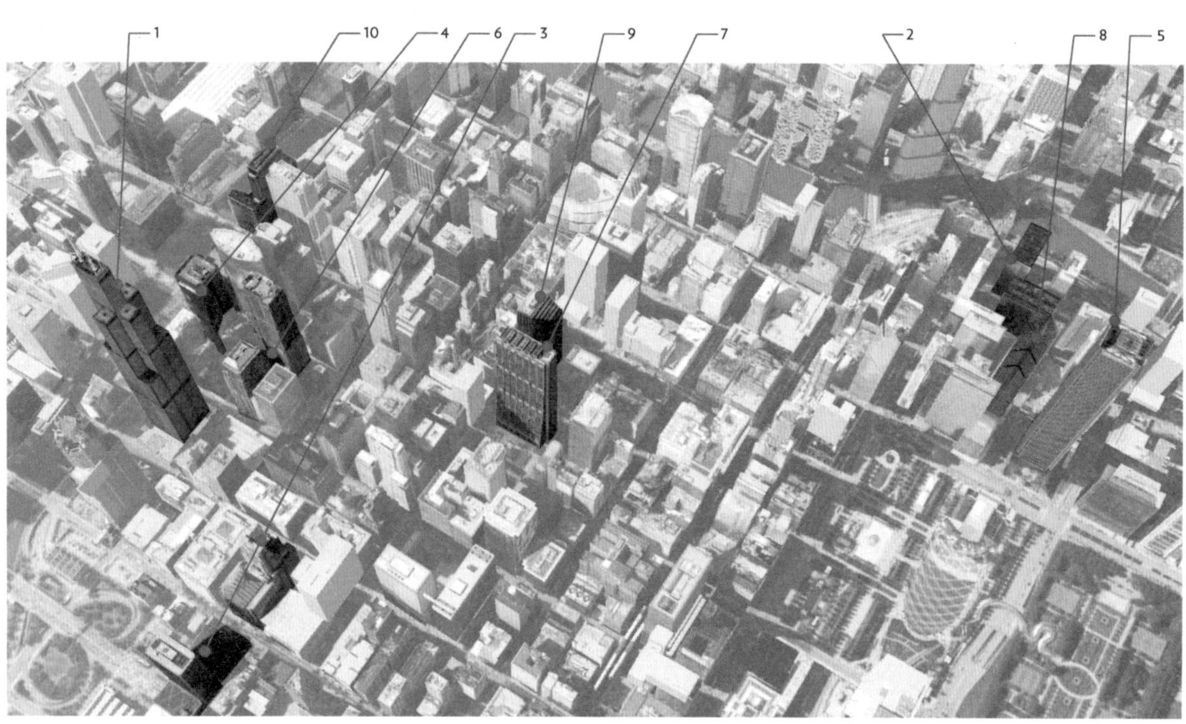
1
10
4
6
3
9
7
2
8
5

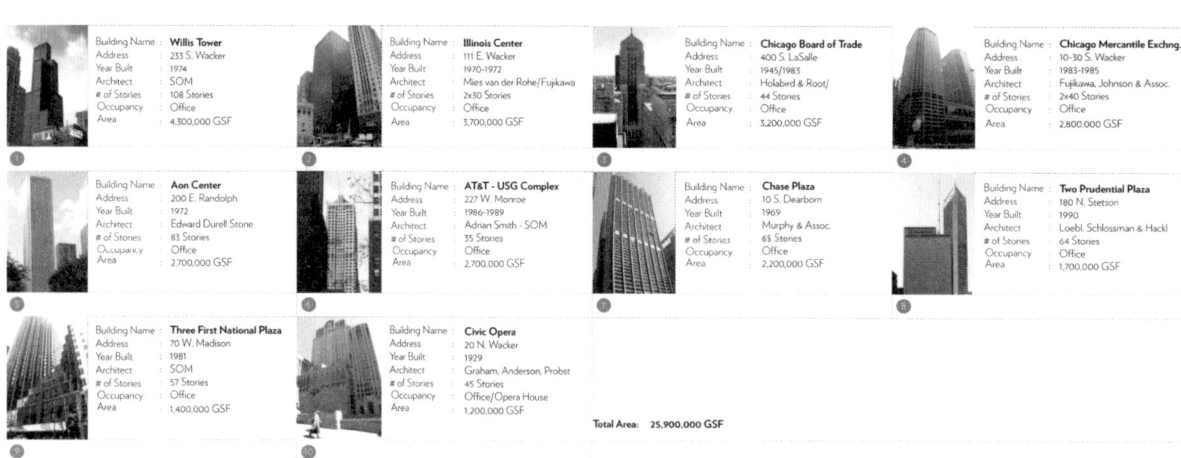
Building Name : Willis Tower
Address : 233 S. Wacker
Year Built : 1974
Architect : SOM
# of Stories : 108 Stories
Occupancy : Office
Area : 4,300,000 GSF
1
Building Name : Illinois Center
Address : 111 E. Wacker
Year Built : 1970-1972
Architect : Mies van der Rohe/Fujikawa
# of Stories : 2x30 Stories
Occupancy : Office
Area : 3,700,000 GSF
2
Building Name : Chicago Board of Trade
Address : 400 S. LaSalle
Year Built : 1945/1983
Architect : Holabird & Root/
# of Stories : 44 Stories
Occupancy : Office
Area : 3,200,000 GSF
3
Building Name : Chicago Mercantile Exchng.
Address : 10-30 S. Wacker
Year Built : 1983-1985
Architect : Fujikawa, Johnson & Assoc.
# of Stories : 2x40 Stories
Occupancy : Office
Area : 2,800,000 GSF
4
Building Name : Aon Center
Address : 200 E. Randolph
Year Built : 1972
Architect : Edward Durell Stone
# of Stories : 83 Stories
Occupancy : Office
Area : 2,700,000 GSF
5
Building Name : AT&T - USG Complex
Address : 227 W. Monroe
Year Built : 1986-1989
Architect : Adrian Smith - SOM
# of Stories : 35 Stories
Occupancy : Office
Area : 2,700,000 GSF
6
Building Name : Chase Plaza
Address : 10 S. Dearborn
Year Built : 1969
Architect : Murphy & Assoc.
# of Stories : 65 Stories
Occupancy : Office
Area : 2,200,000 GSF
7
Building Name : Two Prudential Plaza
Address : 180 N. Stetson
Year Built : 1990
Architect : Loebl, Schlossman & Hackl
# of Stories : 64 Stories
Occupancy : Office
Area : 1,700,000 GSF
8
Building Name : Three First National Plaza
Address : 70 W. Madison
Year Built : 1981
Architect : SOM
# of Stories : 57 Stories
Occupancy : Office
Area : 1,400,000 GSF
9
Building Name : Civic Opera
Address : 20 N. Wacker
Year Built : 1929
Architect : Graham, Anderson, Probst
# of Stories : 45 Stories
Occupancy : Office/Opera House
Area : 1,200,000 GSF
10
Total Area: 25,900,000 GSF

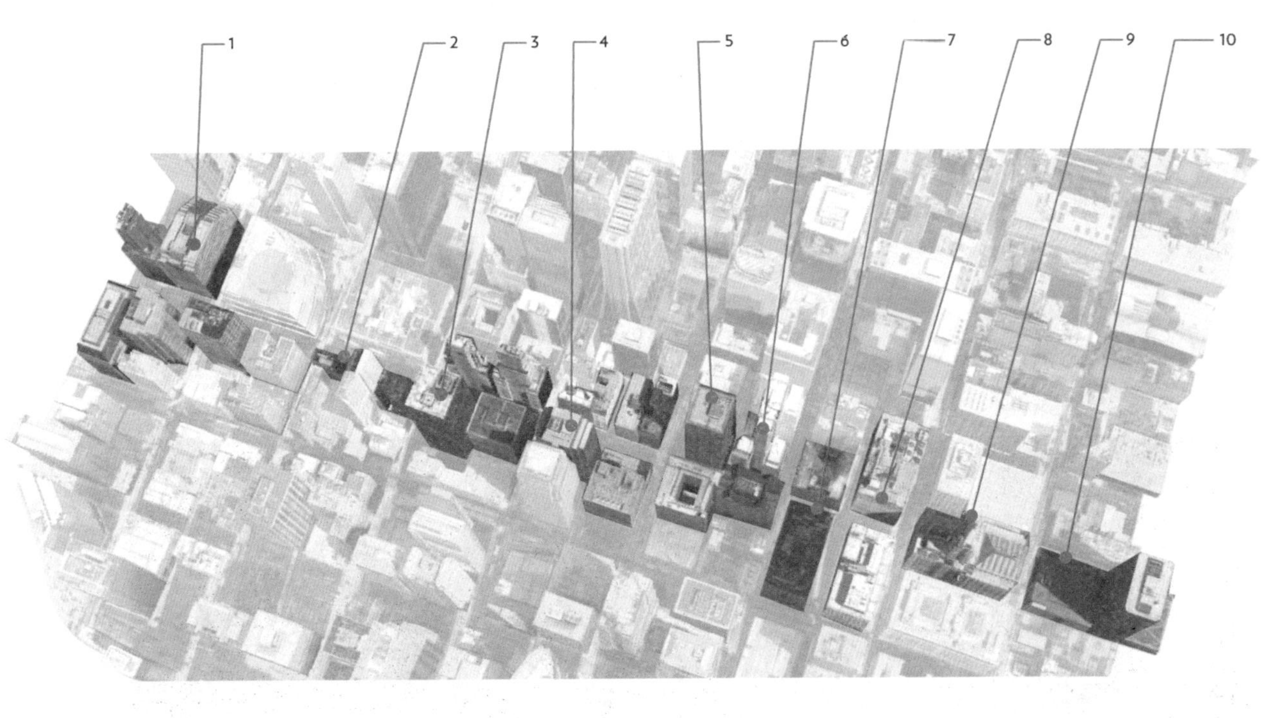
1
2
3
4
5
6
7
8
9
10

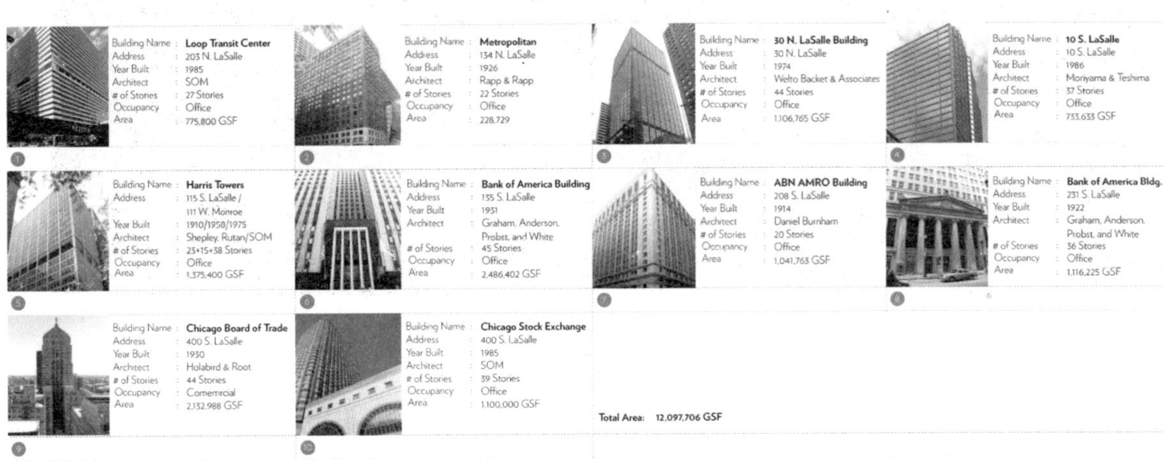
1
Building Name : Loop Transit Center
Address : 203 N. LaSalle
Year Built : 1985
Architect : SOM
# of Stories : 27 Stories
Occupancy : Office
Area : 775,800 GSF

2
Building Name : Metropolitan
Address : 134 N. LaSalle
Year Built : 1926
Architect : Rapp & Rapp
# of Stories : 22 Stories
Occupancy : Office
Area : 228.729

3
Building Name : 30 N. LaSalle Building
Address : 30 N. LaSalle
Year Built : 1974
Architect : Welto Backet & Associates
# of Stories : 44 Stories
Occupancy : Office
Area : 1,106,765 GSF

4
Building Name : 10 S. LaSalle
Address : 10 S. LaSalle
Year Built : 1986
Architect : Moriyama & Teshima
# of Stories : 37 Stories
Occupancy : Office
Area : 733,633 GSF

5
Building Name : Harris Towers
Address : 115 S. LaSalle / 111 W. Monroe
Year Built : 1910/1958/1975
Architect : Shepley, Rutan/SOM
# of Stories : 23+15+38 Stories
Occupancy : Office
Area : 1,375,400 GSF

6
Building Name : Bank of America Building
Address : 135 S. LaSalle
Year Built : 1931
Architect : Graham, Anderson, Probst, and White
# of Stories : 45 Stories
Occupancy : Office
Area : 2,486,402 GSF

7
Building Name : ABN AMRO Building
Address : 208 S. LaSalle
Year Built : 1914
Architect : Daniel Burnham
# of Stories : 20 Stories
Occupancy : Office
Area : 1,041,763 GSF

8
Building Name : Bank of America Bldg.
Address : 231 S. LaSalle
Year Built : 1922
Architect : Graham, Anderson, Probst, and White
# of Stories : 36 Stories
Occupancy : Office
Area : 1,116,225 GSF

9
Building Name : Chicago Board of Trade
Address : 400 S. LaSalle
Year Built : 1930
Architect : Holabird & Root
# of Stories : 44 Stories
Occupancy : Commercial
Area : 2,132,988 GSF

10
Building Name : Chicago Stock Exchange
Address : 400 S. LaSalle
Year Built : 1985
Architect : SOM
# of Stories : 39 Stories
Occupancy : Office
Area : 1,100,000 GSF

Total Area: 12,097,706 GSF

Metamorfosi 设计竞赛

项目地点：意大利托里诺
占地面积：150 000 平方米
设计公司：马可 · 维斯孔蒂（Marco Visconti）建筑师工作室，Mellano, 凯达有限公司

新区的城市结构通过提供一个覆盖边缘区的先进的生长系统来联系现存建筑。项目包含不同类型的多层建筑，在综合体设计中，通过对外立面和屋顶的保护来提供日光和太阳能。高效的装置提供了非常好的可持续环境和对可再生能源的充分利用。区域内能够给人视觉冲击的建筑是位于未来规划地铁区域的风塔。由于垂直轴风力涡轮机的使用，可以利用东南风来发电。

城市关系

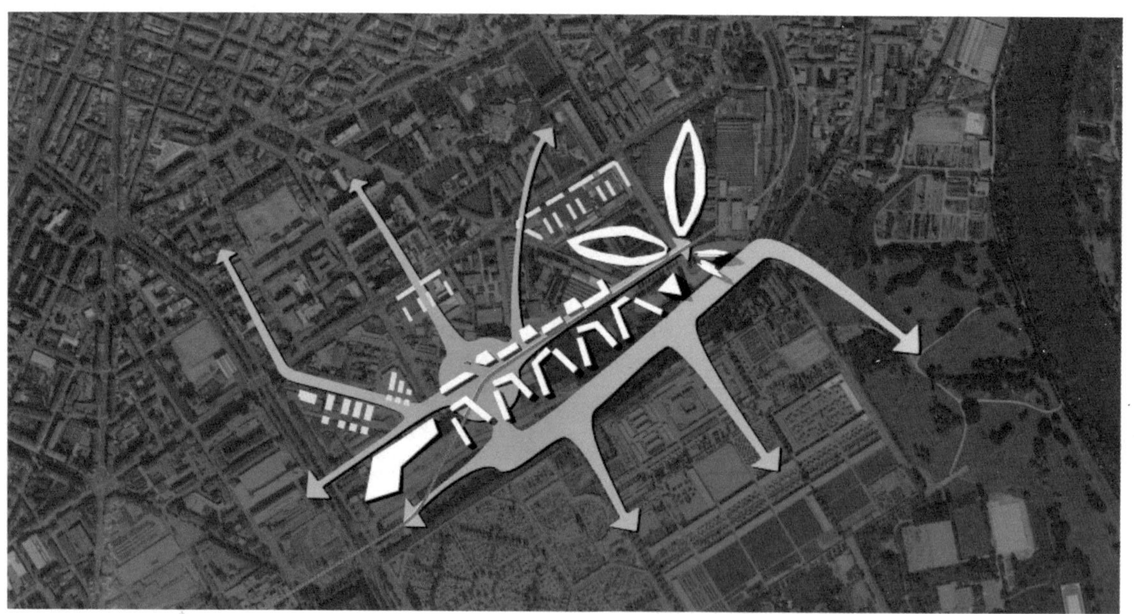

地铁线

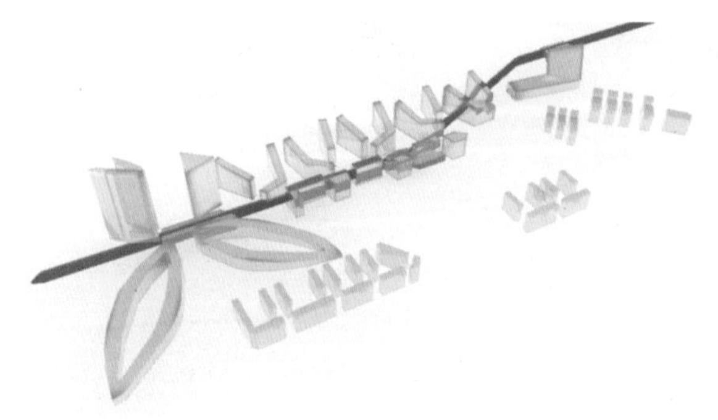

总体设计图

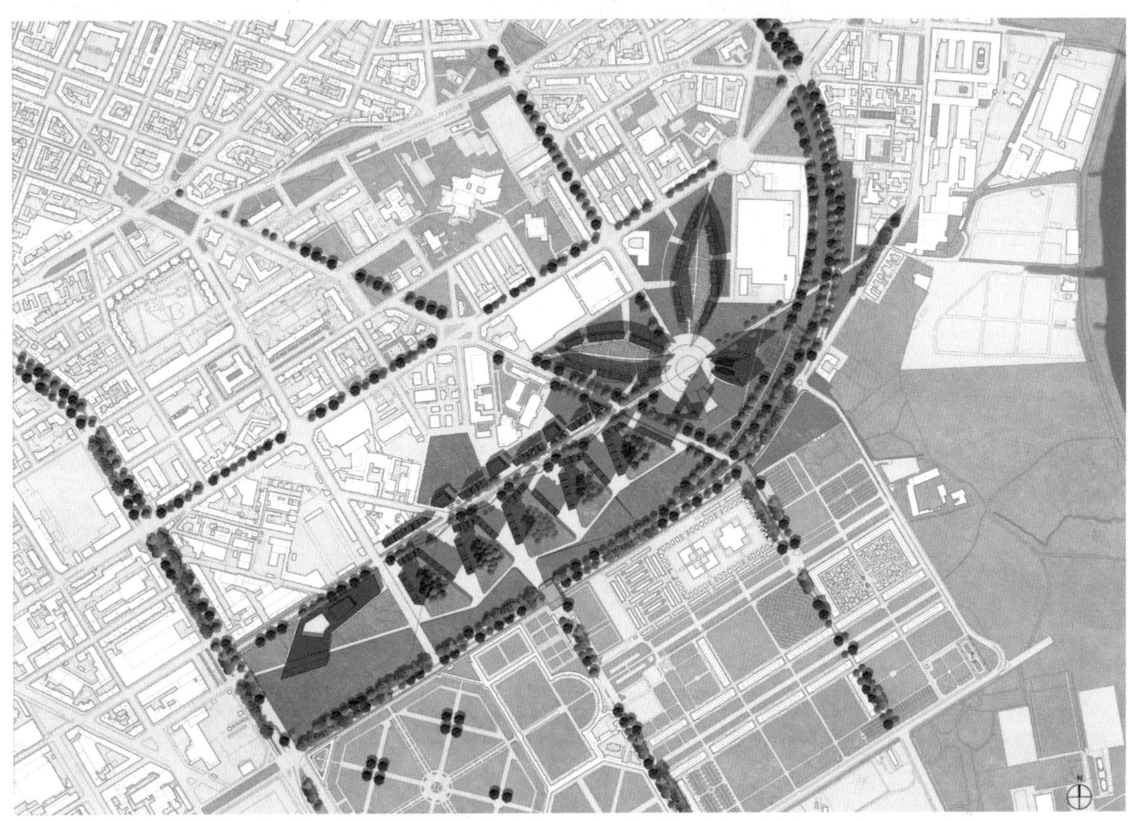

鸟瞰图

东侧效果图

北侧效果图

西侧效果图

南侧效果图

塔楼南立面

南立面图

东立面图

塔楼风环境模拟

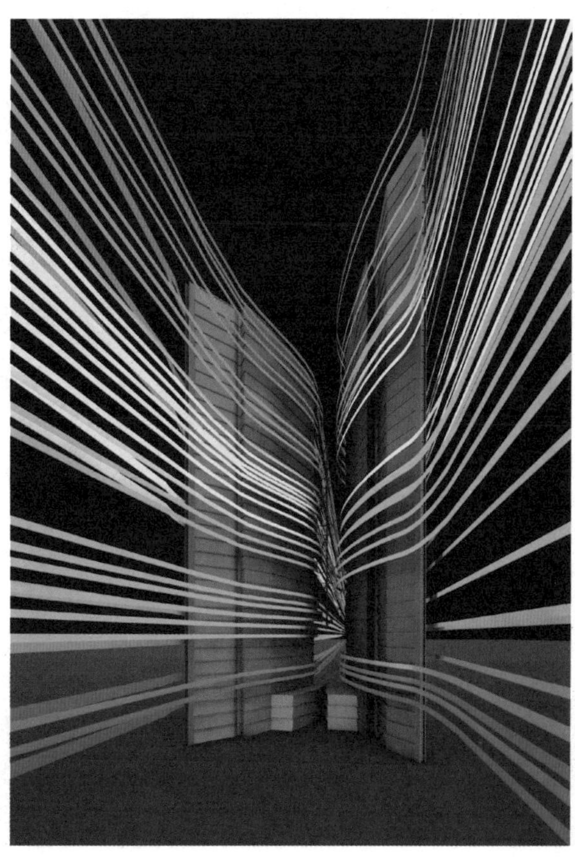

亚特兰大市旅游区总体规划

项目地点：美国亚特兰大东部沿海
占地面积：约 6.9 平方千米（1700 英亩）
设计公司 : 美国捷得国际建筑师事务所

本次亚特兰大市旅游区总体规划提出将亚特兰大转变为美国东北部首选的滨海度假胜地，以吸引更多人气。通过创造一个干净、绿色、安全且尊重历史的城市，并利用其独特的岛屿环境优势，新的亚特兰大将为各个年龄段的人们提供各色各样的景点。在初始阶段，总体规划为包括海滩和浮桥的核心区域的提升提供城市设计原则。通过制定策略推进区域重建、分期建设以及区域内整体发展，规划将成为亚特兰大经济、社会发展的催化剂。通过将新的娱乐和旅游景点与经济、社会和环境的可持续发展相结合，亚特兰大最终能够成为海滨度假胜地并吸引数以百万计的新游客。

旅游区大约6.9平方千米（1700英亩），总体规划需要在引进新吸引点和激发现有景点的新元素中寻求平衡。同时实施基本规划原则以转变人们对亚特兰大的固有看法。规划将亚特兰大定位为21世纪世界级的旅游度假胜地，旨在同时满足现代旅游以及当地居民的需求。两大概念主要围绕远景规划和城市更新，并通过基础设施建设创造富有活力、可识别的、完整的并能够联系特色地区的城市。规划导则涉及近期、中期和长期的规划，并将为当地居民和游客创造千变万化和令人难忘的新地标。

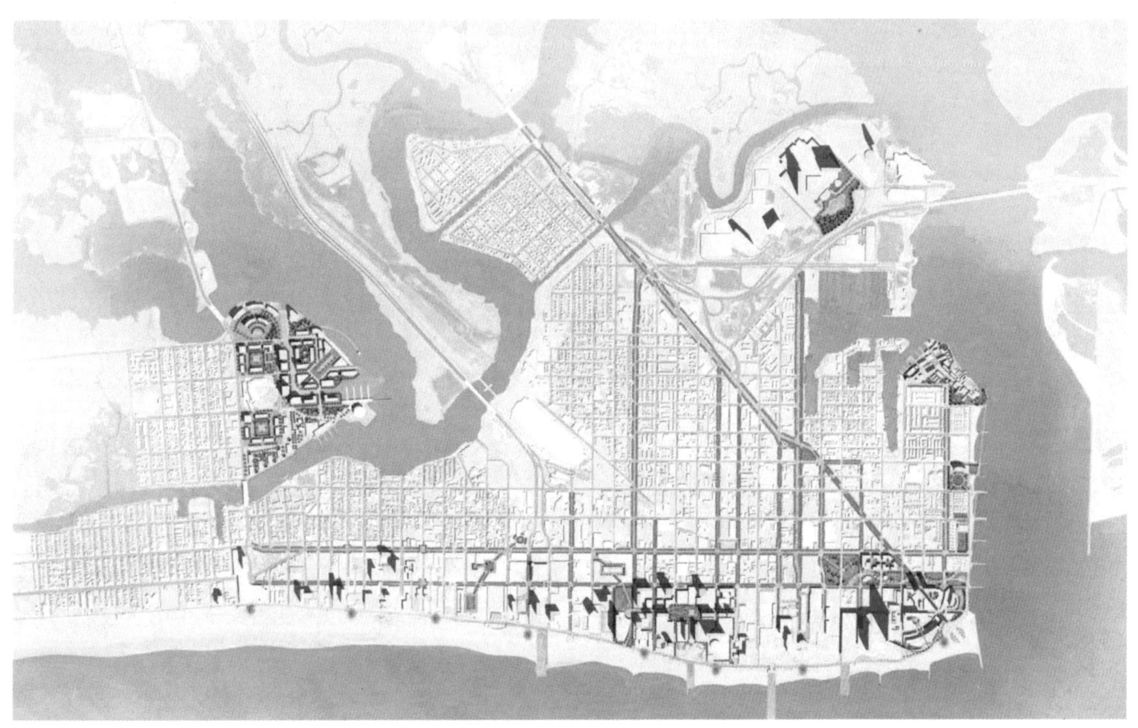

方案解析

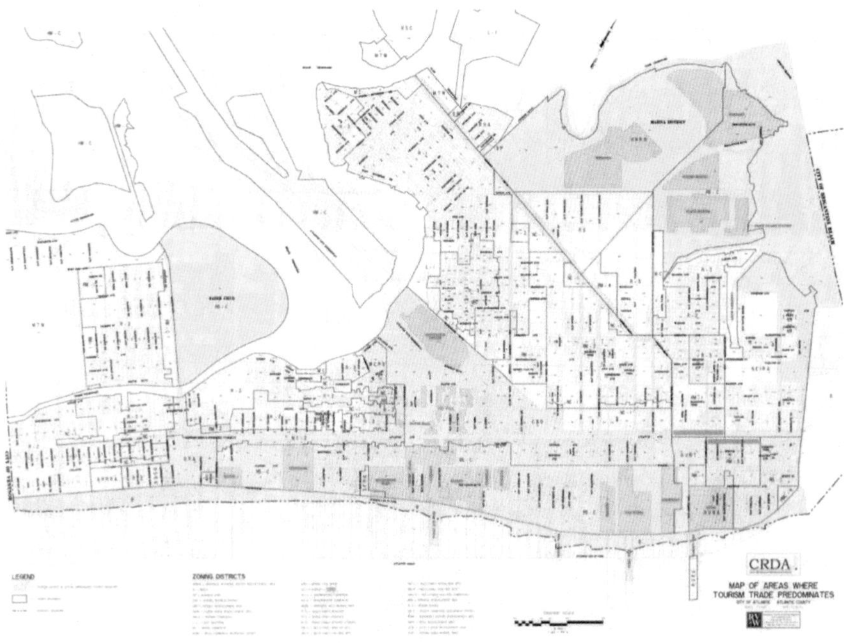

近期建设

规划制定了近期、中期和长期的策略框架和政策建议，致力于提高游客体验、激发私人投资并改善亚特兰大的经济稳定性。规划由亚特兰大各方相关利益者参与制定，包括居民、业主、企业、投资者、游客、工人、市民代表和官员等。规划通过一系列措施重新为亚特兰大注入活力，包括增强浮桥、海滩和附近街道的娱乐和庆典活动，提升主要道路的街道体验，提供新的和多元化的零售服务，并提高洁净度和安全性。

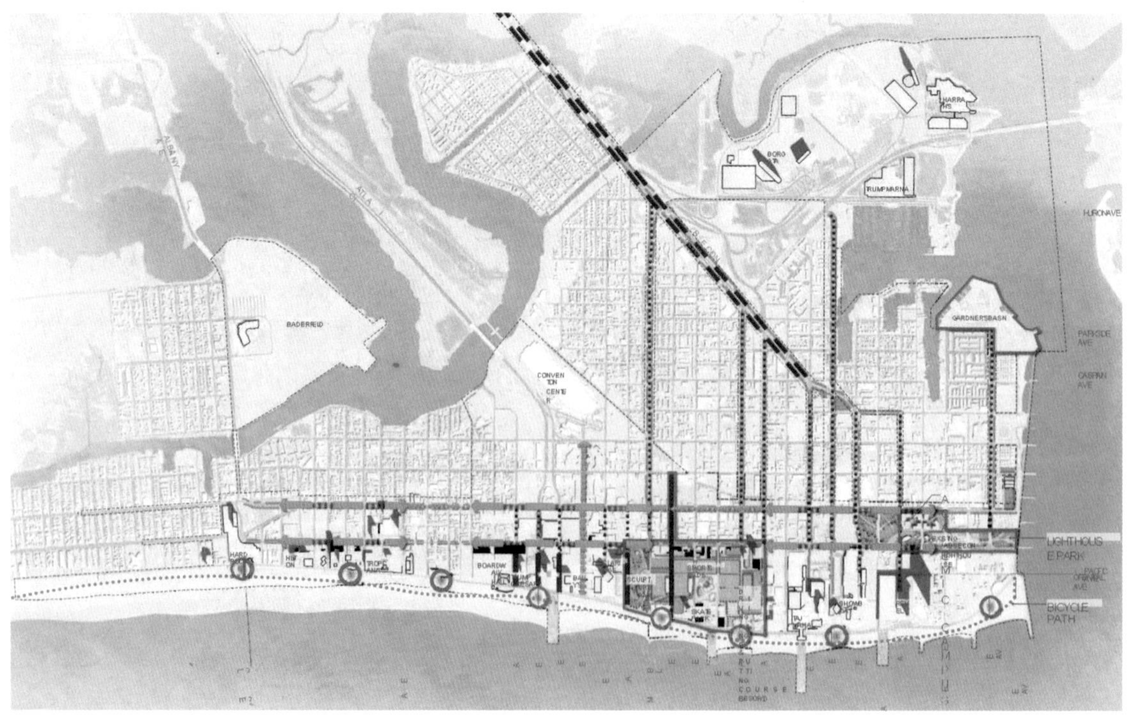

中期建设

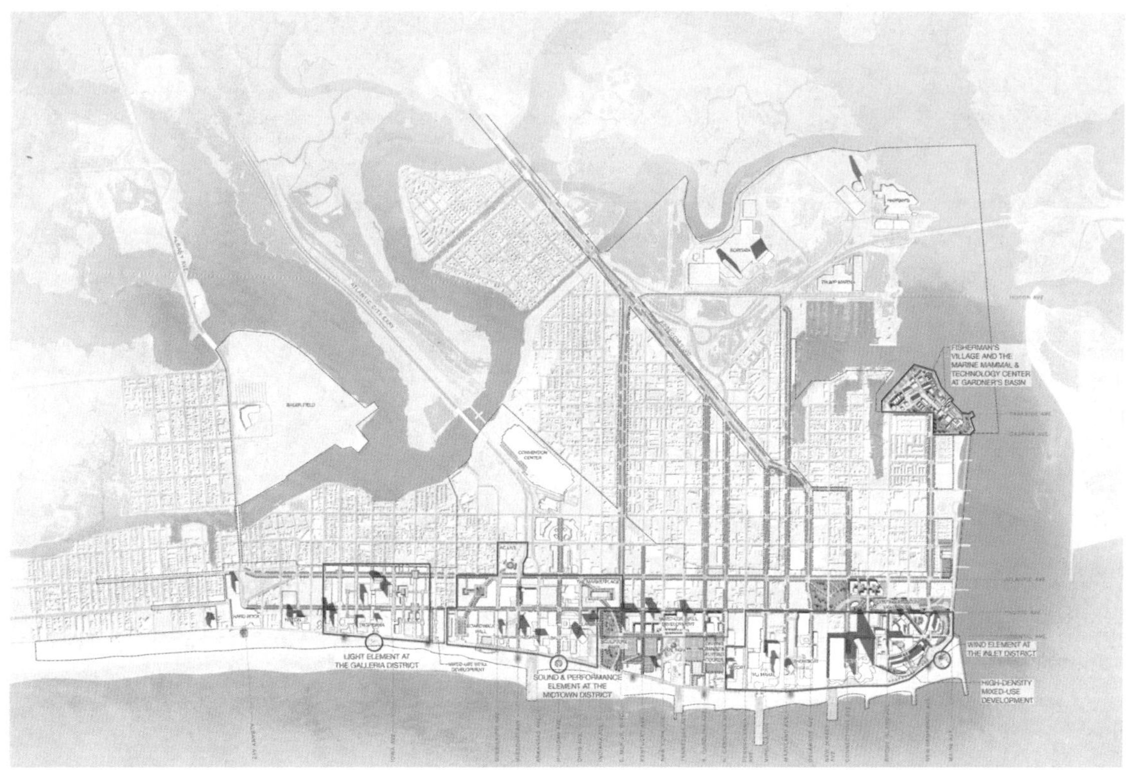
FISHERMAN'S VILLAGE AND THE MARINE MAMMAL & TECHNOLOGY CENTER AT GARDNER'S BASIN
LIGHT ELEMENT AT THE GALLERIA DISTRICT
SOUND & PERFORMANCE ELEMENT AT THE MIDTOWN DISTRICT
WIND ELEMENT AT THE INLET DISTRICT
HIGH-DENSITY MIXED-USE DEVELOPMENT

远期建设

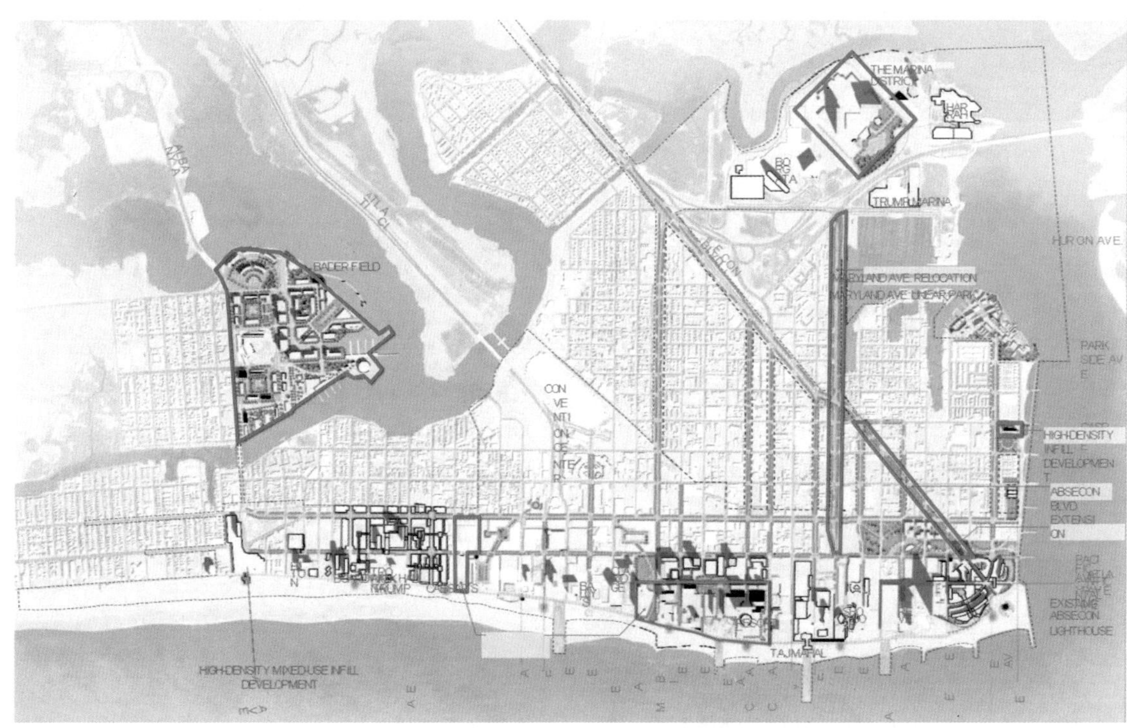
THE MARINA DISTRICT
BADER FIELD
TRUMP MARINA
HURON AVE.
MARYLAND AVE. RELOCATION
MARYLAND AVE. LINEAR PARK
HIGH-DENSITY INFILL DEVELOPMENT
ABSECON BLVD EXTENSION
EXISTING ABSECON LIGHTHOUSE
TAJ MAHAL
HIGH-DENSITY MIXED-USE INFILL DEVELOPMENT

下沙和购物中心区

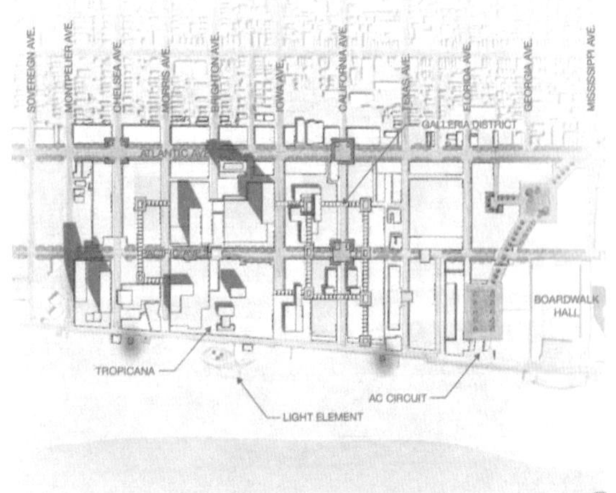

该地区旨在创造一个高度体验的区域，包括富有生机的灯光主题的景点和显著发展的艺术区。商业街区将沿太平洋大道联系现有“季度区”，成为下沙区和市中心区的连接点。

中城地区

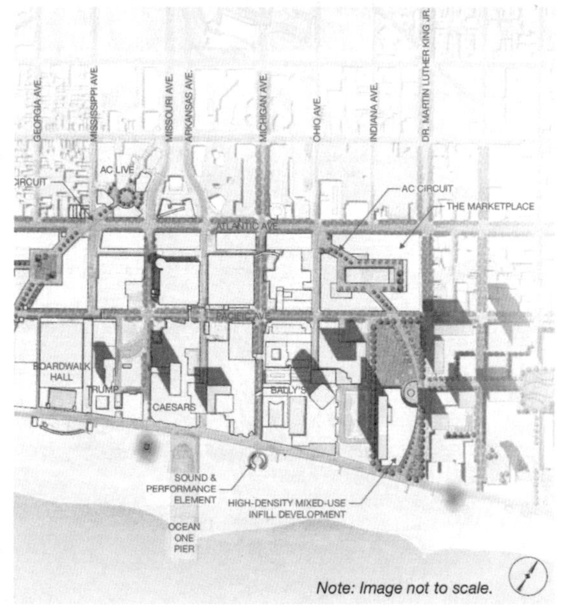

在中期计划中，规划提出在中城沿木栈道建设一个核心的高度活跃的室外活动景点，作为活动和庆典的主要区域，同时也为木栈道建立一个重要节点。由于增加了交流环路和其他娱乐设施，该区域变成了24小时的娱乐地，在娱乐和工作时间都很丰富多彩。作为最显眼的地区之一，中城必将为游客留下一个积极持久的印象。

入口区域

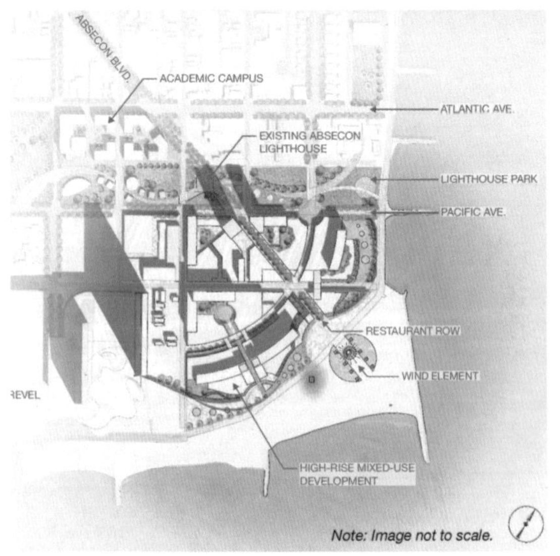

入口区域将成为能够动态响应环境并成为沿沙滩和木栈道的补充景点。为迎合市场，区域将更加注重混合使用的住宅以及街道活动的发展，利用该重要区域的优势进行较高密度的开发。

花园谷

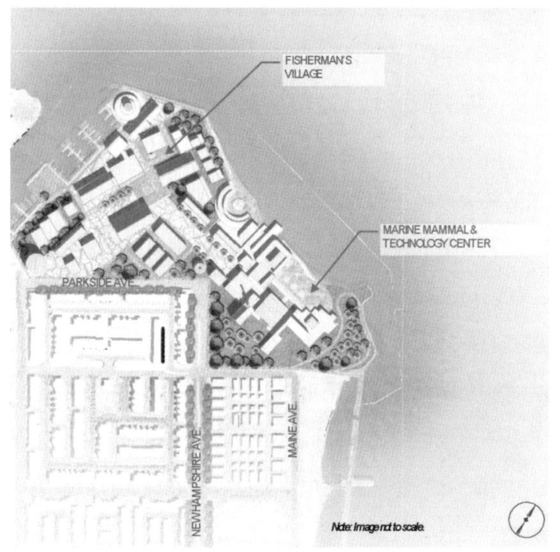

花园谷特征鲜明，并被广泛地称为“亚特兰大保守最好的秘密”。规划建议加强该地区的独特性并建立其自身优势。将野生动物研究与海洋动物技术中心联系在一起，并将能源与旅游相结合，这个地区将有机会成为一个整体区域。

入口区域

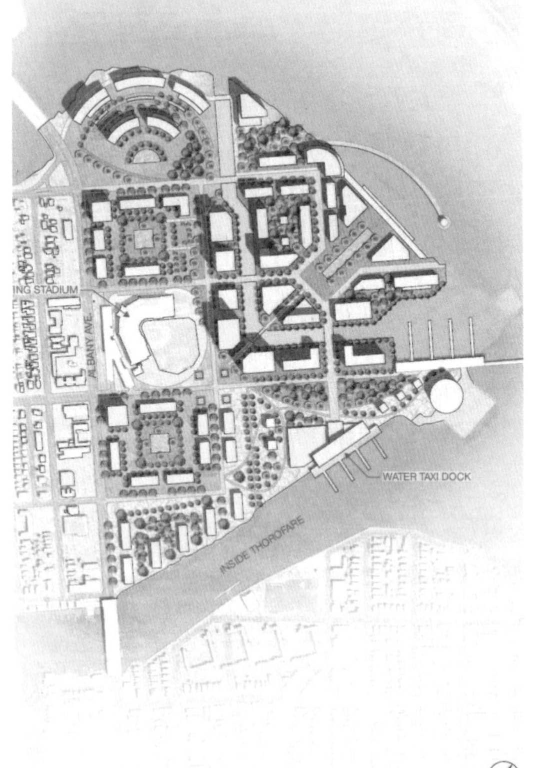

贝德场的未来是令人兴奋的。作为长期计划的一部分，贝德场的未来是创建一个绿色的、充满活力的街区。混合功能中还未确定是否包括商业功能，但是可持续的居住和公共设施也将吸引各行各业的人们。

规划认为贝德场中的开放空间非常重要，为未来发展考虑，规划合适的密度、提升水岸的可达性以及充足的开放空间。贝德场海岸航道和滨水区拥有巨大的优势，其中重要的一项就是这个黄金发展区的景观优势。线性及口袋式的公园能够让居民和游客蜿蜒穿过这个美丽的区域。基于沙堡体育场和画板区域的成功，规划正在增加主动和被动休憩的元素，包括步行道、自行车道和野生动物区。

夜景效果图

庆典效果图

灯光效果图

风元素效果图

密歇根大道效果图

太平洋大道效果图

约旦死海区域发展规划

项目地点：约旦死海
项目面积：40 平方千米
设计公司：Sasaki Associates, Inc.
委托方：约旦开发区公司
完成时间：2011 年 6 月
奖项：2012 年美国建筑师协会区域与城市设计类荣誉奖

约旦死海区域发展规划的范围包括沿死海东、北岸沿线 40 平方千米的区域。在过去的 15 年中，约旦王国重视开发与保护之间的平衡，以期推动旅游业的发展，改善当地的社区环境。2008 年，政府授权专门开发机构为现有土地与未来开发地块、基础设施以及自然资源保护制定可持续发展规划框架。为此，一项综合的、因地制宜的规划应运而生，它将解决这片美丽的区域面临的社会、经济和环境的可持续发展问题。

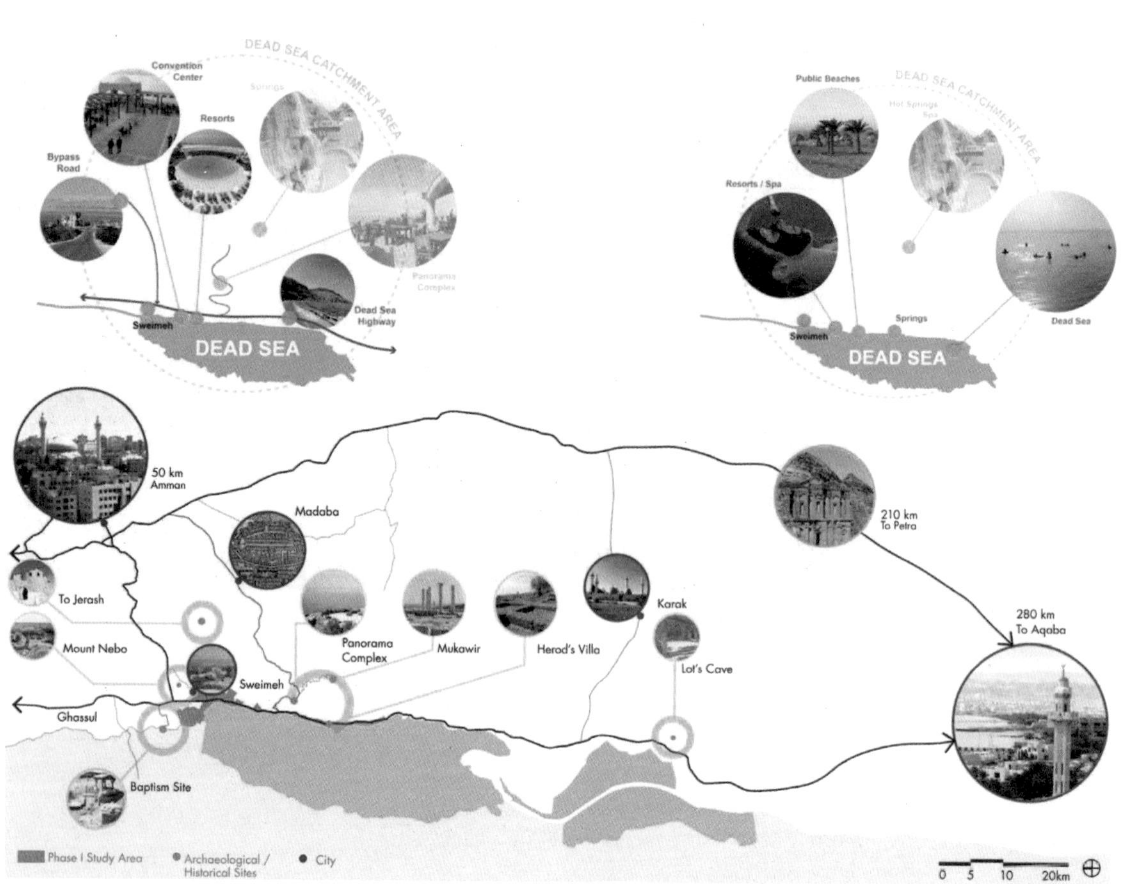

场地现状

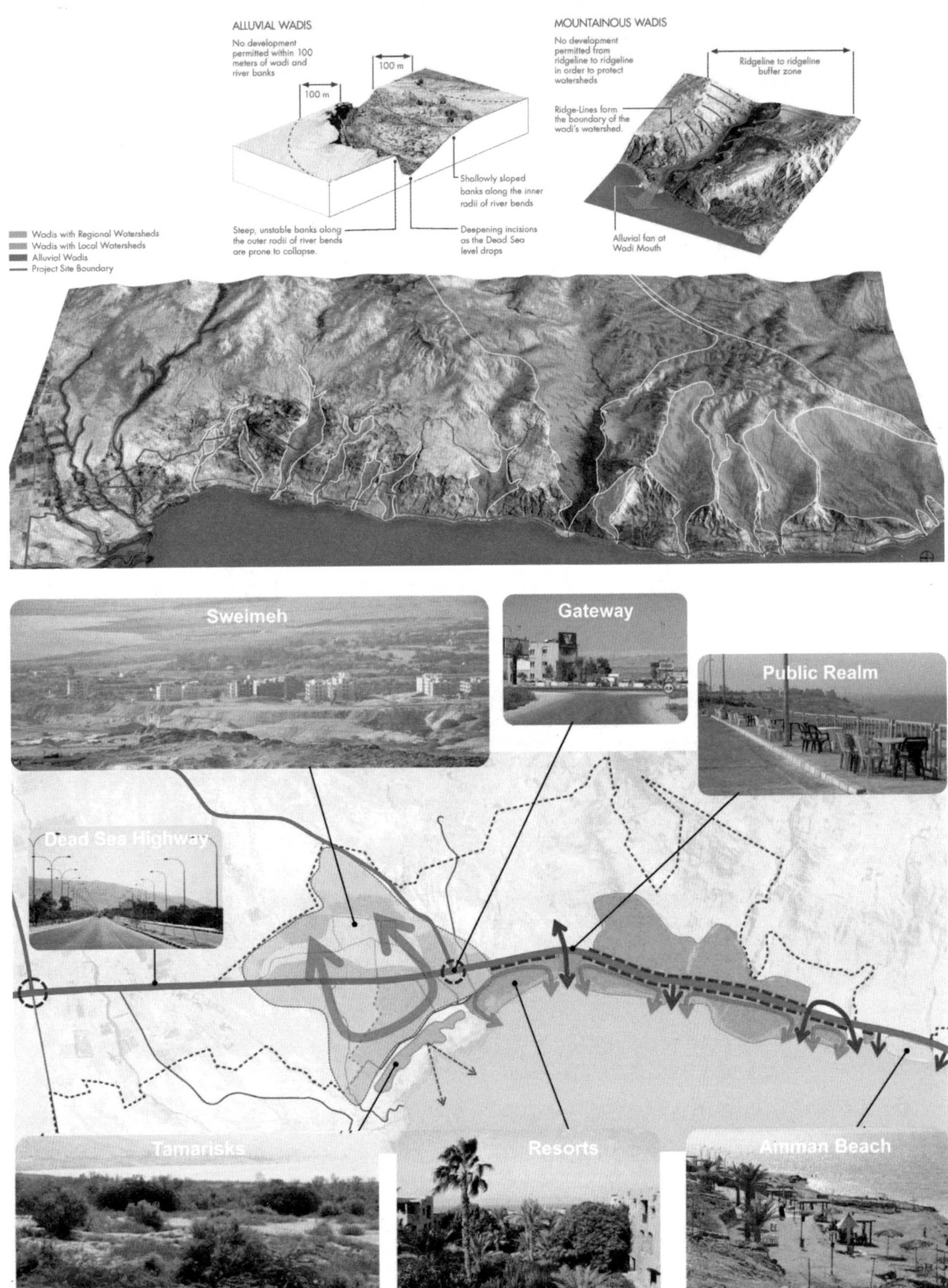
ALLUVIAL WADIS
No development permitted within 100 meters of wadi and river banks
100 m
100 m
Shallowly sloped banks along the inner radii of river bends
Steep, unstable banks along the outer radii of river bends are prone to collapse.
Deepening incisions as the Dead Sea level drops
MOUNTAINOUS WADIS
No development permitted from ridgeline to ridgeline in order to protect watersheds
Ridgeline to ridgeline buffer zone
Ridge-Lines form the boundary of the wadi's watershed.
Alluvial fan at Wadi Mouth
Wadis with Regional Watersheds
Wadis with Local Watersheds
Alluvial Wadis
Project Site Boundary
Sweimeh
Gateway
Public Realm
Dead Sea Highway
Tamarisks
Resorts
Amman Beach

方案解析

可持续发展策略渗透在规划的各个层面。在整体层面，基于“净可用土地面积”分析，在滨水区域设立禁建区。规划移除了建设区域中的生态河谷缓冲区，如坡度大于 30° 的斜坡、现存的生态栖息地、重要的考古基地和坡顶为生态旅游留出大片的土地。在资源层面，淡水及能源缺乏的问题通过对未来供应的仔细分析以及引入减少需求的措施得到缓解，包括一系列技术建议以及国际绿色发展标准的应用等。在容量方面，规划分析了所有现存的基础设施，并根据预期发展提出可持续的基础设施建设，这包括来自可持续地下水和山区河谷的水供给和利用集中水处理设施对污水进行回收处理后用于灌溉。为保障项目顺利实施，战略环境评估（SEA）和《约旦绿色建筑计划》提出的绿色建筑导则也进行了完善，其中，战略环境评估可用于评估违背总体规划原则的不合理的政策。

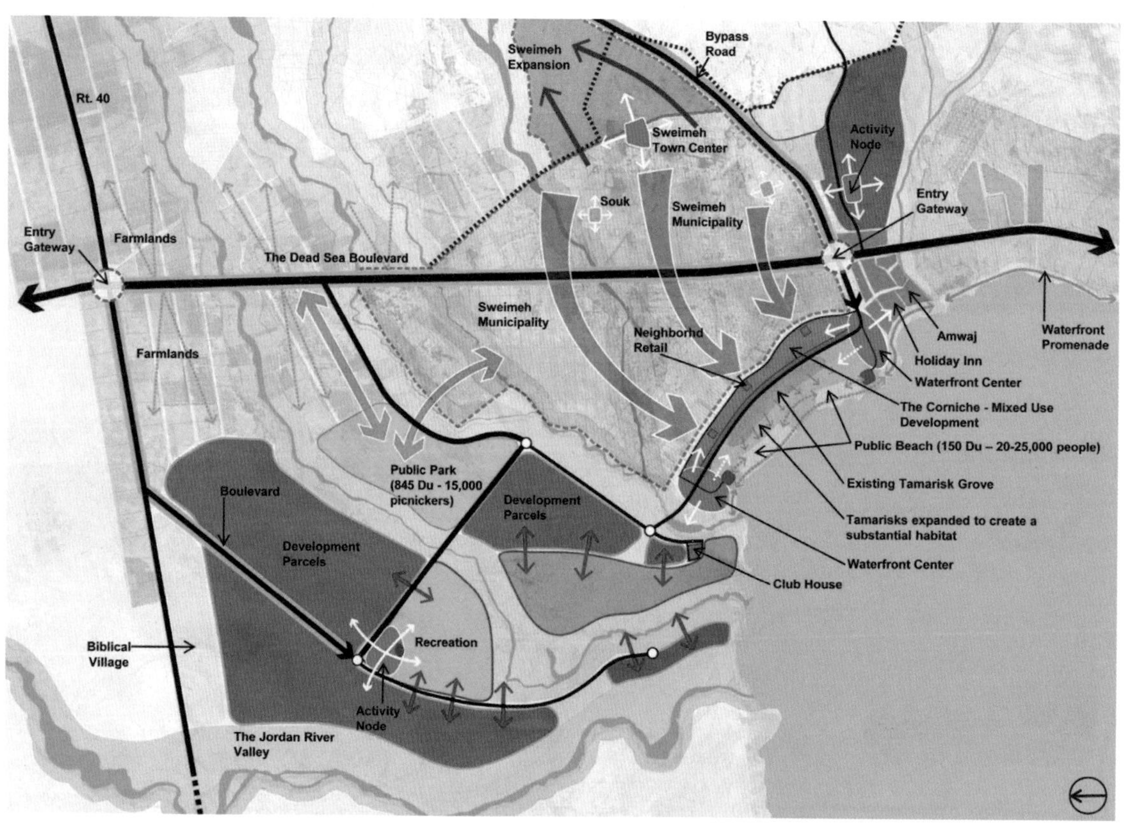

规划构想的项目基地是由一系列开放、相互联系的区域组成，每个区域都有各自的功能混合的活动节点，一个完整的公共交通网络联系各个区域。规划还提供了公共休闲娱乐设施，例如一个面积为 100 公顷的公共公园和新公共海滩，这些场所将作为重要的公共空间连接点和死海的观景台。规划还建议种植带有遮阴结构的耐旱植物以及低光该景观，以便为人们提供舒适的环境。规划紧凑且适宜步行的中心区为人们提供公共活动场所，用以平衡既有私有化的酒店和滨水区域的开发模式。规划构思了一个新的滨海区，这里将成为死海边上集住宅、酒店、餐厅、广场和可持续绿色空间于一体的大型公共空间。

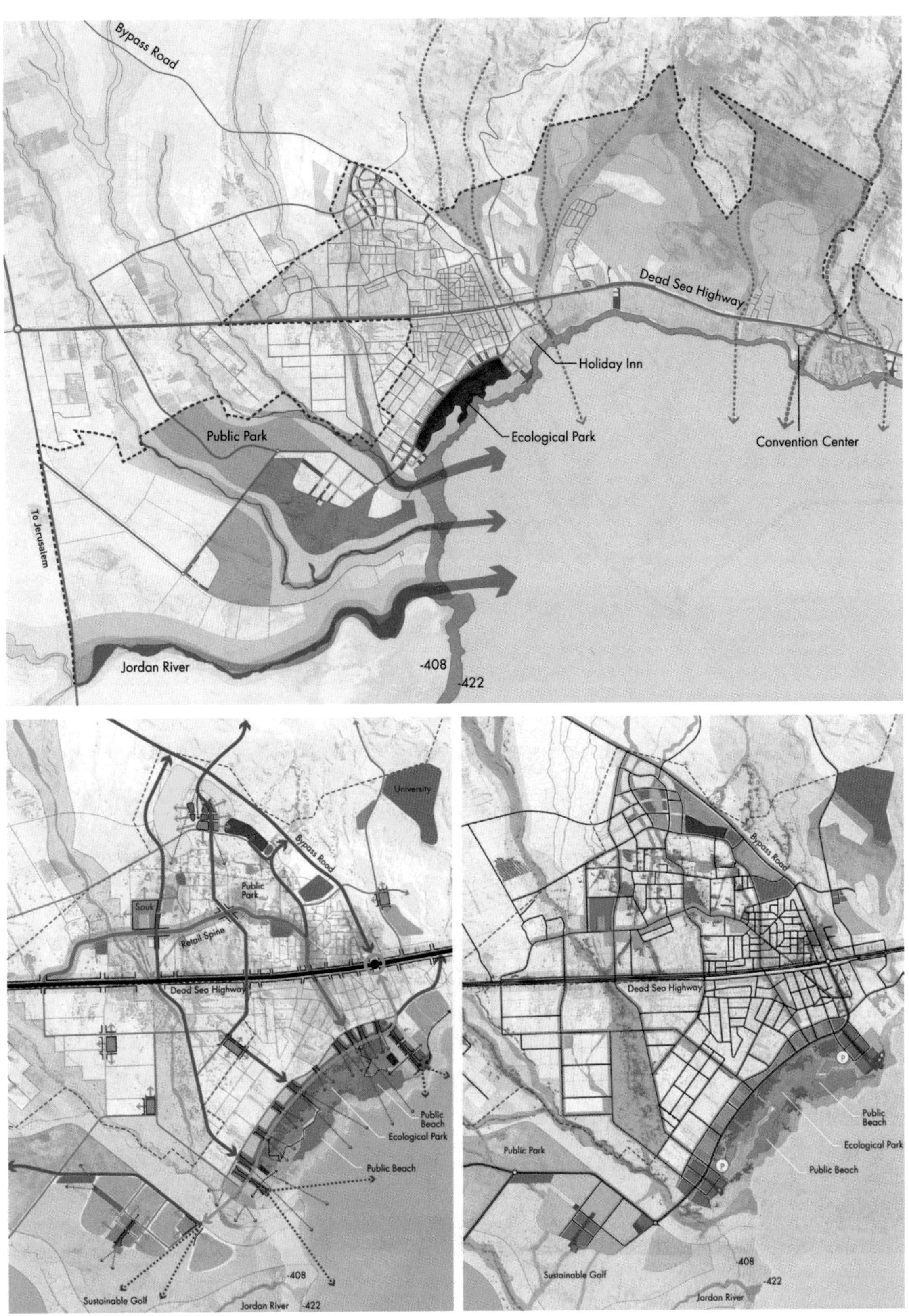
Bypass Road
Dead Sea Highway
Holiday Inn
Ecological Park
Convention Center
Public Park
To Jerusalem
Jordan River
-408
-422
University
Bypass Road
Public Park
Souk
Retail Spine
Dead Sea Highway
Public Beach
Ecological Park
Public Beach
Sustainable Golf
-408
Jordan River
-422
Bypass Road
Dead Sea Highway
Public Beach
Ecological Park
Public Beach
Public Park
Sustainable Golf
-408
-422
Jordan River

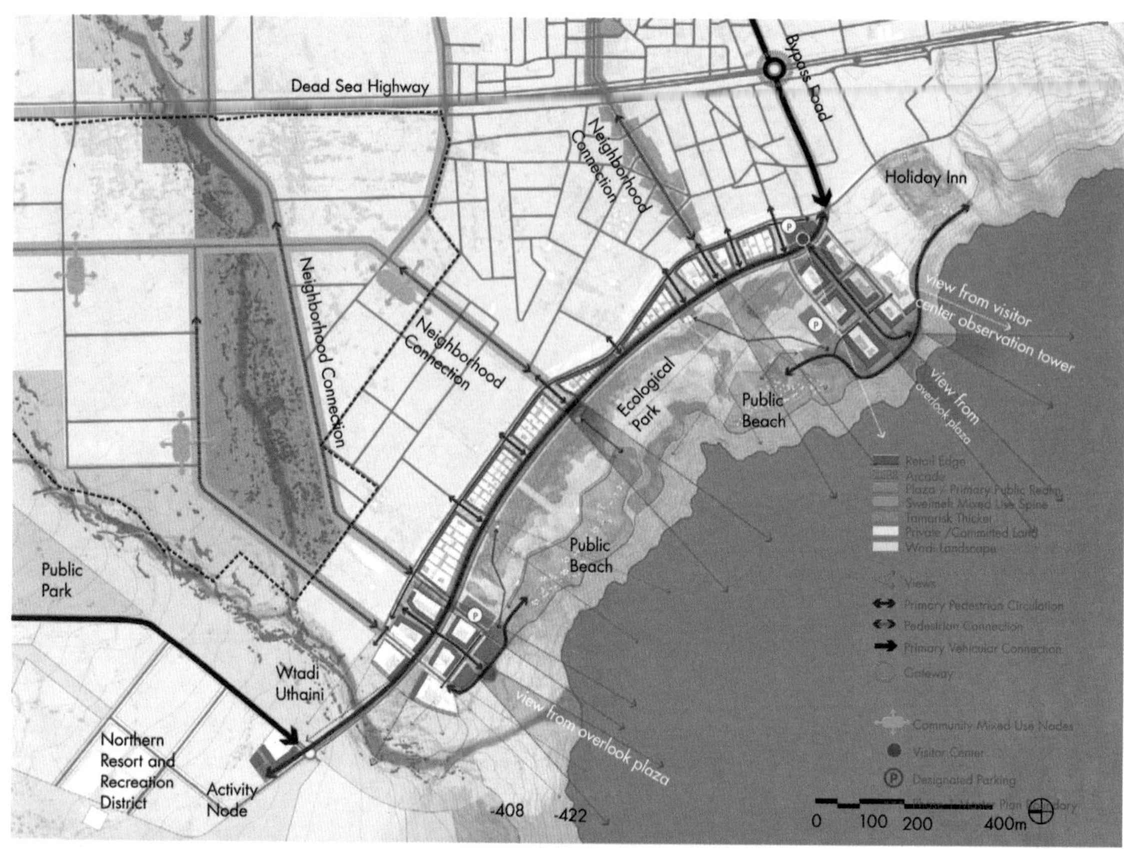

Dead Sea Highway
Bypass Road
Holiday Inn
Neighborhood Connection
Neighborhood Connection
Neighborhood Connection
view from visitor center observation tower
view from overlook plaza
Ecological Park
Public Beach
Public Beach
Public Park
Wtadi Uthaini
Northern Resort and Recreation District
Activity Node
view from overlook plaza
-408
-422
Retail Edge
Arcade
Plaza / Primary Public Realm
Sweimeh Mixed Use Spine
Tamarisk Thicket
Private /Committed Land
Views
Primary Pedestrian Circulation
Pedestrian Connection
Primary Vehicular Connection
Gateway
Community Mixed Use Nodes
Visitor Center
Designated Parking
0 100 200 400m

1. Boutique Hotel
2. Retail with Hotel Above
3. Retail with Residential Above
4. Retail
5. Special Retail/Spa
6. Cascading Terraces with Cafés and Kiosks
7. Landscape Slope
8. Upper Plateau Plaza
9. Wadi View Plaza
10. Wadi Trail
11. Dead Sea Promenade
12. Publicly Accessible Beach
Upper Plateau
Dead Sea Highway

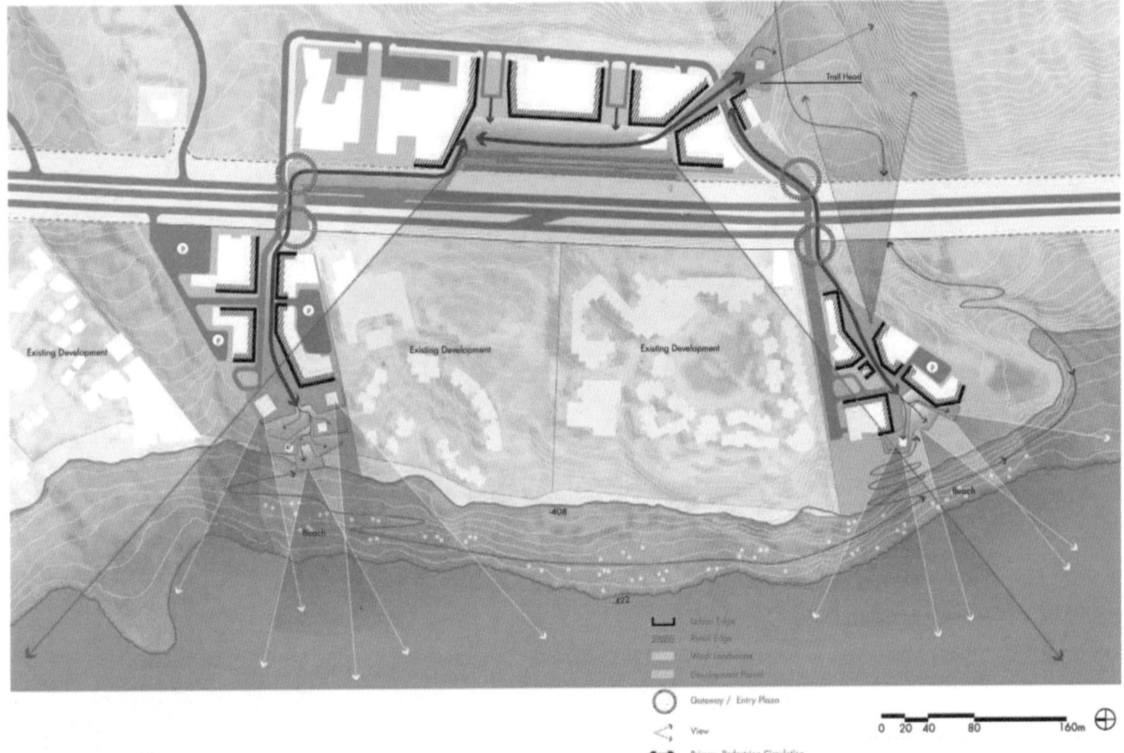
Trail Head
Existing Development
Existing Development
Existing Development
Beach
Beach
-408
-422
Gateway / Entry Plaza
View
Primary Pedestrian Circulation
Beach Access / Eco Tourism Trail
Designated Parking
Dead Sea Highway Right of Way
0 20 40 80 160m

1. Resort Hotel
2. Hospitality School
3. Skin Treatment Center
4. Product Research and Certification Center
5. Skin Treatment Center
6. Residential
7. Hotel
8. Retail and F+B
9. Café Pavilion
10. Surface Parking
11. Wadi/Hill Overlook Plaza with Trailhead
12. Primary Pedestrian Walk
13. Entry Plaza
14. Pedestrian Crossing
15. Retail Walk
16. Viewing Plaza
17. Viewing Steps
18. Beach Path
19. Publicly Accessible Beach
20. Dead Sea Promenade
21. Drop Off

Urban Frlge
Retail Edge
Wadi Landscape
Development Parcel
Gateway / Entry Plaza
View
Primary Pedestrian Circulation
Pedestrian Connection
Eco Tourism Trail
Connection to Adjacent Parcels
Internal Roads
Designated Parking
Dead Sea Highway Right of Way

0 20 40 80 160m

1. Visitor Center
2. Observation Tower
3. Retail with Residential Above
4. Retail with Hotel Above
5. Resort
6. Visitor Center Plaza
7. Entry Plaza
8. Retail Walk
9. Waterfront Plaza
10. Waterfront Amphitheater
11. Overlook
12. Lower Plaza
13. Waterfront Promenade
14. Beach Outdoor Café
15. Beach Plaza
16. Ecological Park
17. Boardwalk
18. Surface Parking (for Public Beach)
19. Garage and Tourist Bus Terminus

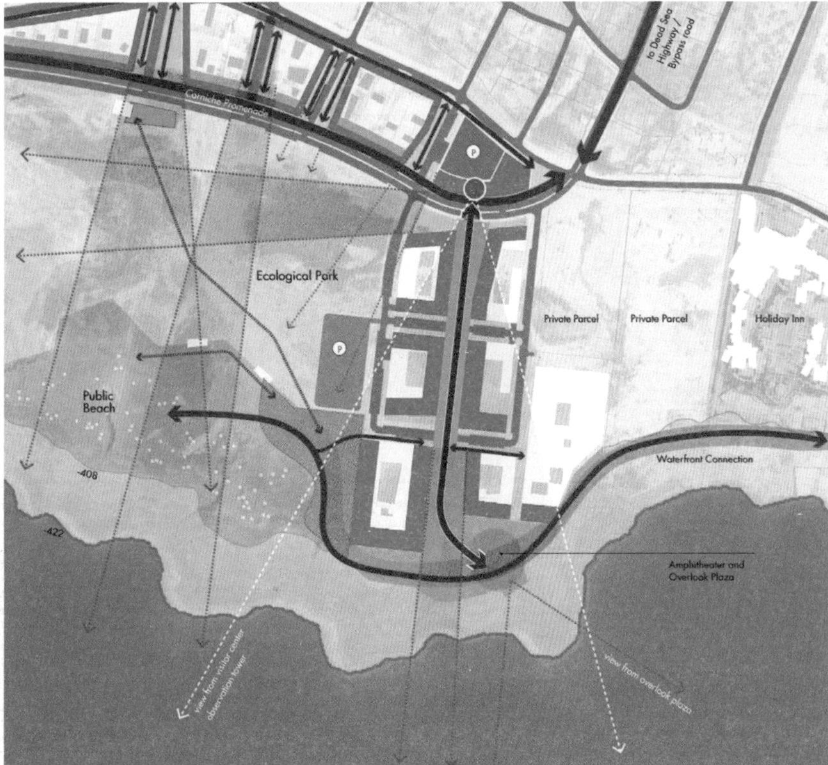

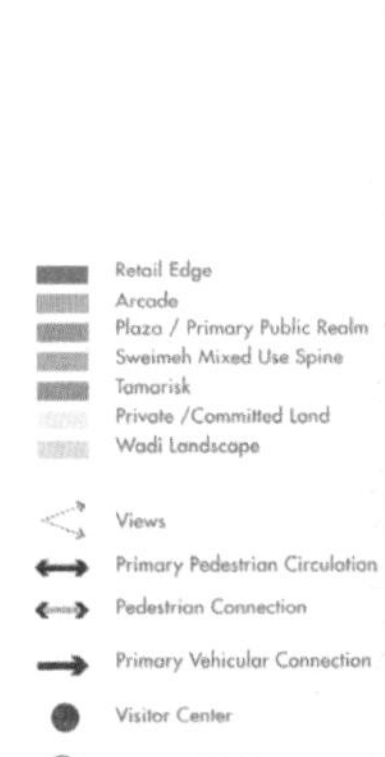

0 20 40 80 160m

Illustrative Plan

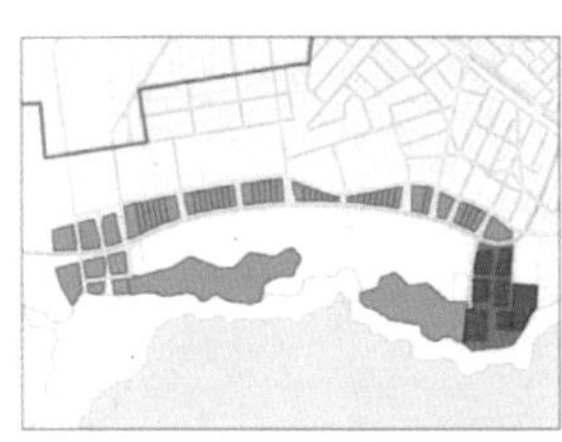

Concept Diagram

Visitor center observation tower

Provide entry open space on setback

Unevenly shaped, publicly accessible plaza provides uninterrupted connection to the Dead Sea overlook. Minimum width 12m.

Provide publicly accessible internal roads

Public plazas should be bordered by strong urban edges

Maintain uninterrupted pedestrian connection along waterfront Minimum width 10m

Retail Zone

Build-To Edge

Pedestrian connection

Publicly accessible Internal Road

View Corridor

Corniche Street

Committed parcel 5m setback along West Road and 30m from Corniche Street

Ecological Park

Resort Lobby Zone

Public Beach Plaza

Public Beach

Dead Sea Overlook

0 25 50 100 150 250m

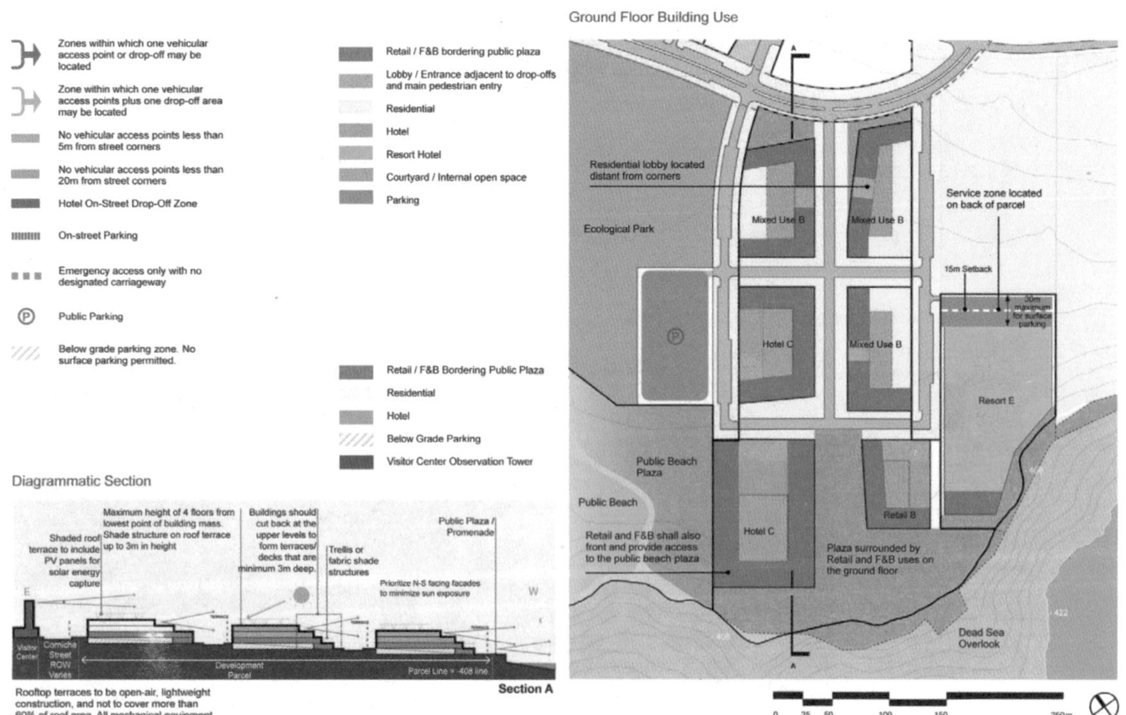

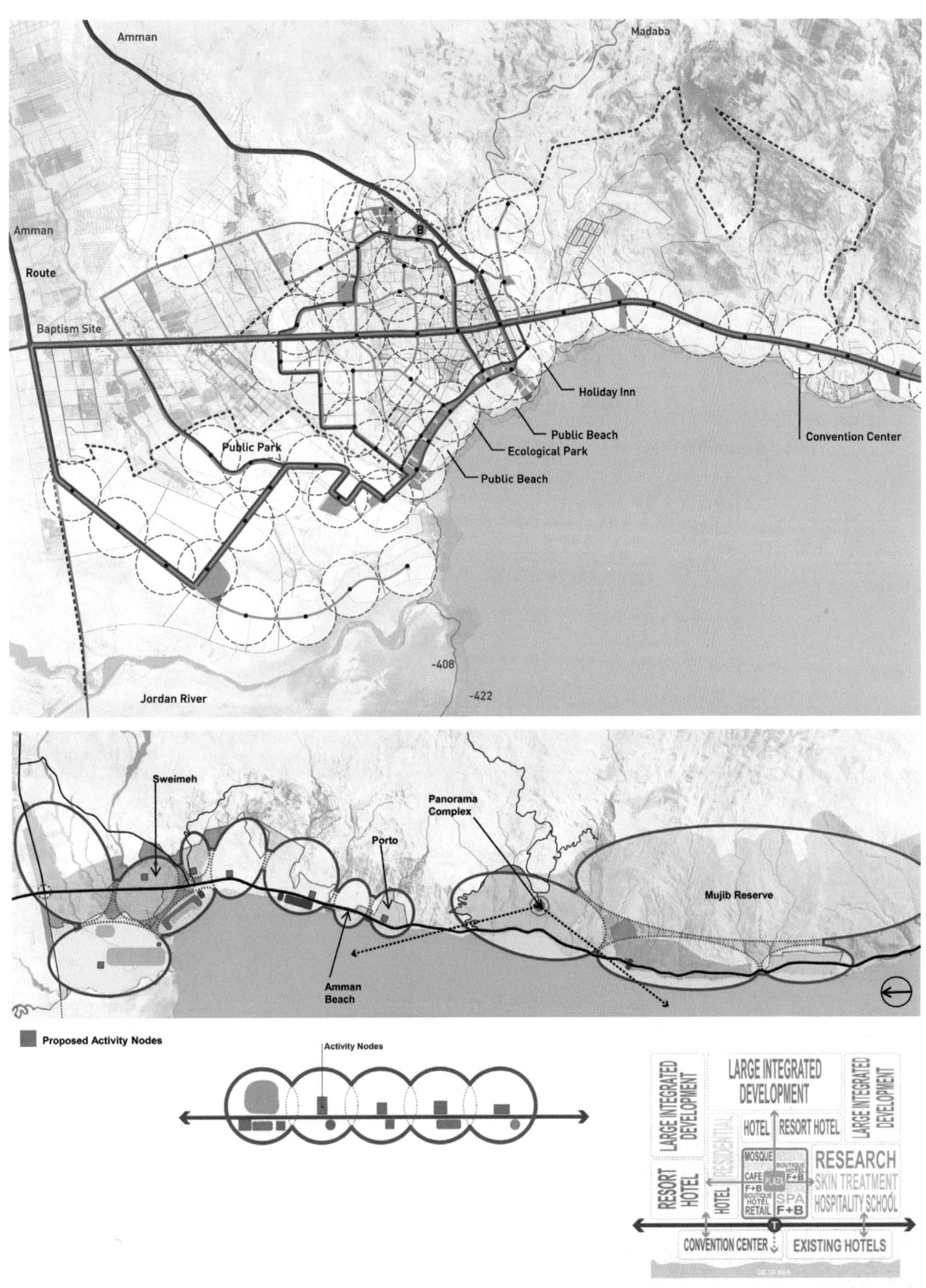

Amman
Madaba
Amman
Route
Baptism Site
Holiday Inn
Public Beach
Ecological Park
Public Beach
Public Park
Convention Center
-408
-422
Jordan River
Sweimeh
Panorama Complex
Porto
Mujib Reserve
Amman Beach
Proposed Activity Nodes
Activity Nodes
LARGE INTEGRATED DEVELOPMENT
LARGE INTEGRATED DEVELOPMENT
LARGE INTEGRATED DEVELOPMENT
HOTEL
RESORT HOTEL
RESIDENTIAL
MOSQUE
CAFE
F+B
RETAIL
SPA
F+B
RESEARCH
SKIN TREATMENT
HOSPITALITY SCHOOL
RESORT HOTEL
HOTEL
CONVENTION CENTER
EXISTING HOTELS

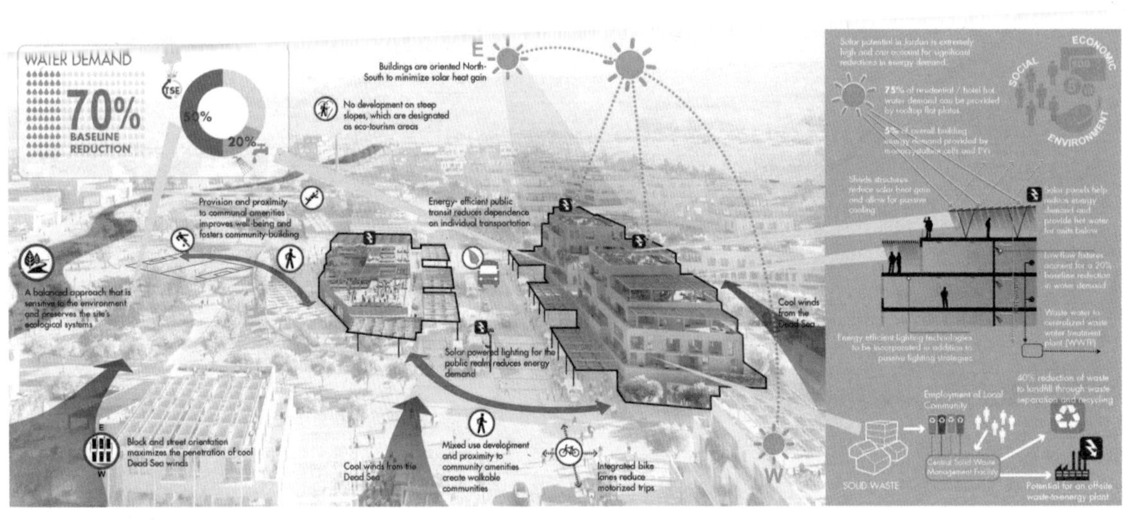

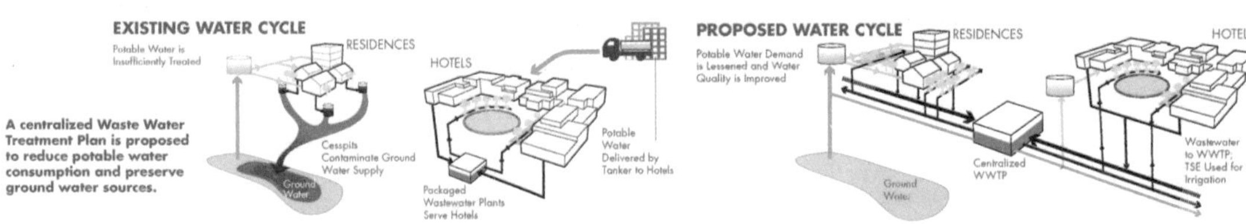

A centralized Waste Water Treatment Plan is proposed to reduce potable water consumption and preserve ground water sources.

POTABLE WATER DEMAND REDUCED

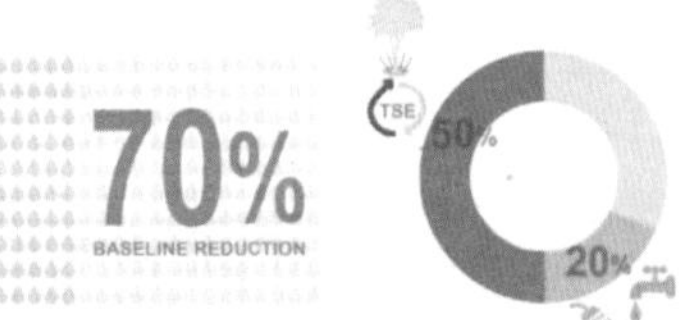

By promoting the use of TSE (generated by the WWTP) and by reducing water consumption using efficient appliances, potable water demand is reduced up to 70%

Extended Aeration Wastewater Treatment Facility

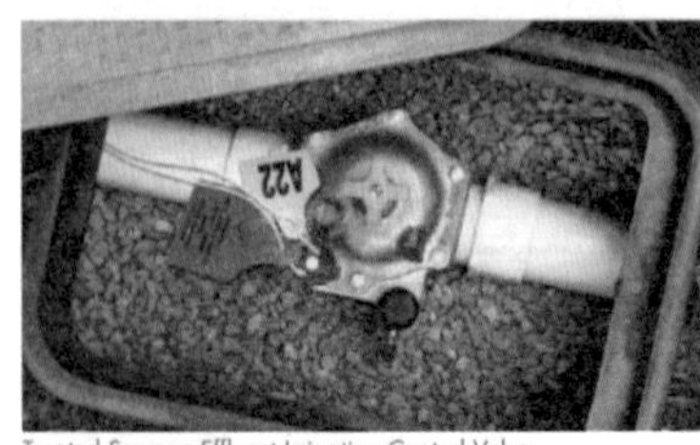
Treated Sewage Effluent Irrigation Control Valve

EXISTING WATER CYCLE

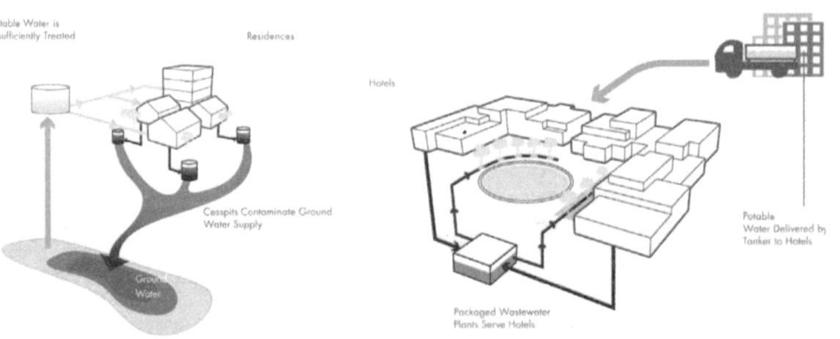

PROPOSED WATER CYCLE

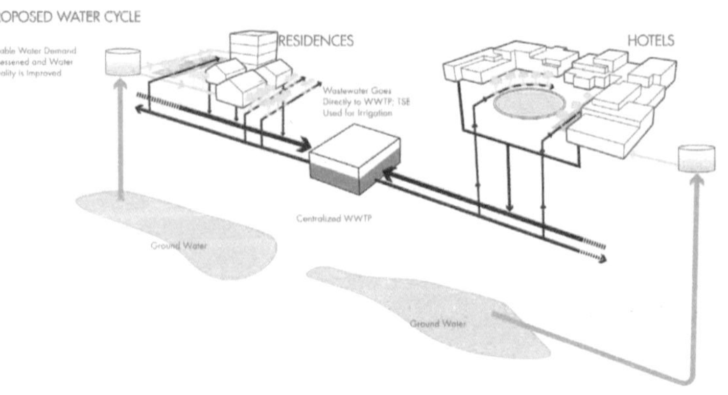

酒店外景效果图

南侧效果图

交流中心效果图

社区效果图

主街效果图

海滨效果图

平潭海峡两岸论坛展览中心及歌剧院

项目地点：中国福建

建筑面积：518 000 平方米

设计公司：10 DESIGN（拾稼设计）国际建筑设计事务所

设计团队：Gordon Affleck, Brian Fok, Francisco Fajardo, Frisly Colop Morales, Laura RusconiClerici, Lukasz Wawrzenczyk, MaciejSetniewski, Mike Kwok, Ryan Leong, Shane Dale, Ewa Koter, Fabio Pang

委托方：平潭综合实验区规划局

10 DESIGN（拾稼设计）国际建筑设计事务所最近赢得中国平潭 93 公顷的滨水 CBD 总体规划以及海峡两岸新论坛项目。平潭被规划为未来促进大陆和台湾之间商业往来的新商业中心。该设计竞赛的一部分内容就是设计海峡两岸之间的新论坛，其中包括剧院、会议厅、展览厅、商业辅助设施和文化设施。

中央商务区（CBD）和论坛区的中心是人造的湖泊，它可以保存城市的淡水。新区规划了 330 万平方米的新城，两岸论坛将在启动阶段建设。服务型交通、道路和有轨电车整合为一系列的梯田景观，以此减小机动车交通对步行的影响；同时，创造由中央公园通向湖面的轴线，以增加其可达性，轴线两侧是一系列休闲和零售空间。

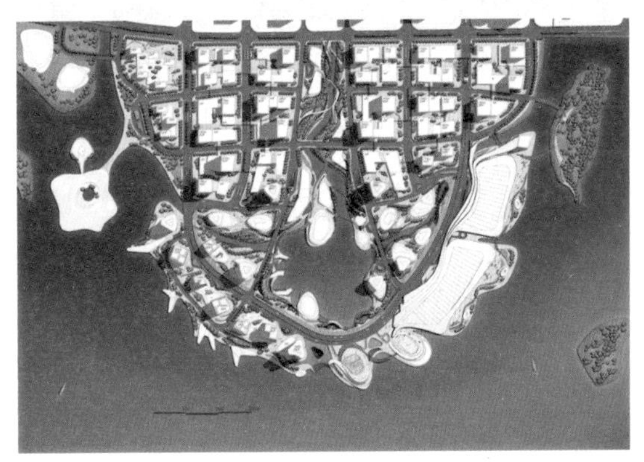

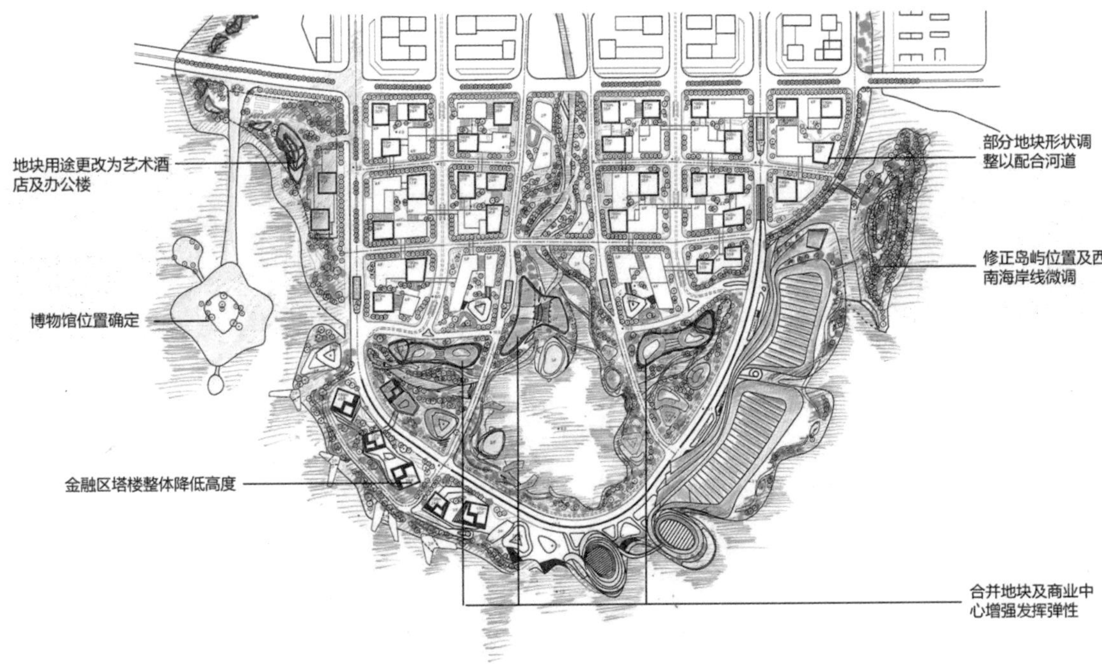

建筑反映了开放和对话的设计愿景，建筑元素结合景观和湖泊，创造出流动、开放并与建筑相融合的公共空间。

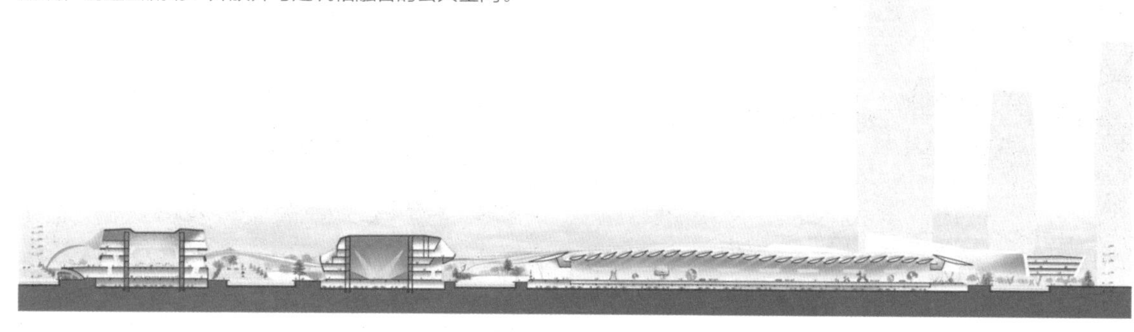

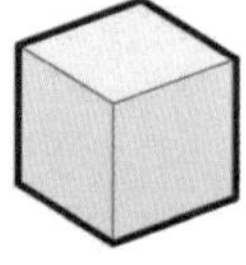

传统模式
封闭盒子

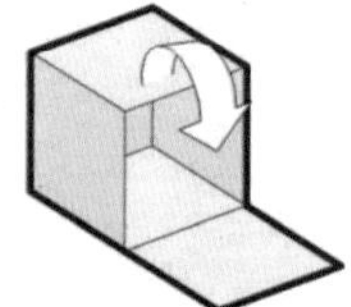

传统模式
限制进入

打开盒子

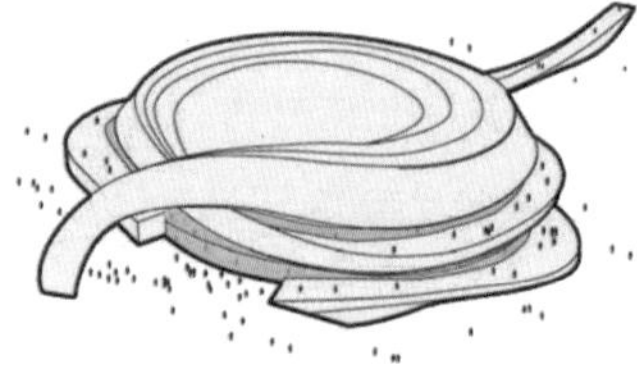

新模式
从全方位进入

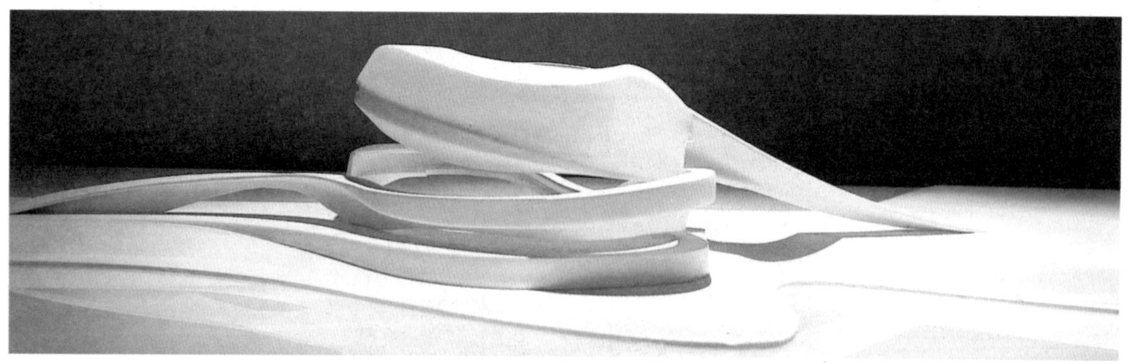

方案解析

可持续发展策略——微气候环境

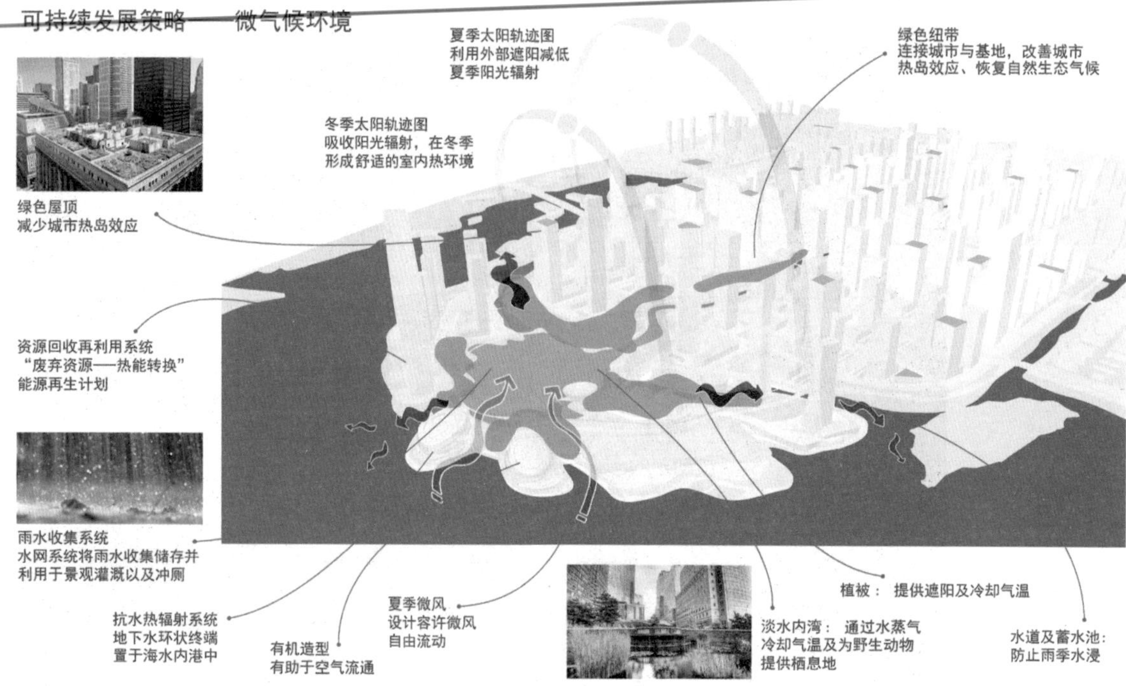

夏季太阳轨迹图
利用外部遮阳减低
夏季阳光辐射
绿色纽带
连接城市与基地，改善城市
热岛效应、恢复自然生态气候
冬季太阳轨迹图
吸收阳光辐射，在冬季
形成舒适的室内热环境
绿色屋顶
减少城市热岛效应
资源回收再利用系统
“废弃资源——热能转换”
能源再生计划
雨水收集系统
水网系统将雨水收集储存并
利用于景观灌溉以及冲厕
抗水热辐射系统
地下水环状终端
置于海水内港中
有机造型
有助于空气流通
夏季微风
设计容许微风
自由流动
植被：提供遮阳及冷却气温
淡水内湾：通过水蒸气
冷却气温及为野生动物
提供栖息地
水道及蓄水池：
防止雨季水浸

日景效果图

景观湖效果图

会议中心效果图

中央公园效果图

模型照片

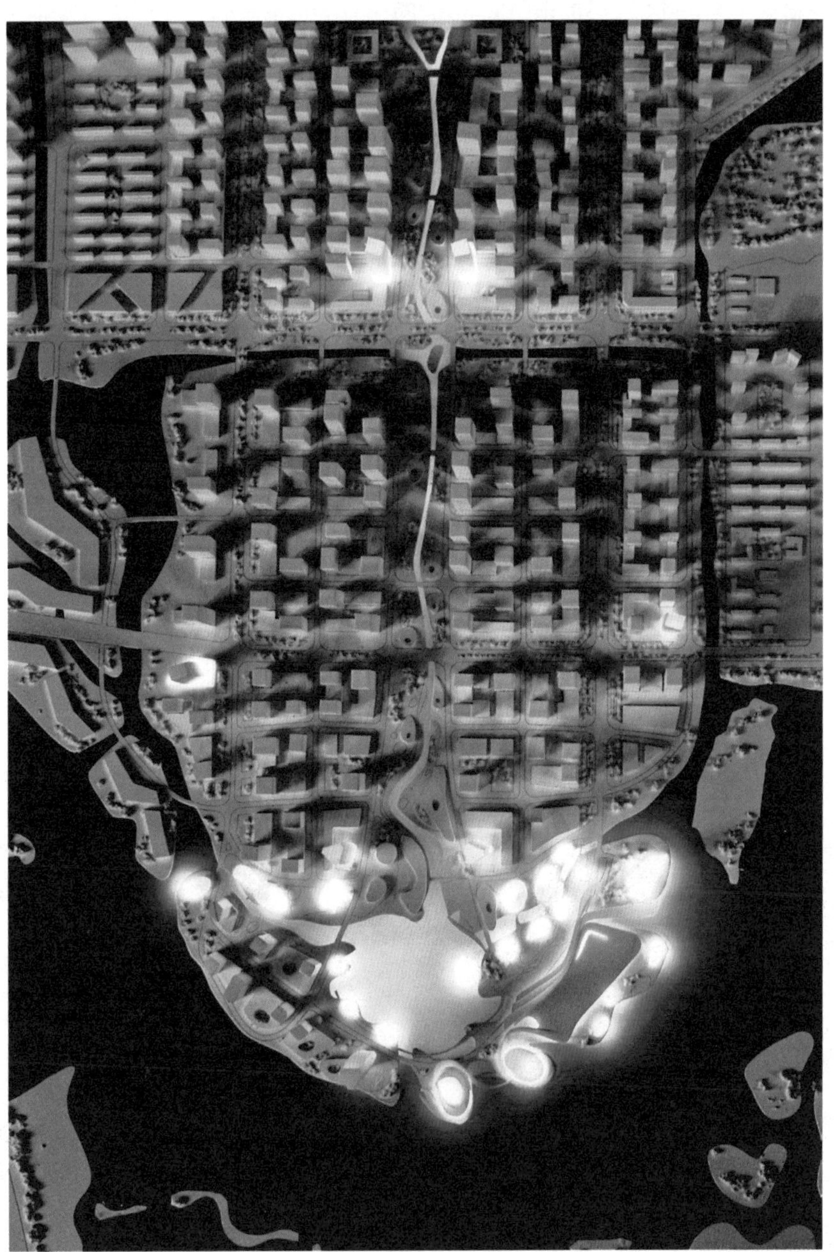

金水科技园详细规划

项目地点：中国河南郑州金水

占地面积：221 079 平方米；总面积：815 316 平方米

设计公司 : GDS Architects

项目负责人：Charles Wee

参与人：Michael Collins, Jae Young Jang, Min Wook Kang, Peter Lee

委托方：郑州大学西亚斯国际学院

完成时间：2013 年

坐落于前渔场的金水科技园将成为郑州功能混合项目的范例，这片约 22 公顷的土地规划有工作、生活、娱乐、购物休闲等各项设施，成为科技园推动全天候生活方式的新范例。

设计灵感源自在一个巨大的景观平台框架中取得群簇水面与活力峡谷的平衡，旨在凸显梯田景观和绿色屋顶。基地布局使用了一种高度有机的起伏曲线模式，使得科技园集自然和高科技于一身。规划概念是“城中之岛”，岛屿通过各种各样的水体承载，这些水体兼具景观及公共服务的功能。

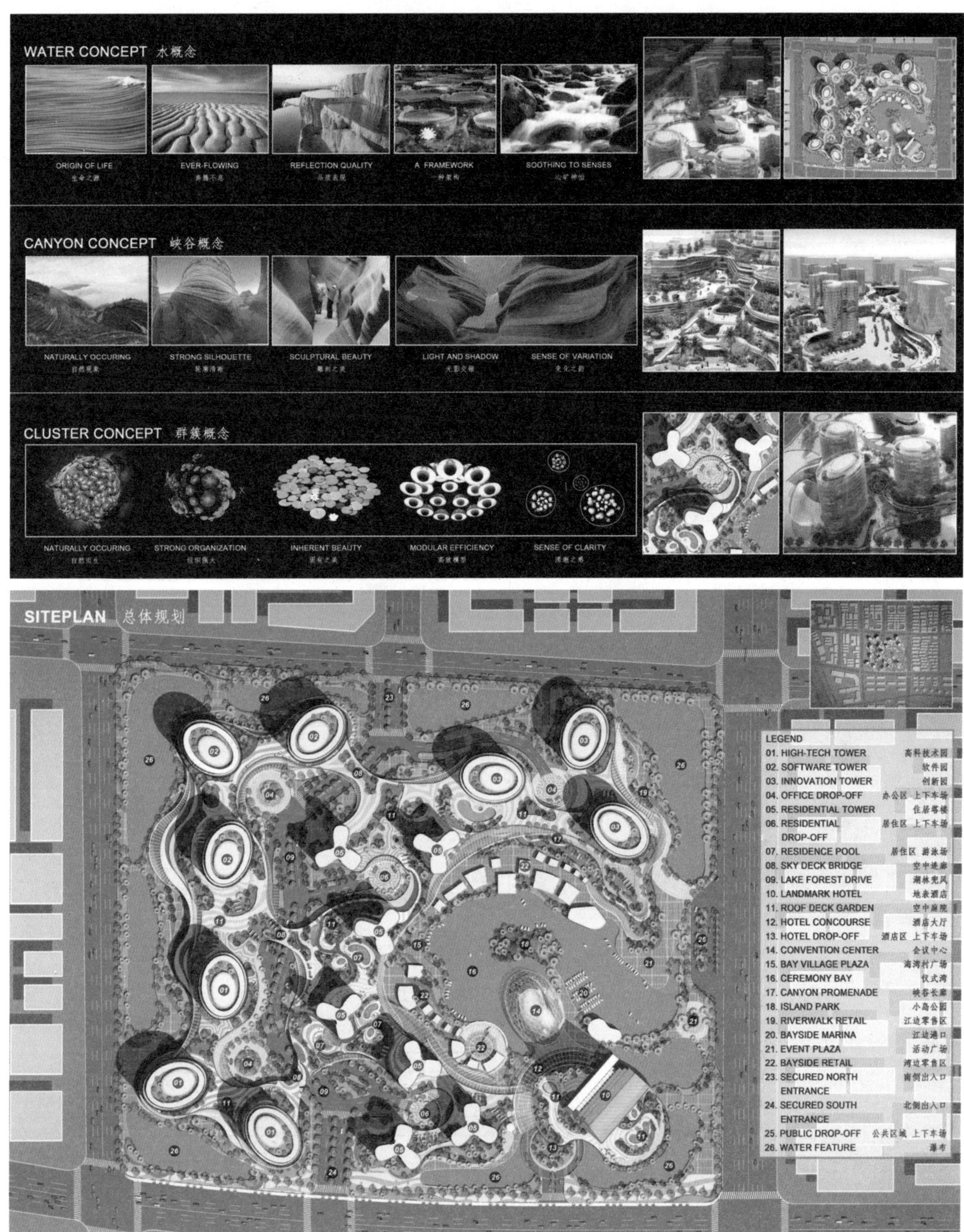

方案解析

PROJECT SUMMARY 工程项目

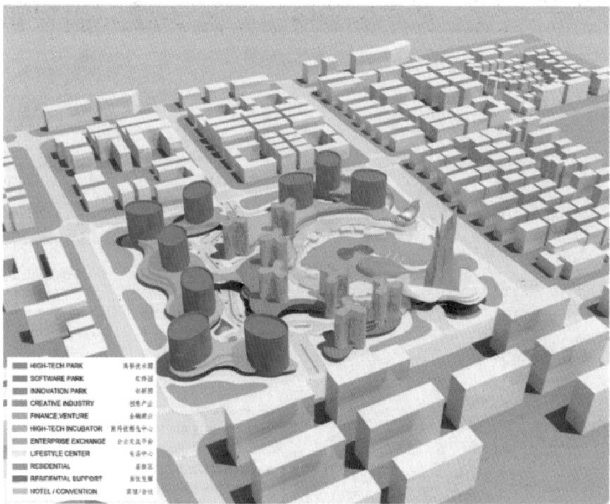

PROJECT SUMMARY 工程项目				
SITE AREA 基地面积			221,079 sm	
MAX. FAR 最大容积率			250 %	
MAX. BUILDABLE AREA 最大可许总建筑面积			552,698 sm	
MAXIMUM FOOTPRINT 最大建筑面积 (65%)			143,701 sm	
PROGRAM 项目		FLOORS 层	AREA 面积	
OFFICE TOWER 办公塔楼	HIGH-TECH PARK 高科技术园	A4~A11	2,566 sm x 8 floors x 3 towers	61,584 sm
	SOFTWARE PARK 软件园	A4~A11	2,566 sm x 8 floors x 3 towers	61,584 sm
	INNOVATION PARK 创新园	A4~A11	2,566 sm x 8 floors x 3 towers	61,584 sm
OFFICE PODIUM 办公裙房	CREATIVE INDUSTRY 创新产业	A1	8,433 sm	22,930 sm
		A2	8,306 sm	
		A3	6,191 sm	
	FINANCE. VENTURE 金融商业	A1	12,325 sm	30,798 sm
		A2	10,775 sm	
		A3	7,698 sm	
	HIGH-TECH INCUBATOR 高科技术园孵化	A1	10,032 sm	25,428 sm
		A2	7,698 sm	
		A3	7,698 sm	
	ENTERPRISE EXCHANGE 企业交流	A1	7,362 sm	14,896 sm
		A2	6,034 sm	
		A3	1,500 sm	
OFFICE TOTAL 办公区 总计				278,804 sm
RESI. TOWER 居住塔楼	RESIDENTIAL 居住	A2	6,465 sm	117,090 sm
		A3	7,375 sm	
		A4~A13	1,475 sm x 10 floors x 7 towers	
RESI. PODIUM 居住裙房	LOBBY 大厅	A1	7,614 sm	20,853 sm
	COMMUNITY 会所	A2	6,994 sm	
	COMMUNITY 会所	A3	6,245 sm	
RESI. TOTAL 居住区 总计				137,943 sm
HOTEL TOWER 酒店	HOTEL 酒店	A4~A22	2,386 sm x 19 floors x 1 towers	45,334 sm
HOTEL PODIUM 酒店裙房	LOBBY 大厅	A1	7,988 sm	25,240 sm
	BANQUET 宴会	A2	6,367 sm	
	HOTEL SUPPORT 酒店服务设施	A3	5,989 sm	
	CONVENTION CENTER 会议中心	A1~A2	4,896 sm	
HOTEL TOTAL 酒店 总计				70,574 sm
RETAIL 零售	LIFESTYLE CENTER 生活中心	A1	16,414 sm	16,414 sm
RETAIL TOTAL 零售 总计				16,414 sm
A/G TOTAL 地上面积 总计				503,735 sm
B/G 地下	PARKING 停车场	B1	196,617 sm	311,581 sm
	PARKING/MEP 停车场/机电室	B2	114,964 sm	
B/G TOTAL 地下面积 总计				311,581 sm
GRAND TOTAL 总计				815,316 sm

FUTURE EXPANSION 扩建规划

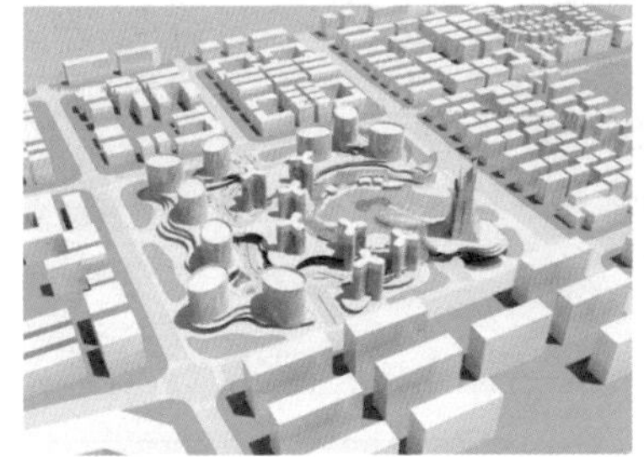

PROPOSED DESIGN 提案设计

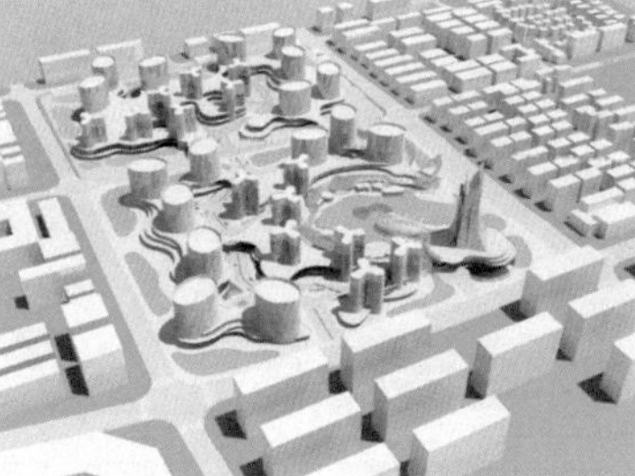

PHASE 1 EXPANSION 扩建阶段一

PHASE 2 EXPANSION 扩建阶段二

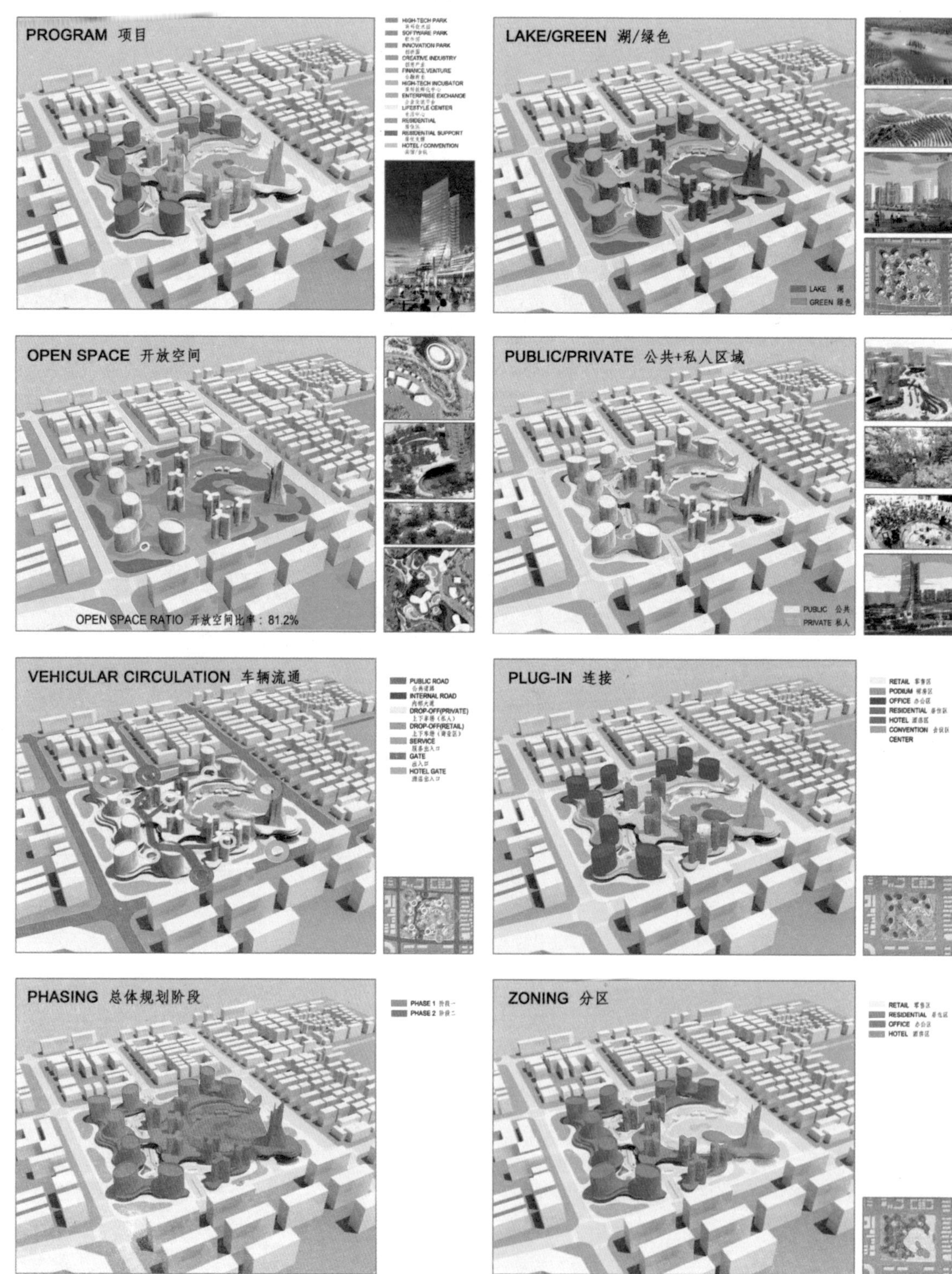

PROGRAM 项目
HIGH-TECH PARK
SOFTWARE PARK
INNOVATION PARK
CREATIVE INDUSTRY
FINANCE VENTURE
HIGH-TECH INCUBATOR
ENTERPRISE EXCHANGE
LIFESTYLE CENTER
RESIDENTIAL
RESIDENTIAL SUPPORT
HOTEL / CONVENTION
LAKE/GREEN 湖/绿色
LAKE 湖
GREEN 绿色
OPEN SPACE 开放空间
OPEN SPACE RATIO 开放空间比率：81.2%
PUBLIC/PRIVATE 公共+私人区域
PUBLIC 公共
PRIVATE 私人
VEHICULAR CIRCULATION 车辆流通
PUBLIC ROAD
INTERNAL ROAD
DROP-OFF(PRIVATE)
DROP-OFF(RETAIL)
SERVICE
GATE
HOTEL GATE
PLUG-IN 连接
RETAIL
PODIUM
OFFICE
RESIDENTIAL
HOTEL
CONVENTION CENTER
PHASING 总体规划阶段
PHASE 1
PHASE 2
ZONING 分区
RETAIL
RESIDENTIAL
OFFICE
HOTEL

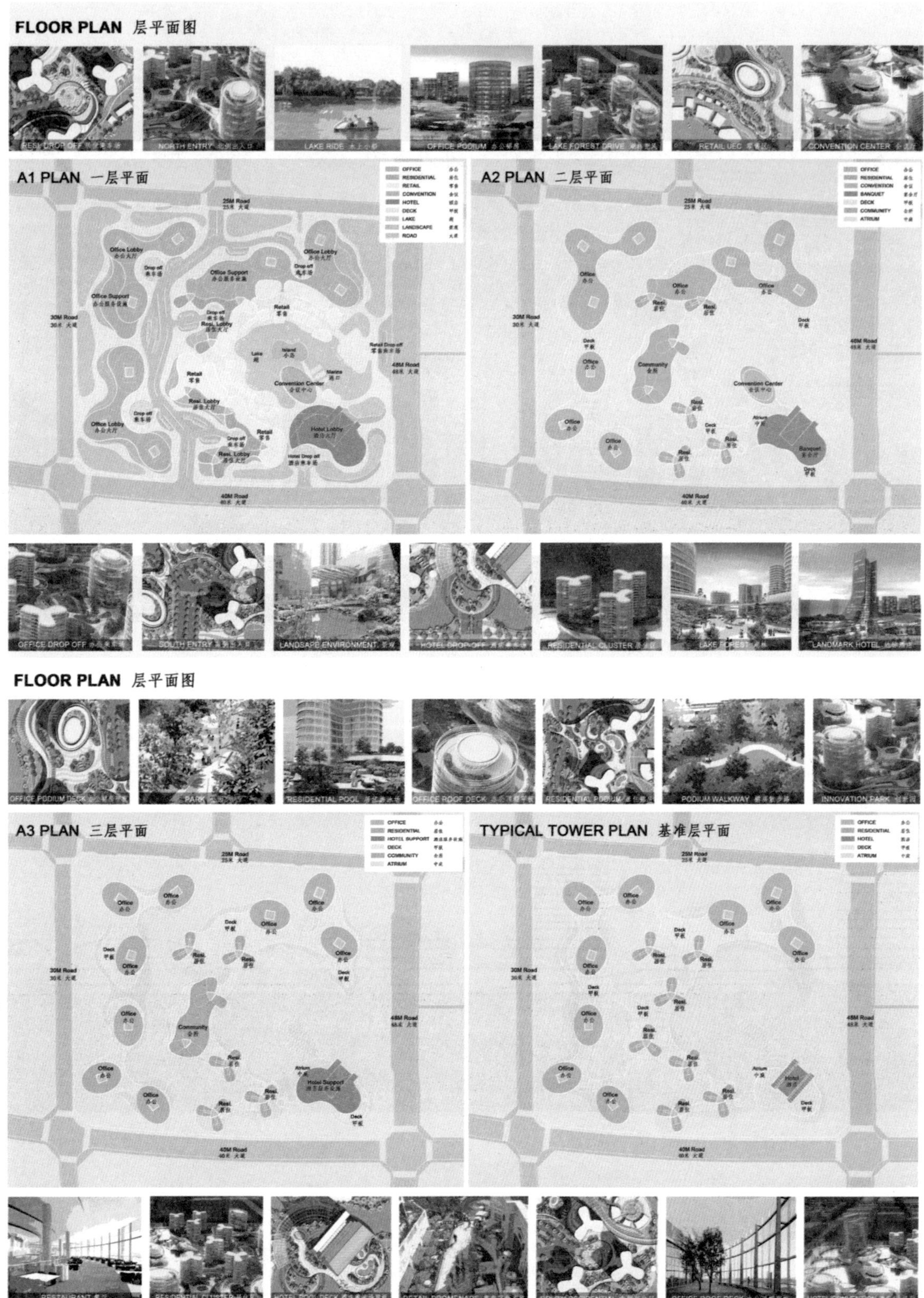
FLOOR PLAN 层平面图
NORTH ENTRY
LAKE RIDE
OFFICE PODIUM
LAKE FOREST DRIVE
RETAIL UEC
CONVENTION CENTER
A1 PLAN 一层平面
A2 PLAN 二层平面
OFFICE DROP OFF
SOUTH ENTRY
LANDSAPE ENVIRONMENT
HOTEL DROP OFF
RESIDENTIAL CLUSTER
LAKE FOREST
LANDMARK HOTEL
FLOOR PLAN 层平面图
OFFICE PODIUM DECK
PARK
RESIDENTIAL POOL
OFFICE ROOF DECK
RESIDENTIAL PODIUM
PODIUM WALKWAY
INNOVATION PARK
A3 PLAN 三层平面
TYPICAL TOWER PLAN 基准层平面
RESTAURANT 餐厅
RESIDENTIAL CLUSTER
HOTEL POOL DECK
RETAIL PROMENADE
SOUTH RESIDENTIAL
OFFICE ROOF DECK
HOTEL CONVENTION

OVERALL ELEVATION 立面图

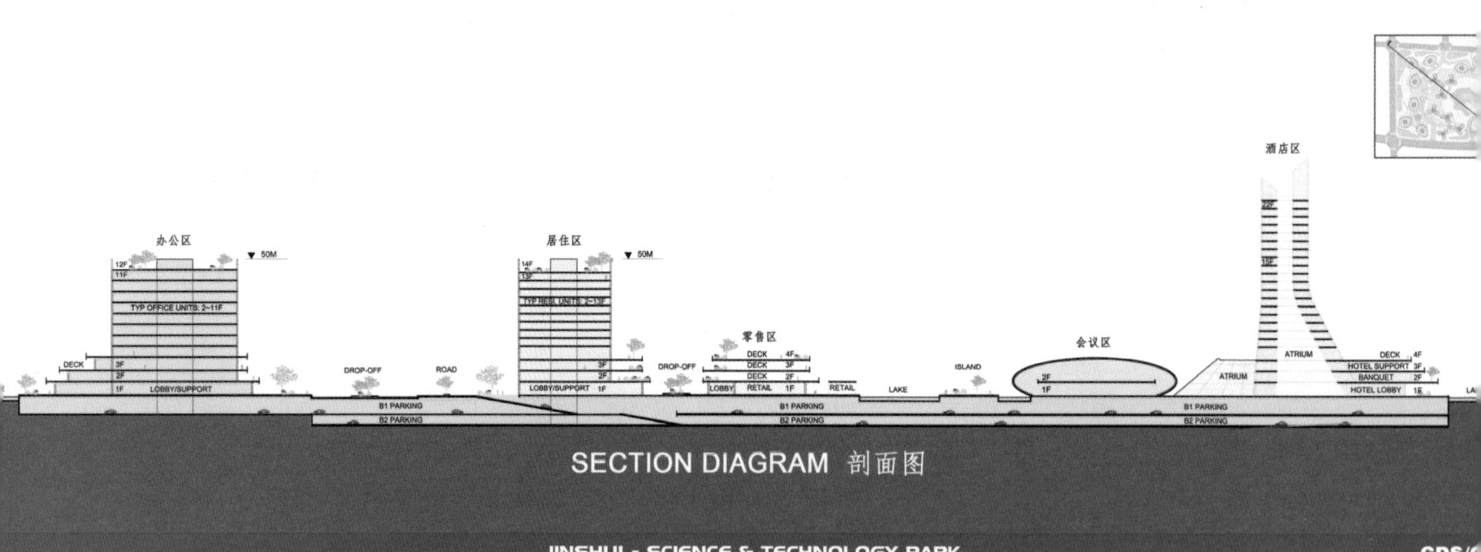

SECTION DIAGRAM 剖面图

JINSHUI - SCIENCE & TECHNOLOGY PARK

GDS/C

Private Zone
Public Zone
A1 PLAN
0 20 50 100m
Guard House
Mgt. Office
Vehicle Fence
Security Glass Fence

所有的塔楼均位于一个多层次的绿色平台上，为塔楼提供了更大、更开放的支撑空间，其顶层亦为使用者提供了一个绿色屋顶公园。平台内部的林荫大道提供了通向各个塔楼的通道，经过一系列私人坡道可以直达停车的多级匝道。

一层平面图

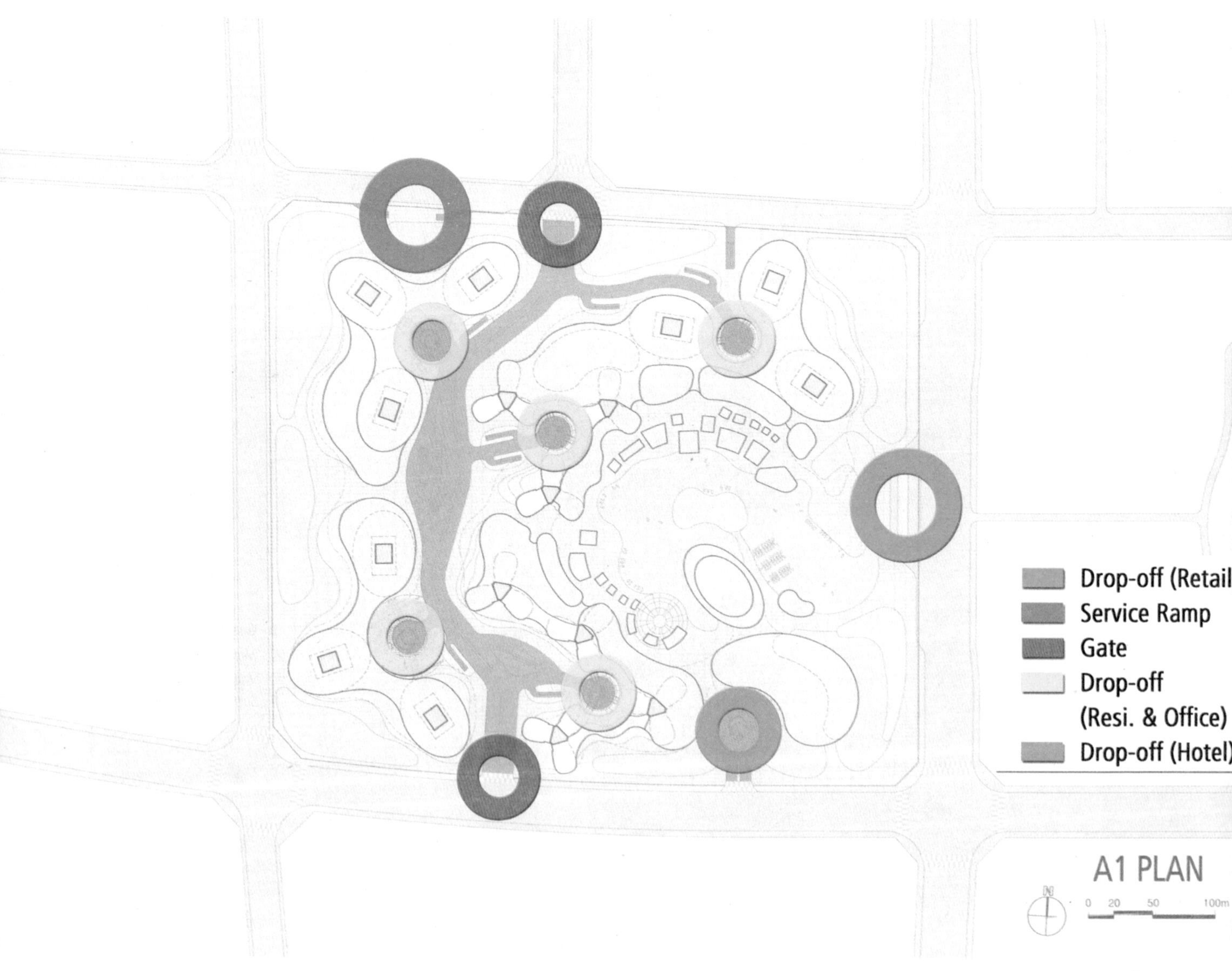

潮林兜风效果图

塔林效果图

滨水零售效果图

休闲零售效果图

平台花园效果图

坡道效果图

北京大兴新城核心区概念性城市规划设计

项目地点：中国北京市大兴区

占地面积：1200 公顷

主要设计师：俞孔坚，向军，龙翔，马特，张媛，张亦先，林少华，赵元卉，刘云千

委托方：北京大兴区规划局

设计时间：2006 年 3 月至 5 月

大兴新城核心区位于北京市大兴新城中部。新城区面积约 12 平方千米，其中核心区面积约 1.5 平方千米，总体规划的功能定位包括行政办公、会展、商业和居住。

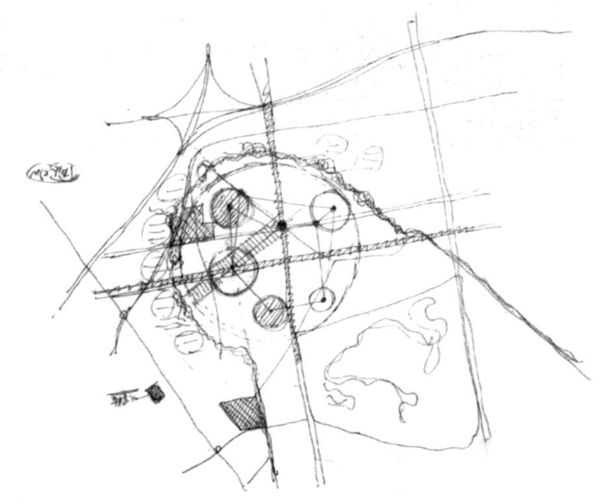

城市设计理念与目标：

以建立生态基础设施和景观网路为先导，形成北京南部生态宜居的绿色城市。

城市设计策略：

“蓝宝石项链”“绿道网络”“岛屿住区”“地铁为核”“三心一链”的城市功能布局；绿色交通。

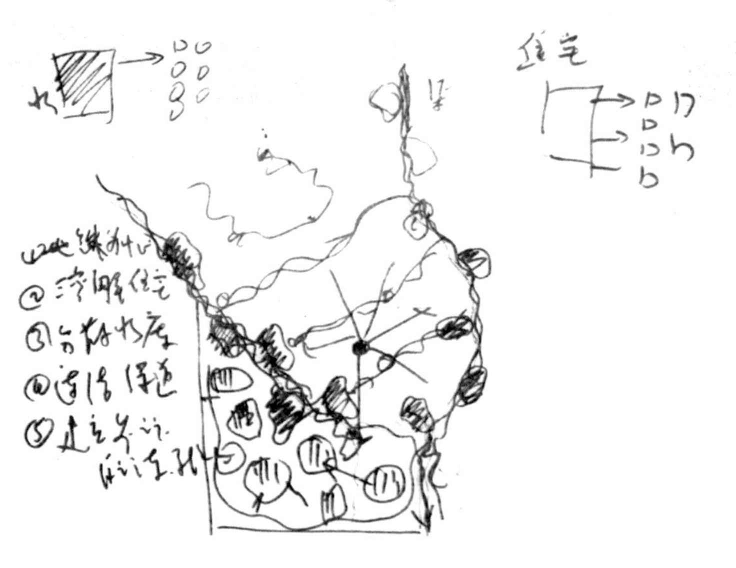

构思来源

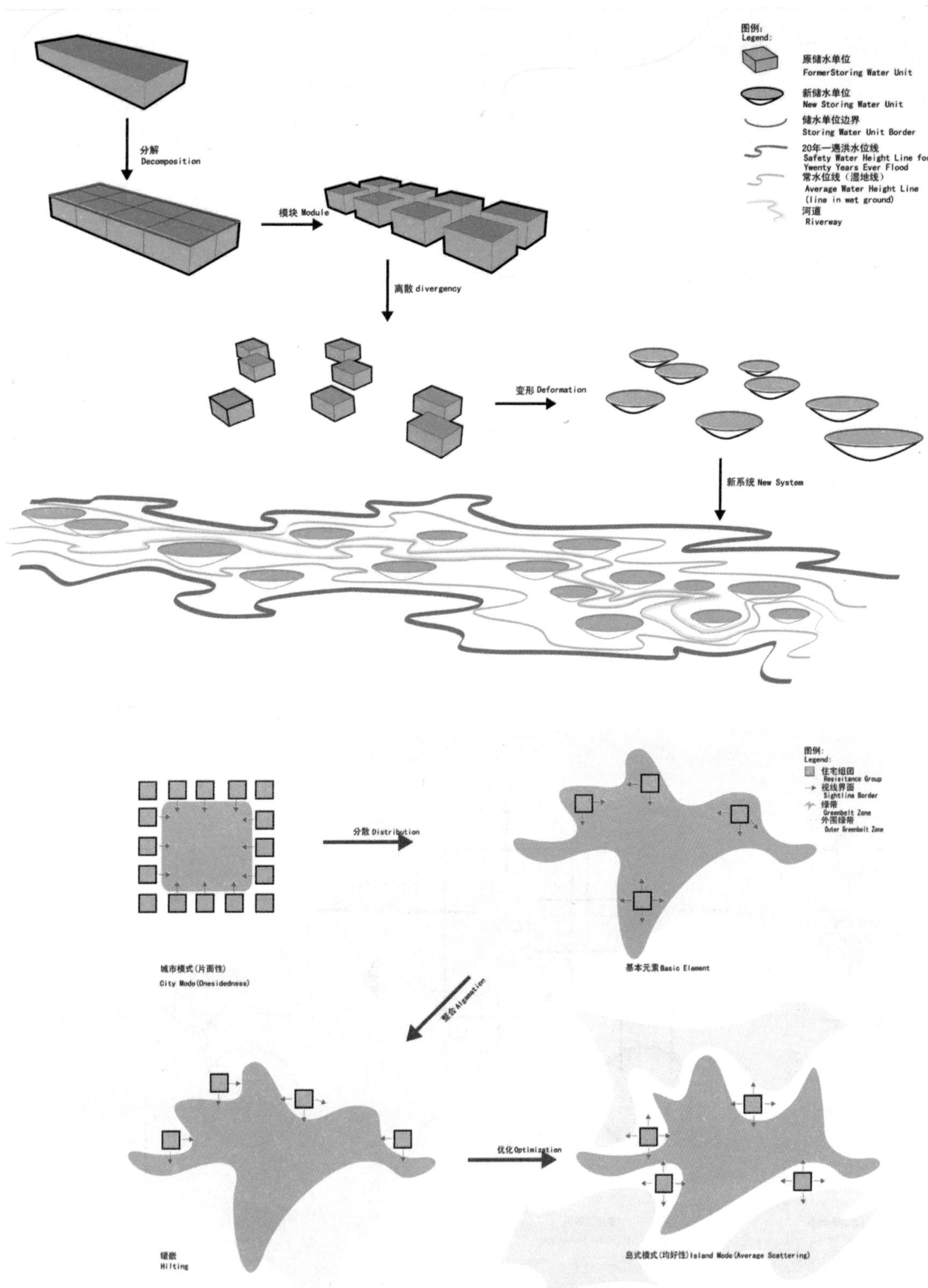
图例:
Legend:
原储水单位
FormerStoring Water Unit
新储水单位
New Storing Water Unit
储水单位边界
Storing Water Unit Border
20年一遇洪水位线
Safety Water Height Line for Ywenty Years Ever Flood
常水位线（湿地线）
Average Water Height Line (line in wet ground)
河道
Riverway
分解
Decomposition
模块 Module
离散 divergency
变形 Deformation
新系统 New System
图例:
Legend:
住宅组团
Resisitance Group
视线界面
Sightline Border
绿带
Greenbelt Zone
外围绿带
Outer Greenbelt Zone
分散 Distribution
城市模式(片面性)
City Mode(Onesidedness)
基本元素Basic Element
整合 Algamation
镶嵌
Hilting
优化 Optimization
岛式模式(均好性)Island Mode(Average Scattering)

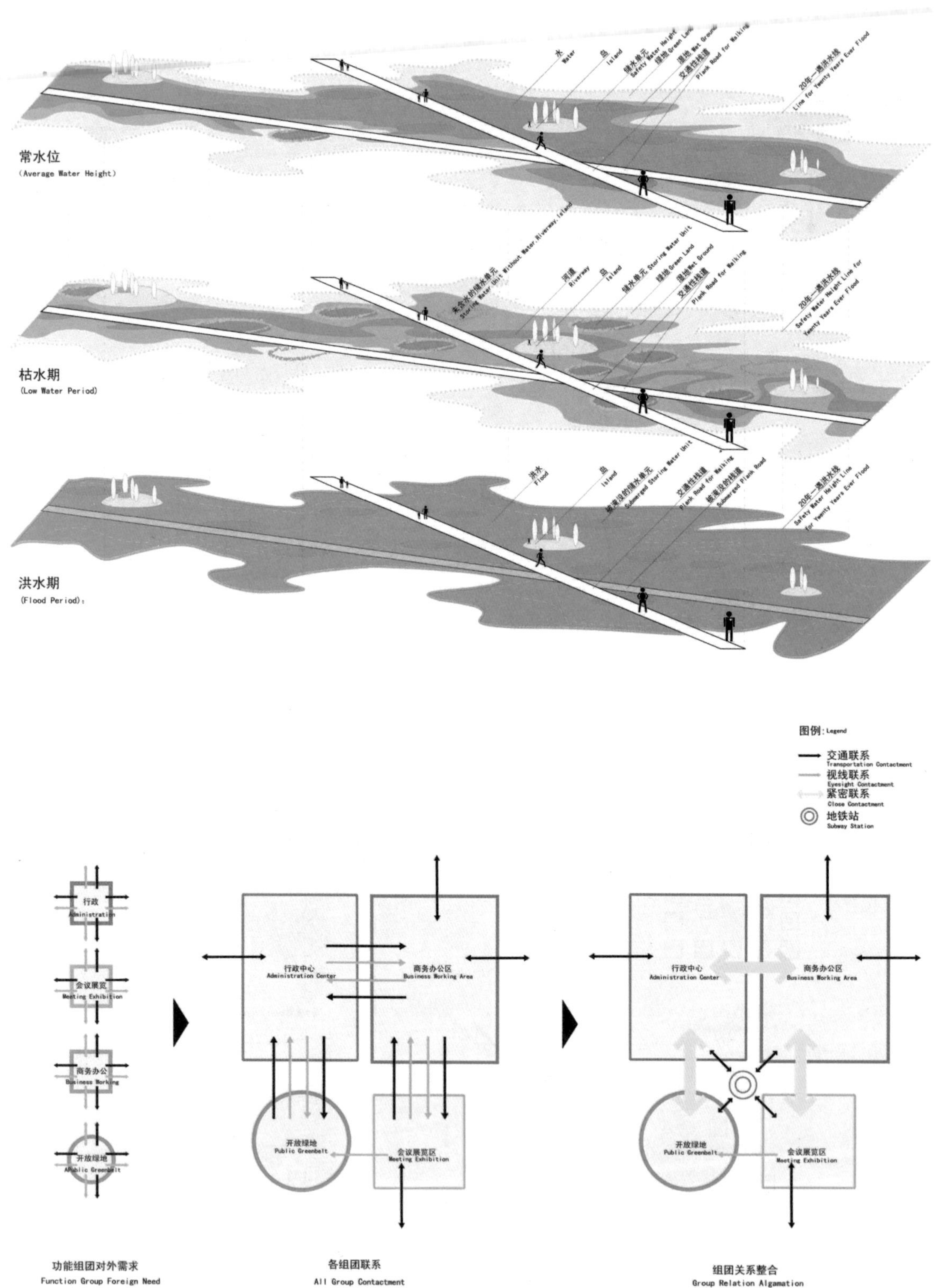
常水位
(Average Water Height)
枯水期
(Low Water Period)
洪水期
(Flood Period):
20年一遇洪水线
图例：Legend
交通联系
Transportation Contactment
视线联系
Eyesight Contactment
紧密联系
Close Contactment
地铁站
Subway Station
行政
Administration
会议展览
Meeting Exhibition
商务办公
Business Working
开放绿地
Public Greenbelt
行政中心
Administration Center
商务办公区
Business Working Area
会议展览区
Meeting Exhibition
功能组团对外需求
Function Group Foreign Need
各组团联系
All Group Contactment
组团关系整合
Group Relation Algamation

鸟瞰效果图

图例： Legend:

1. 行政办公楼 Adminstration Office
2. 局委办公楼 Bureau Committee Office Building
3. 文化馆 Culture Gallery
4. 博物馆 Museum
5. 图书馆 Library
6. 地铁站 Subway Station
7. 滨河绿化带 Riversides Greenbelt
8. 学校 Elementary School
9. 高层住宅 High Buliding Residence
10. 商业、商住办公区 Business Affair and Living Working Area
11. 商业街 Business Street
12. 会展接待、酒店 Exhibition Reception Centre, Hotel
13. 酒店 Hotel
14. 多层住宅 Multi-storey Residence
15. 体育中心 Sports Center
16. 会展中心 Exhibition Center
17. 京城高尔夫球场 The Capital Golf Field

模型效果图

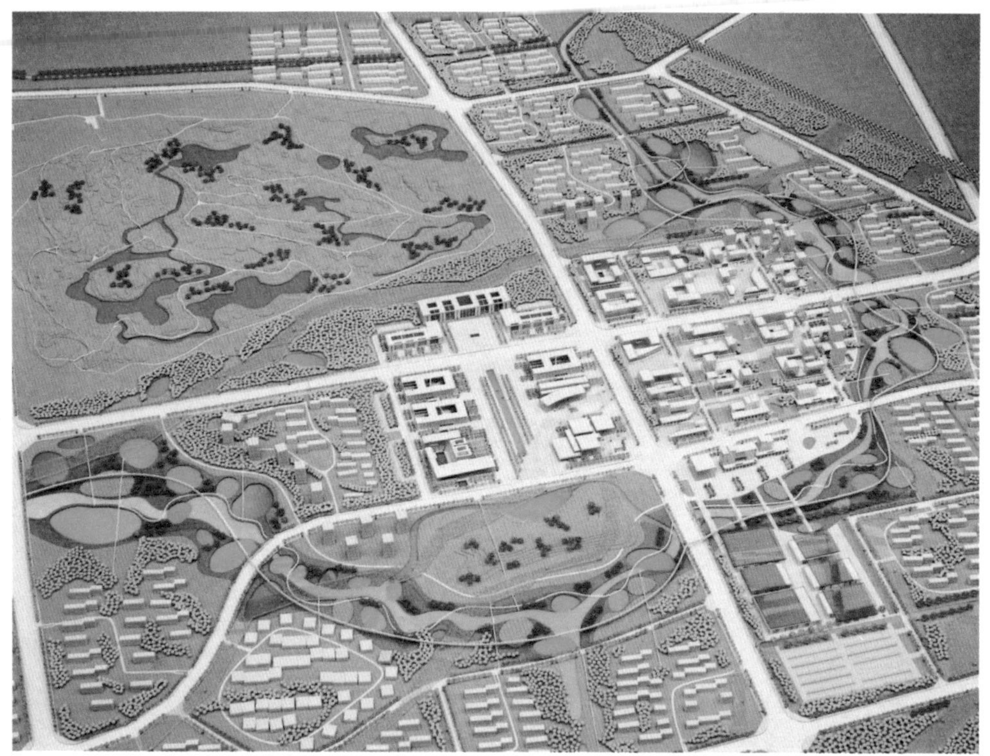

模型效果图

效果图

轴线景观

建筑效果图

2 基于文化活力延续的中心区规划设计

城市活力首先与城市密度紧密相关，也即人口、建筑及各种活动的密集程度；但城市的活力又不仅仅依赖于密度，高密度的人口并不一定形成具有活力的城市形象，城市文化的延续和空间环境品质也起到至关重要的作用。本节所选的 7 个规划方案均具有较高的开发强度和密度，采用功能混合、集约高效的理念，在多个层面采取可操作的规划措施促进城市的文化延续和活力再生。

在城市中心区中植入商业和文化功能有助于增加中心区的吸引力，文化和商业的吸引力有利于形成丰富多彩的城市活动，保障城市具有全天候的活力；在群岛 21 总体规划、毕尔巴鄂巴绍里城市及车站地区总体规划、重庆弹子石中央商务区规划设计、黄骅市城市中心区城市设计和杭州新区总体规划中，底层零售、大型购物中心、品牌专卖店及电影、展览和小型艺术画廊被引入中心区的核心位置，形成具有较强公共性的文化商业内核，并配合户外公共广场的设计，形成了富有活力的文化和商业中心。

融合地域文化元素的高品质公共空间有利于促进非正式的社交活动，在高密度城市中心区规划中，以立体化的方式进行空间布局设计，结合不同区域的空间特点设置不同的活动类型，形成各具特色的城市公共环境，从而提升城市空间品质，激发城市活力。在东滩中央商务区总体规划、重庆弹子石中央商务区规划设计、杭州新区总体规划中，均不同程度地采用了空中连廊、下沉式广场、空中花园、屋顶花园等设计手法，结合外部广场、公园及滨水空间形成内容丰富、层次多变的公共空间，以高品质的公共空间提升城市活力。

公共绿地、滨水空间与建筑群体的整合设计在延续城市文化和提升活力方面起着重要作用。在以绝对的人工环境为主的高密度城市中心区中，快节奏的工作和生活给人们带来极大的心理压力，过度高层化的建筑群也会使人产生压抑感，因此，规划预留一定的绿地空间，融合地域文化要素，设置自然与人工有机结合的环境设施能够使人释放压力，保持良好的心情，这是高密度中心区规划设计中的重要策略。在群岛 21 总体规划、雅典城市中心区更新规划、黄骅市城市中心区城市设计、杭州新区总体规划中，绿地和水体被引入高密度中心区作为塑造良好环境的重要手段，特别是在核心区域形成可以“安放心灵”的生态岛，对于提高中心区的生态品质起到关键作用。

此外，绿色交通也是塑造高品质城市环境的重要策略，特别是大运量的公共交通与存在大量人流的商业及文化设施的结合有利于缓解中心区的交通压力，改善中心区的环境品质。在毕尔巴鄂巴绍里城市及车站地区总体规划中，地下公共交通、地面交通与地上人行系统结合在一起，有效地疏导了中心区的交通集聚量。同时将被切割的地块整合在一起，创造了和谐、安静的城市中心区空间环境，有利于激发城市活力。

群岛 21 总体规划

项目地点：韩国首尔

占地面积：1.86 平方千米（2000 万平方英尺，地上部分）；0.56 平方千米（600 万平方英尺）（包括停车区域在内的地下部分）

设计公司：丹尼尔·李布斯金工作室

业主：梦想中心

景观设计：玛莎·施瓦茨团队

完成日期：2024 年

该规划被称为“群岛 21”，是韩国首尔龙山国际商务区的一个主要的城市更新项目，将成为韩国首都城市景观史上的重大改变。这个可持续的城市开发项目包含一个新的国际商务区、世界级购物中心、大型住宅区、文化机构、教育设施和快速交通系统，所有的建筑都坐落在汉江沿岸的一个大型城市公园中。

商务区内的各个功能区如大海中的岛屿一样相互连接，岛屿之外的部分包含多样化的自然景观，成为一道亮丽的风景。片区内每个单体、每个社区都将具有各自的特色，都是与众不同的。虽然这些片区特色鲜明，但它们将共同致力于创造多样而丰富的城市生活。这些岛屿社区将打破城市高密度聚集发展的模式。

概念草图

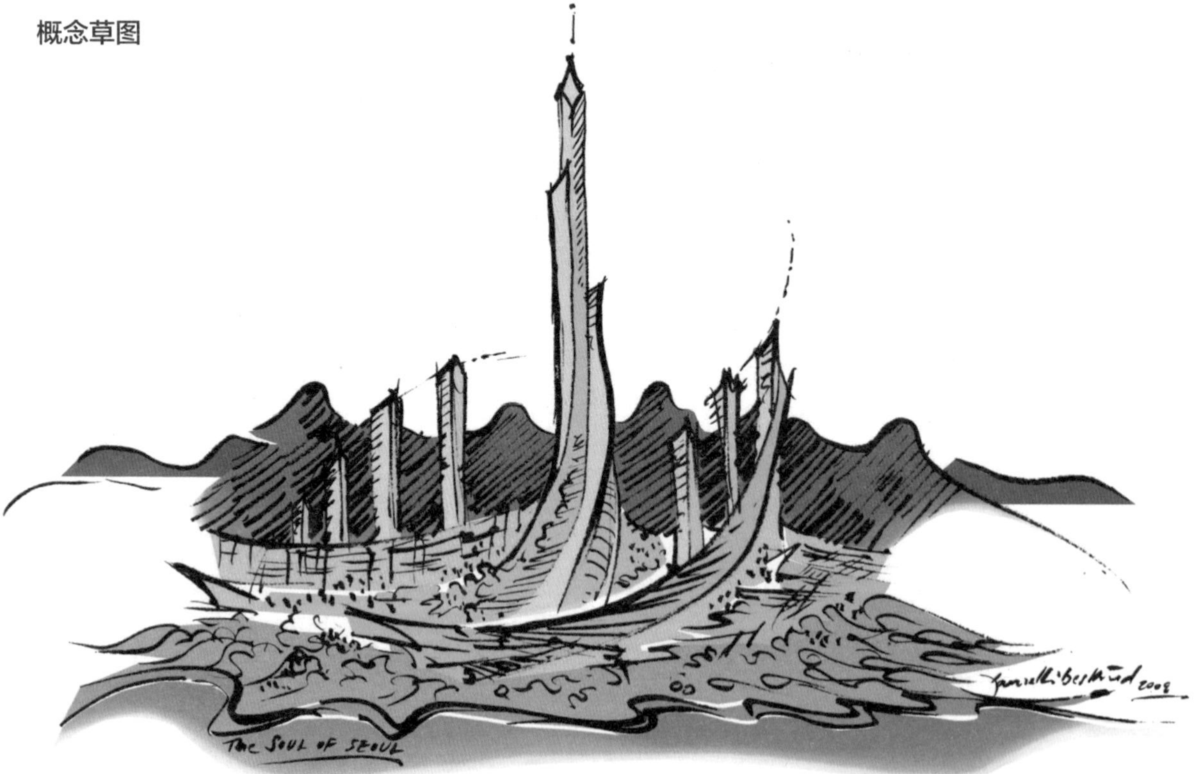

GIVENCHY

毕尔巴鄂巴绍里城市及车站地区总体规划

项目地点：西班牙巴绍里

设计公司：UNStudio

委托方：毕尔巴鄂河口湾 2000

完成时间：2006—2011 年

巴绍里是比斯开湾的一个主要的自治城市，位于西班牙北部的巴斯克地区。巴绍里是一个工业城市，人口为 42 657 人 (2009 年)——是大毕尔巴鄂城市圈的一部分，并位于毕尔巴鄂以南的几千米处。假设毕尔巴鄂的更新和改造（始于 20 世纪 80 年代末）对其卫星城镇有着显著影响，那么巴绍里在当时的唯一出路是进行一次有效的城市更新和再生。

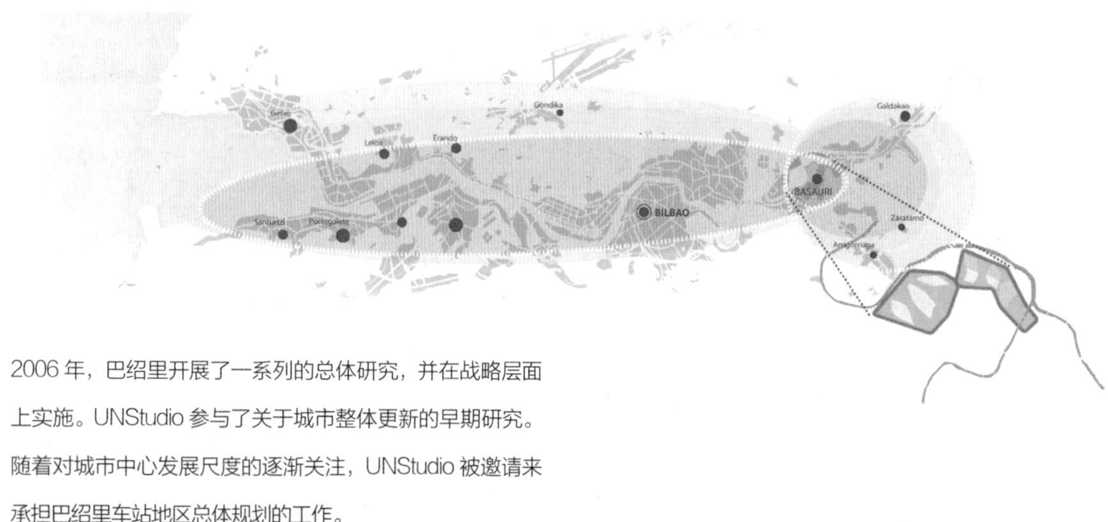

2006 年，巴绍里开展了一系列的总体研究，并在战略层面上实施。UNStudio 参与了关于城市整体更新的早期研究。随着对城市中心发展尺度的逐渐关注，UNStudio 被邀请来承担巴绍里车站地区总体规划的工作。

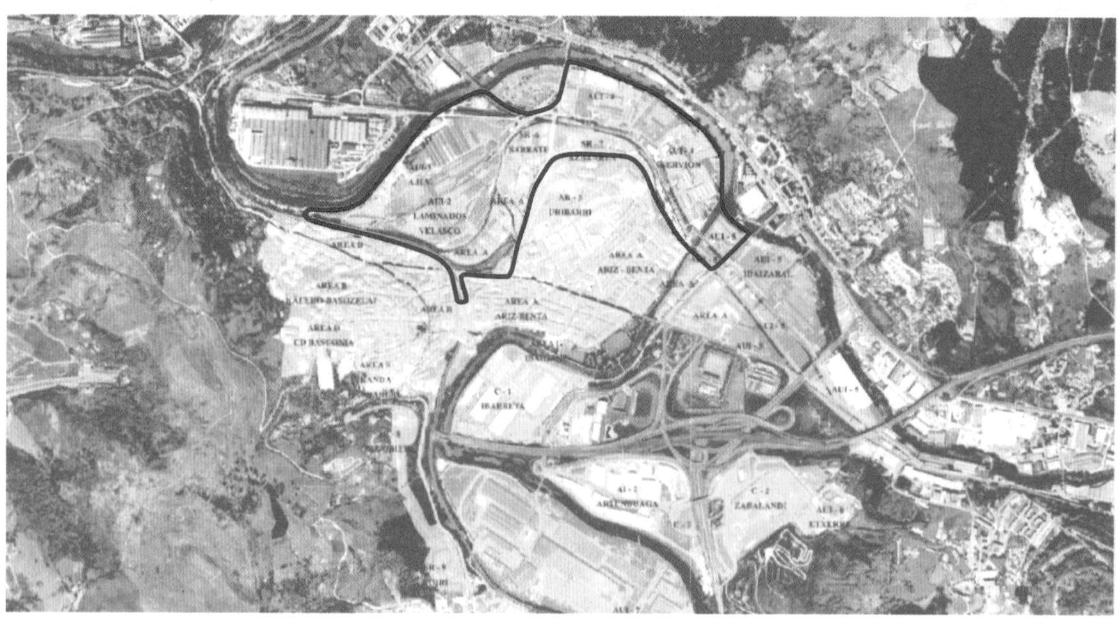

分析

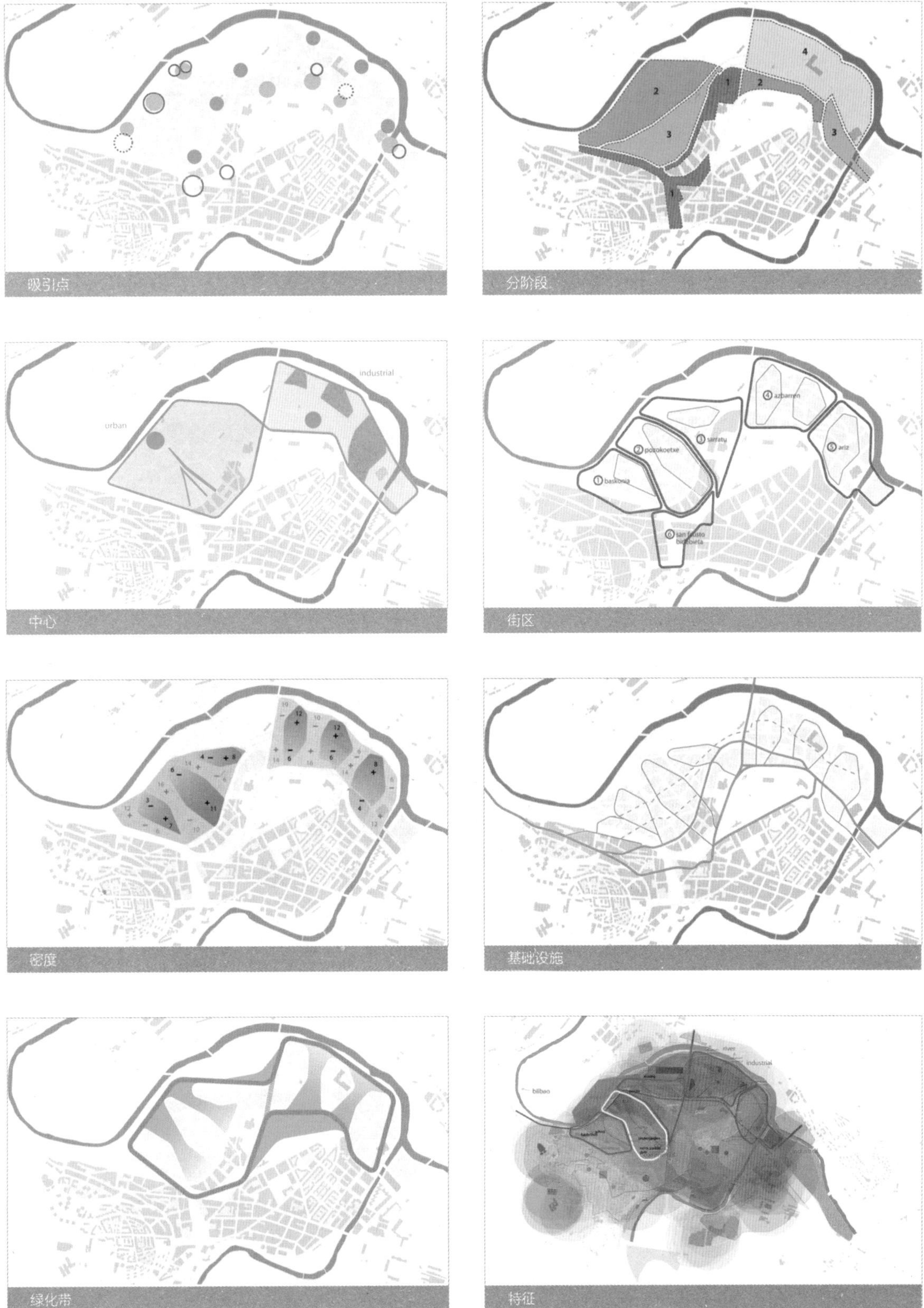

吸引点　分阶段

中心　街区

密度　基础设施

绿化带　特征

UNStudio 提出巴绍里车站地区总体规划的目的是为了打造一个具有独特的新特质的城市中心，并重新连接被以前的火车站和铁路网络分隔的零散地区。在总体规划中，新的连接主要是通过在巴绍里现有街道模式之上增加分层的交叉通道而建立的，从而提供一个新的步行连接网络。十字路口之间的区域就像一个绿色袖珍公园链，形成了柔性的城市走廊，并为巴绍里居民提供社交与休闲空间。

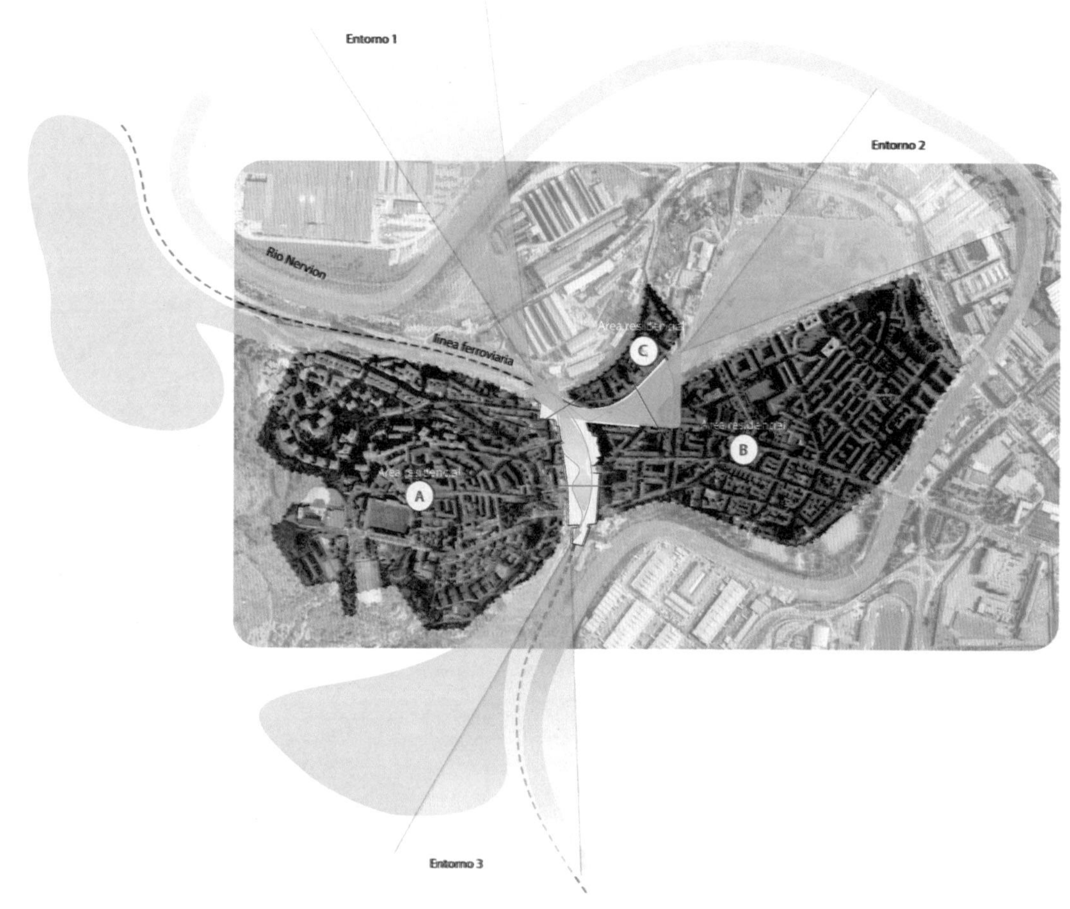

在规划平面图中，新的巴绍里火车站已经被完全整合进绿色袖珍公园链之中。它看起来像一个地铁站，雕塑般的屋顶呈现出两个倾斜翅膀的形状。火车轨道之上的区域及月台被覆盖和转化成为一系列的城市广场，而车站就在它们的中心。

总体规划的一个重要目标是在巴绍里景观的不同层次中提供舒适的步行连接；并为其居民提供一个安全、舒适、便捷的环境，使其产生一种全新的连接，以促进交通的流动和社交的互动。

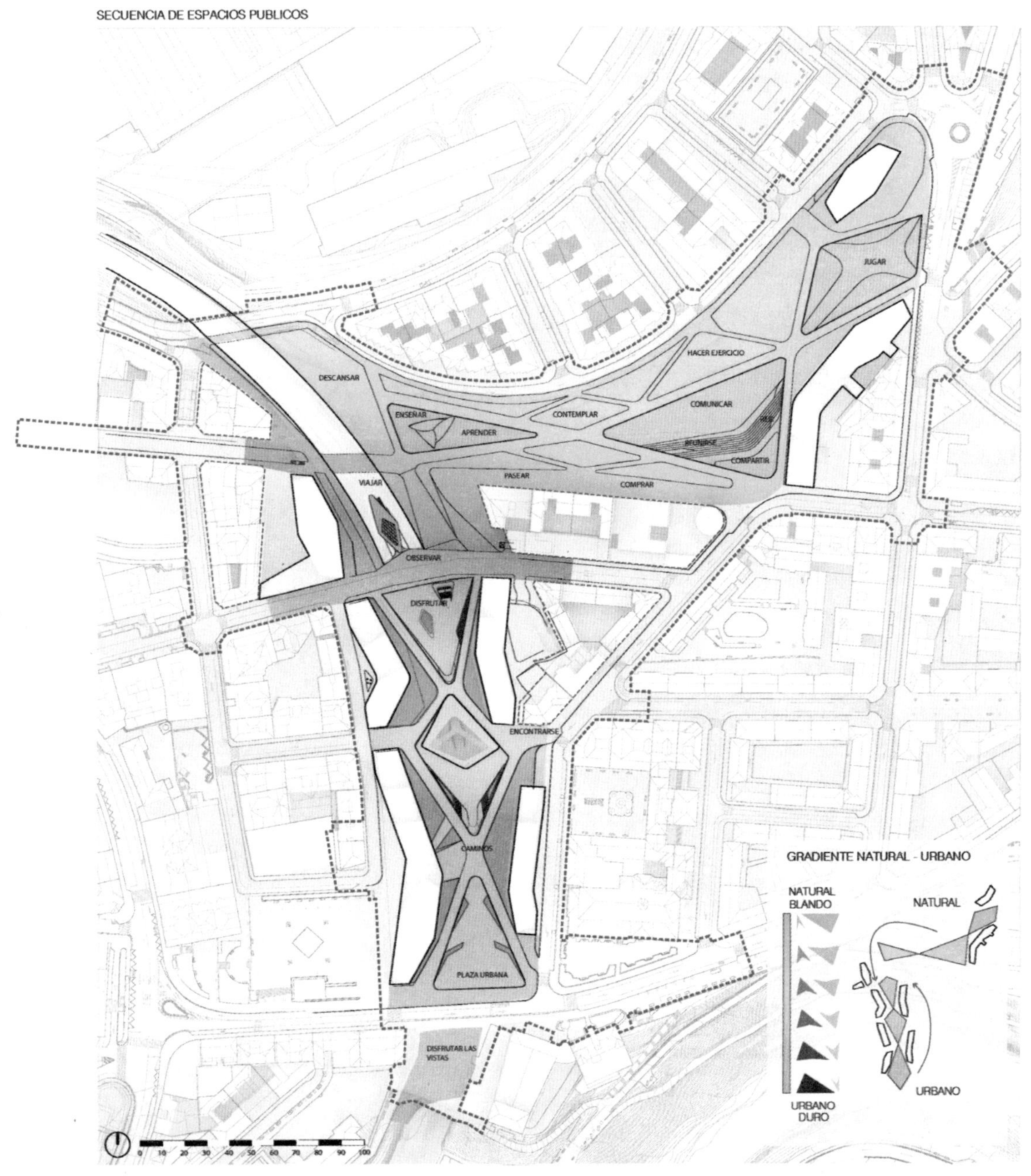

景观活动

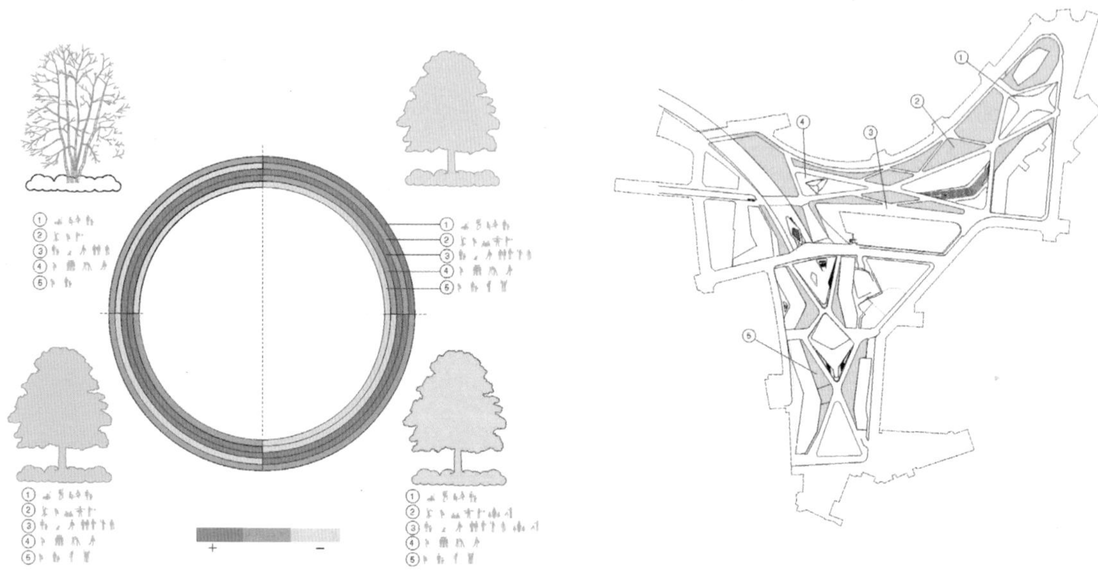
1
2
3
4
5
+
−

景观绿化

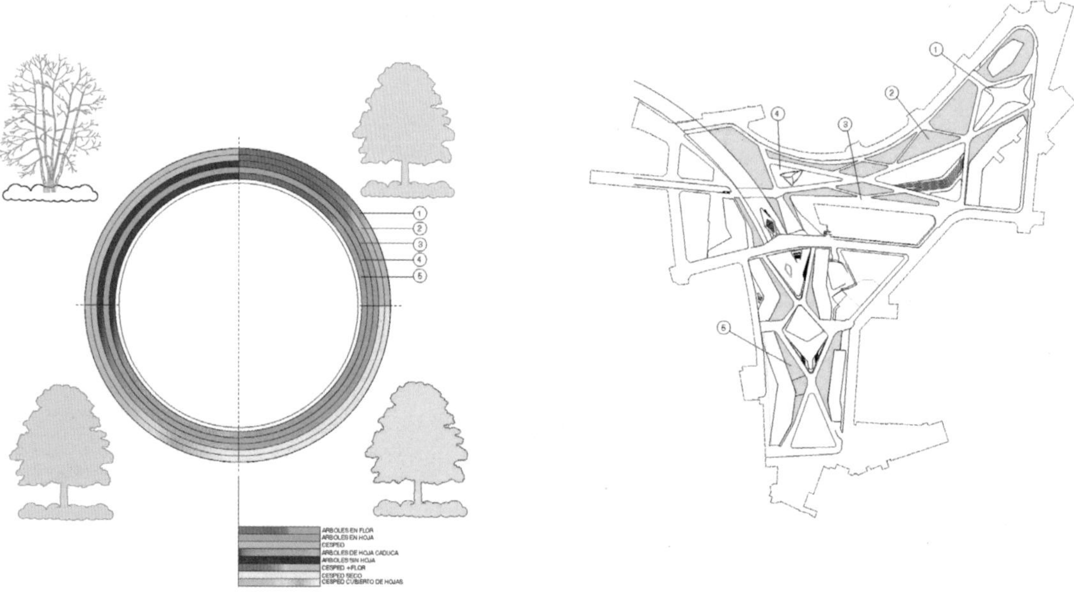
1
2
3
4
5
ARBOLES EN FLOR
ARBOLES EN HOJA
CESPED
ARBOLES DE HOJA CADUCA
ARBOLES SIN HOJA
CESPED +FLOR
CESPED SECO
CESPED CUBIERTO DE HOJAS

方案解析

巴绍里具有非常多样化的地形，起伏的景观和不同高度的建筑的混合形成了一个充满活力和容易识别的天际线。UNStudio 的总体规划针对这种多样性，在规划的边界地区新增了 3 个新的标志性建筑，并与现状的高层建筑相互呼应。除了这 3 个标志性建筑，沿着区域边界的一系列低矮建筑顺着绿色袖珍公园链布局，并考虑了现状相邻建筑物的高度。对新建筑的形态和位置进行详细设计，以便减少其阴影对邻近建筑物的影响。

车站地区效果图

车站地区效果图

车站地区效果图

车站地区剖面效果图

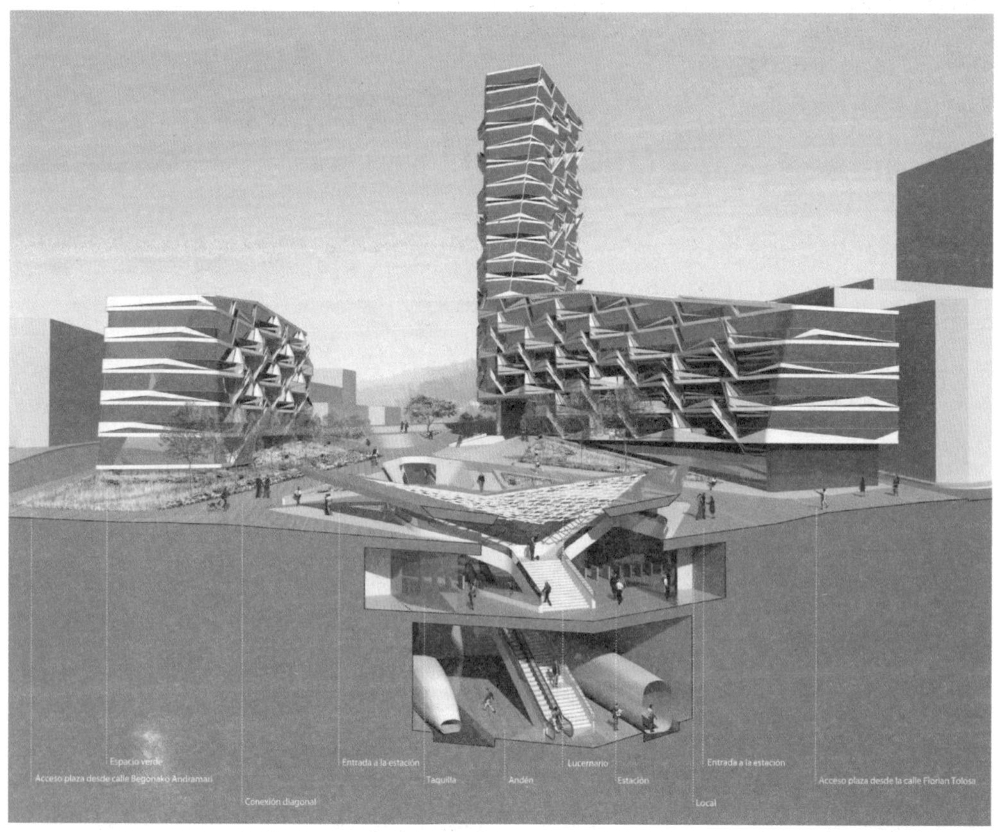

Rampa de acceso al parque
Zona ajardinada
Muro verde
Bulevar
Ascensor de acceso a plaza
Calle de Piru Gainza
Jardín
Escaleras de acceso a plaza y estación
Andén
Entrada a la estación
Paso subterráneo calle Aguirre Lehendakaria
Jardín
Continuidad con calle San Fausto

车站大厅效果图

东滩中央商务区总体规划

项目地点：韩国东滩
占地面积：157 公顷
设计公司： Ojanen Chiou Architects + SWA Group
委托方： Heerim Group

项目位于韩国东滩新城的核心地区，距离首尔约为 30 千米，基地原为农业种植区，现在已经改为工业用途，其西部紧邻河流，东部紧邻山体，该区域被一条连接首尔和南部乡村的主要交通廊道分隔为两部分。一个包含高速公路、都市铁路车站、复合公交系统（公交 + 有轨电车）和长途客运的转运中心位于该区域的核心地区，使东滩新城成为主要的区域性交通枢纽。

场地位置图

Site Location

Urban Core of Southern Metropolitan Region

" Urban Center of Regional Traffic Hub, Business, Culture and Education"

- Develop as regional traffic hub by exploiting its excellent locational advantage
- Share business role of Seoul city by expanding the central business function in connection with Samsung Electronics, etc
- Accomplish pending issues of the government policy such as strengthening national industrial competitiveness, etc

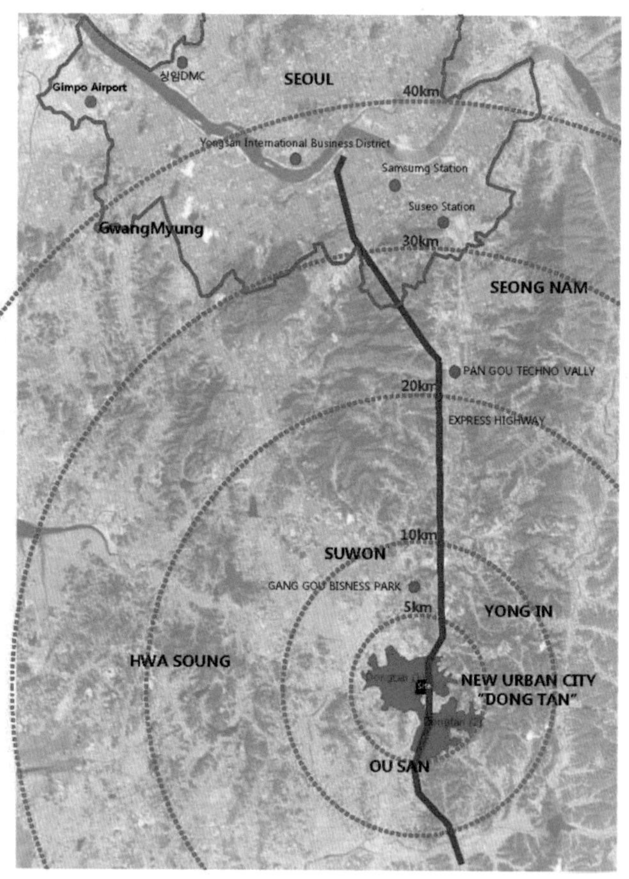

方案解析

此外，项目主要包括公共广场、写字楼、企业园区、零售、旅馆、学校和各种文化设施。基于当地生态环境的启示，方案布局顺应了自然水体从高到低的特性，城市结构围绕滨河形成的一系列绿色区块进行组织，借鉴城市在自然生境的规划经验，构建包含阳光、空气和动植物群的自然走廊，为休闲游憩提供充足的开放空间。

在建立街道系统之前，方案设计利用现状自然资源定义了一系列开放空间，形成连接基地东部山体和西部河流的多个指状绿带，景观基础设施布局遵循基地独特的地形和水文条件，成为整体水资源管理系统的一部分。

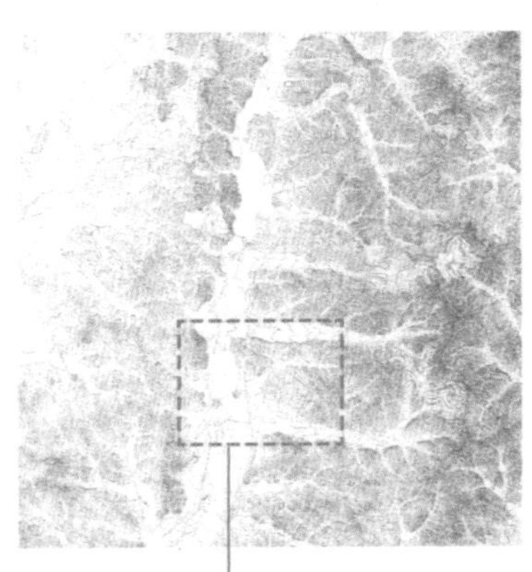

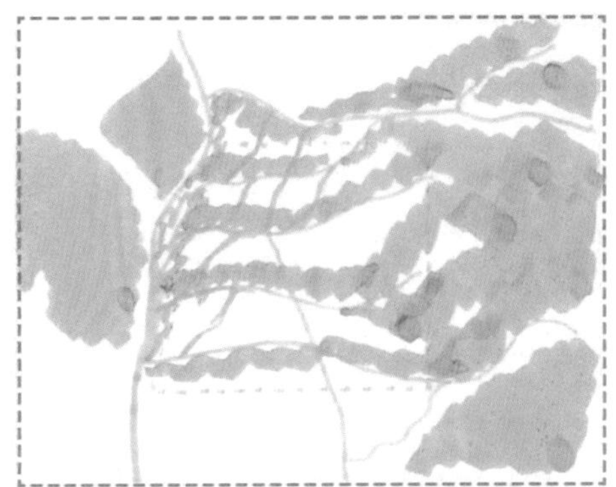

Dongtan landscape reveal intricate landscape characteristics of topography, distinct ridges and valleys, rivers and riparian zone, leading to major water body.

"Finger" parks and neighborhood parks function as open drainage system with vegetation integrating hardscape, with water features, stepping stones, weirs and board walks. Dongtan streets are important part of stormwater management strategy. As part of the landscape infrastructure, planting areas along streets facilitate in capturing and filtering runoffs of airbone toxins from vehicular exhausts, absorb pollutants from rainwater and reduce the volume of stormwater runoffs. Additionally, green streets contribute to environmental improvements by reducing summer air temperatures, providing carbon sequestration and screening air pollution.

1 NATURAL DRAINAGE SWALE

2 DETENTION POND/ RAIN GARDEN

3 STREET DETENTION SYSTEM

4 WETLAND PARK AND RIPARIAN WATER EDGE

5 PUBLIC PARK AREA / PERMEABLE SURFACE

LEGEND

NATURAL DRAINAGE SWALE (WATER CLEANSING SWALE)

SLOPE TO DRAINAGE WAY

DETENTION POND/ RAIN GARDEN

STREET DETENTION SYSTEM

COURT YARD/ RAIN GARDEN

WETLAND PARK AND RIPARIAN WATER E

PUBLIC PARK AREA/ PERMEABLE SURFACE

为了建立完备的公共交通节点，方案构建包含铁路、地铁、有轨电车和公共汽车等内容的集成系统来吸引企业、居民、通勤者和游客，并通过一系列措施建立完善的步行和自行车网络，主要包括建立步行尺度的街区，舒适的人行道，以拱形游廊形成连续的街道界面，在繁华的十字路口设置人行天桥等。同时，方案提出紧凑和混合使用的发展策略，在高密度发展和开放空间（36.5%）布局及可达性之间寻求平衡。

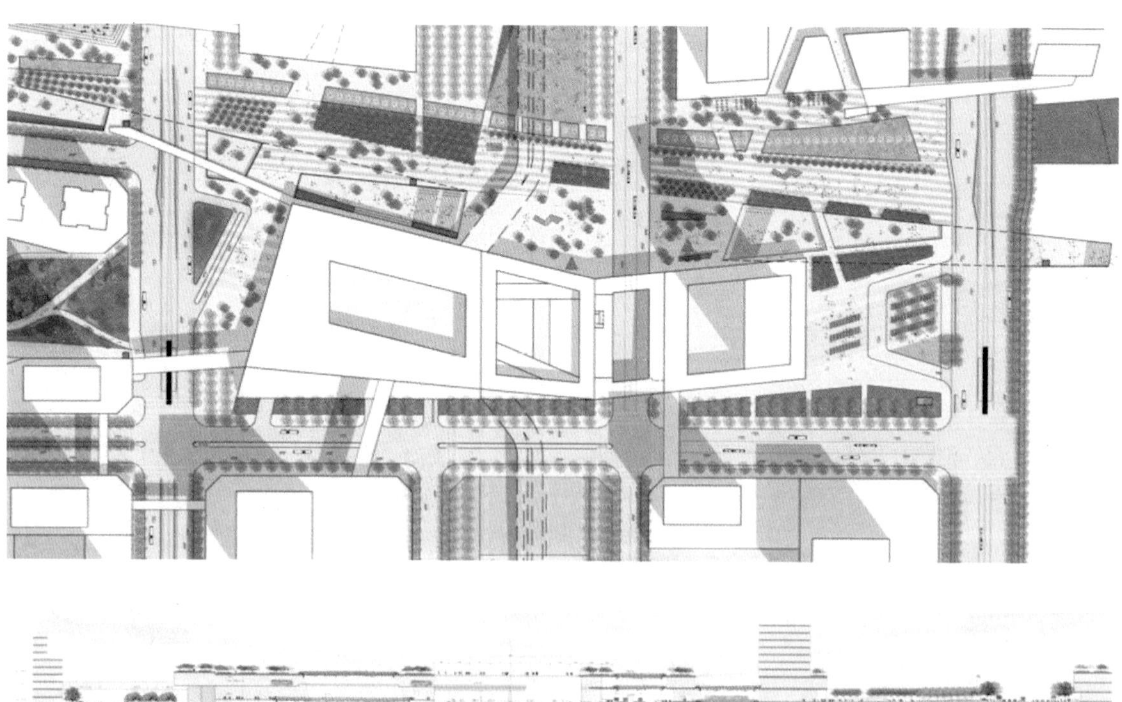

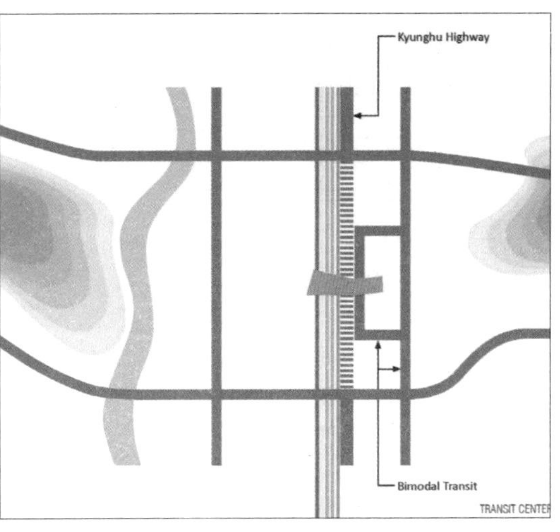

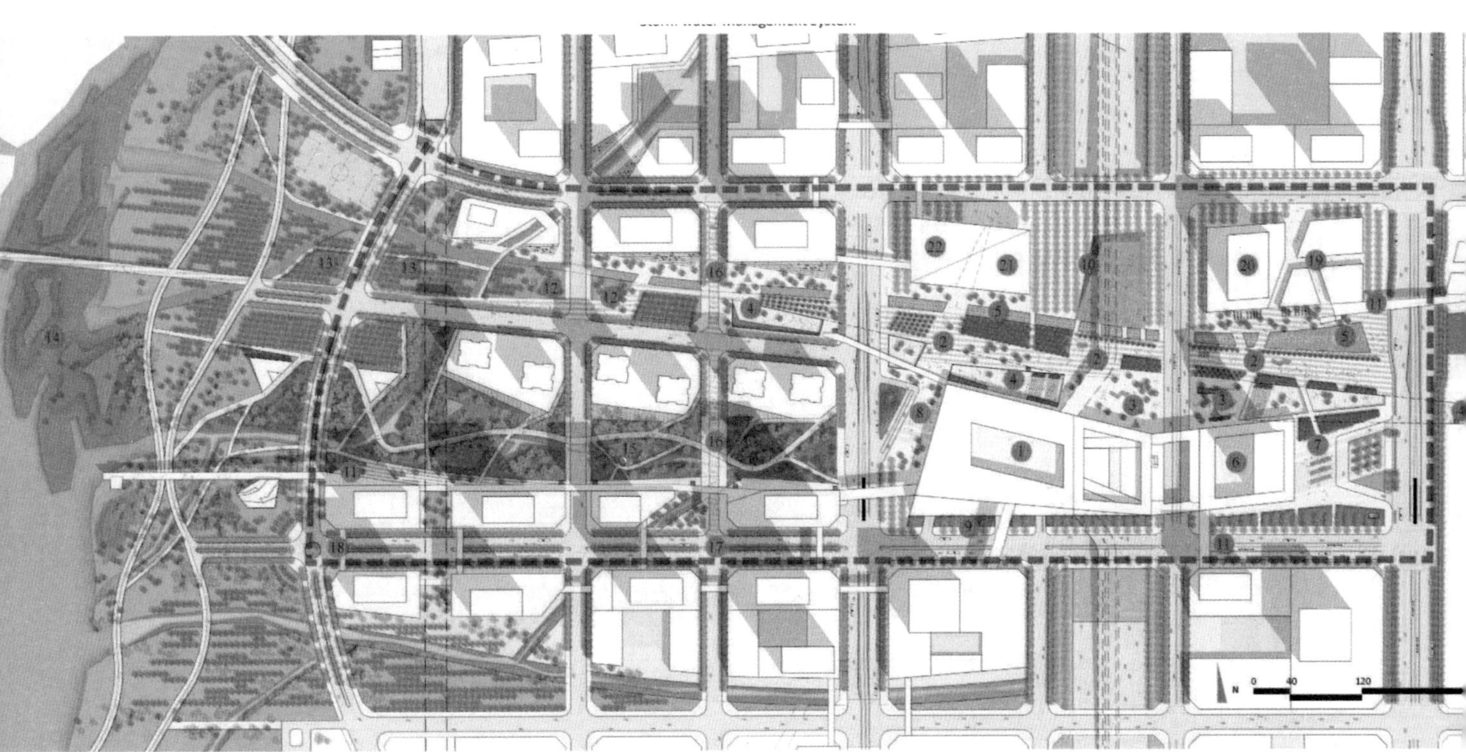

1 运转中心
2 交通广场
3 雕塑艺术展示
4 与零售连接的下沉广场
5 水景
6 旅馆
7 接待广场
8 公交换乘广场
9 长途汽车出入口
10 大草坪和树阵
11 高架天桥
12 邻里广场
13 森林公园
14 湿地保育区
15 林荫大道—植被洼地—暴雨管理系统
16 步行街
17 商务区林荫大道
18 林荫大道环岛
19 购物中心
20 写字楼
21 演艺中心
22 博物馆

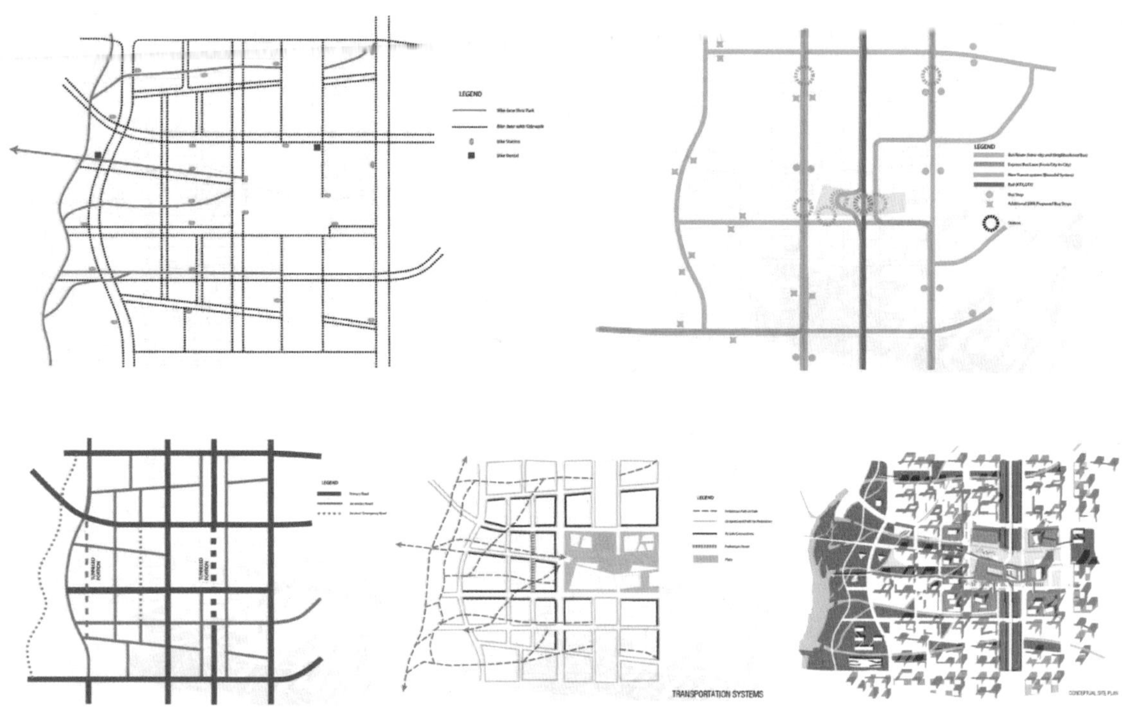

庭院效果图

塔楼效果图

雅典城市中心区更新规划

项目地点：希腊雅典

设计公司 : OKRA

合作者：Mixst urbanism，Wageningen University

为实现雅典城市核心区向现代城市中心区的转变，需要将城市三角地区改造成为一个城市中的活力地带，因此，在该地区减少机动车交通，是向实现步行城市目标迈进的关键一步，从而获得充满活力、绿色、便捷的新空间。方案将结合当代理念在气候控制、减少车辆使用和公共领域等方面提出具有超前性的综合建议，创造一个弹性的、便捷的、充满活力的城市，并且不受项目边界的限制，建立其与相邻区域的有机联系，从而成为整体城市的催化剂。新改造中的关键部分是公共领域的热度缓解，这将是未来几年很多欧洲城市面临的问题。“超前一步”项目的主要关注点是创造一个弹性的城市、便捷的城市、充满活力的城市。

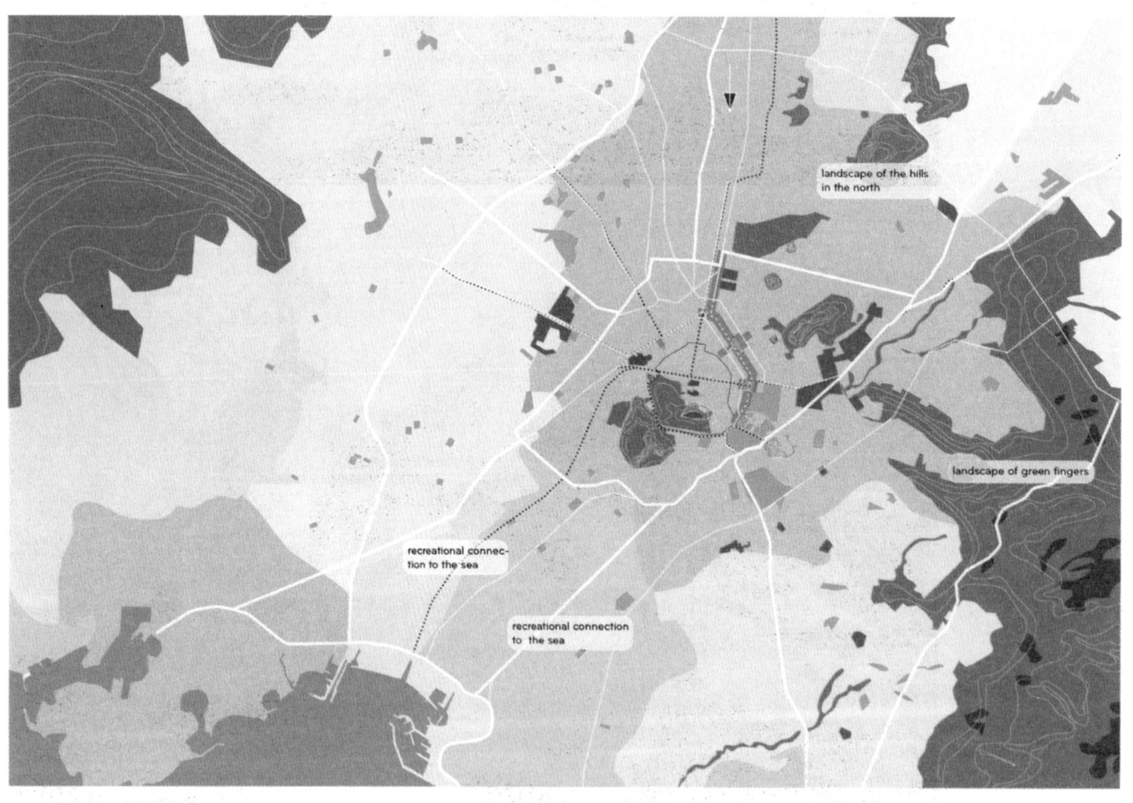

high density residential
low density residential
industrialisation
landscape, vegetation sparse
landscape, vegetation shrubland/ forest
urban parks
urban green living areas
gardens in the triangle
main squares in the triangle
cycle superhighway network
competition area
infrastructure, traffic
pedestrian area and public transport (tram)
old city, innercity
dominant north wind

弹性的城市

雅典城市中心区将改造成为一个绿色网络，大学街将成为中心区的绿色脊柱，为市民提供遮阴和避难所。弹性策略主要包括降低城市热量、改善热舒适度等特定方法。因为良好的种植条件对于减少热量是至关重要的，因此，绿化策略与水治理策略紧密结合，利用下凹式绿地、屋顶或其他地方进行雨水收集和保存。

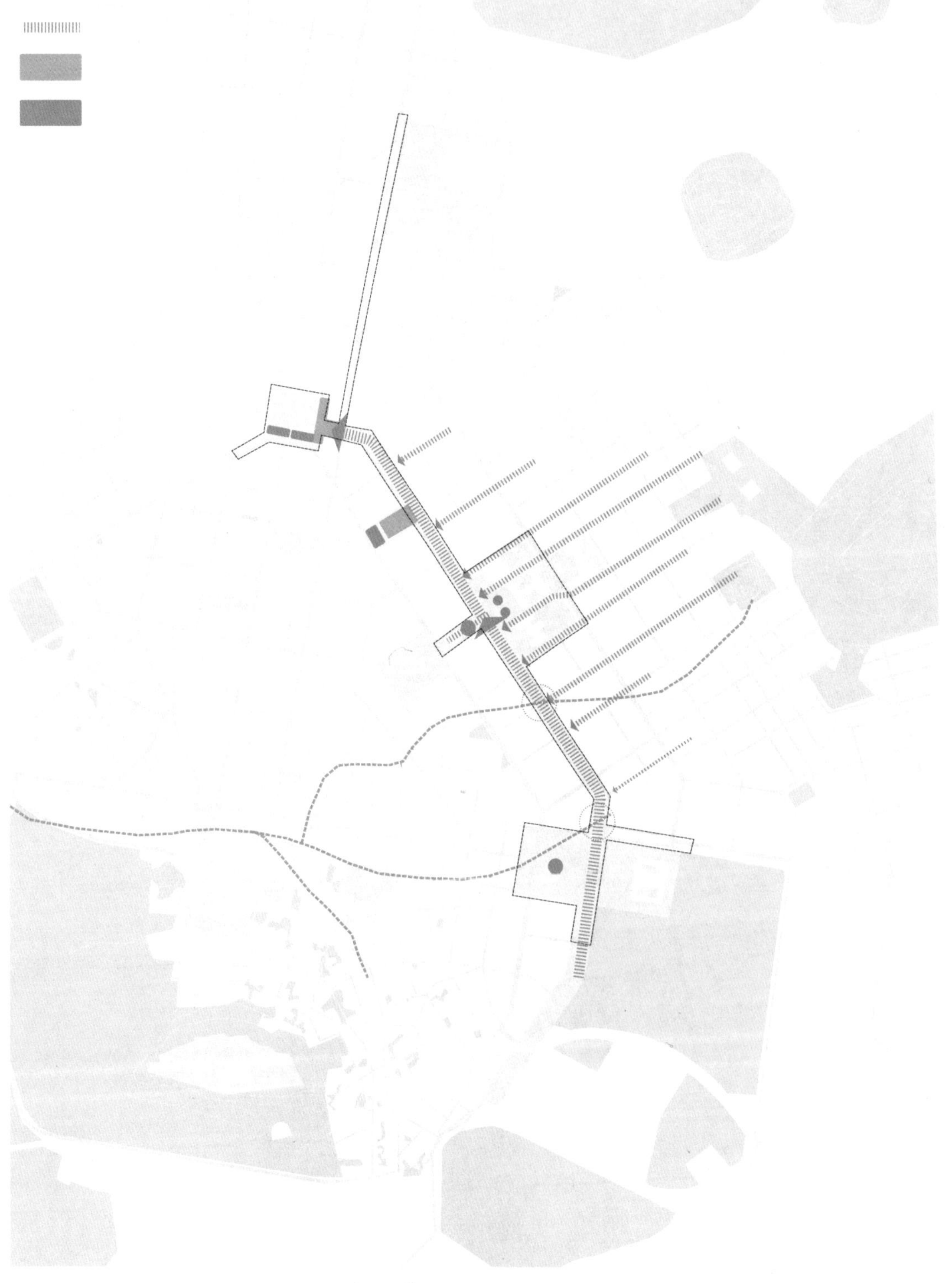

便捷的城市

绿色框架将作为不同方向公共领域和邻里的连接网络，并突出强调了大学街，通过恢复交叉街道的连续性为人们创造连续的步行体验，同时，通过规划新的有轨电车线路、创造部分空间的宏伟壮丽来增强目标凝聚力，大学街提出共享空间2.0 计划，在慢行交通和机动化交通之间达成了一个新的平衡。整体设计主要包含 4 个特色空间，宪法广场和欧摩尼亚广场将成为两个具有丰富水景要素的绿色城市广场，迪卡艾奥斯尼广场将成为一个结合喷泉和庭院的绿色城市客厅，一条绿色走廊连接大学街中部、大学园区和城市公园，使之成为一个整体。

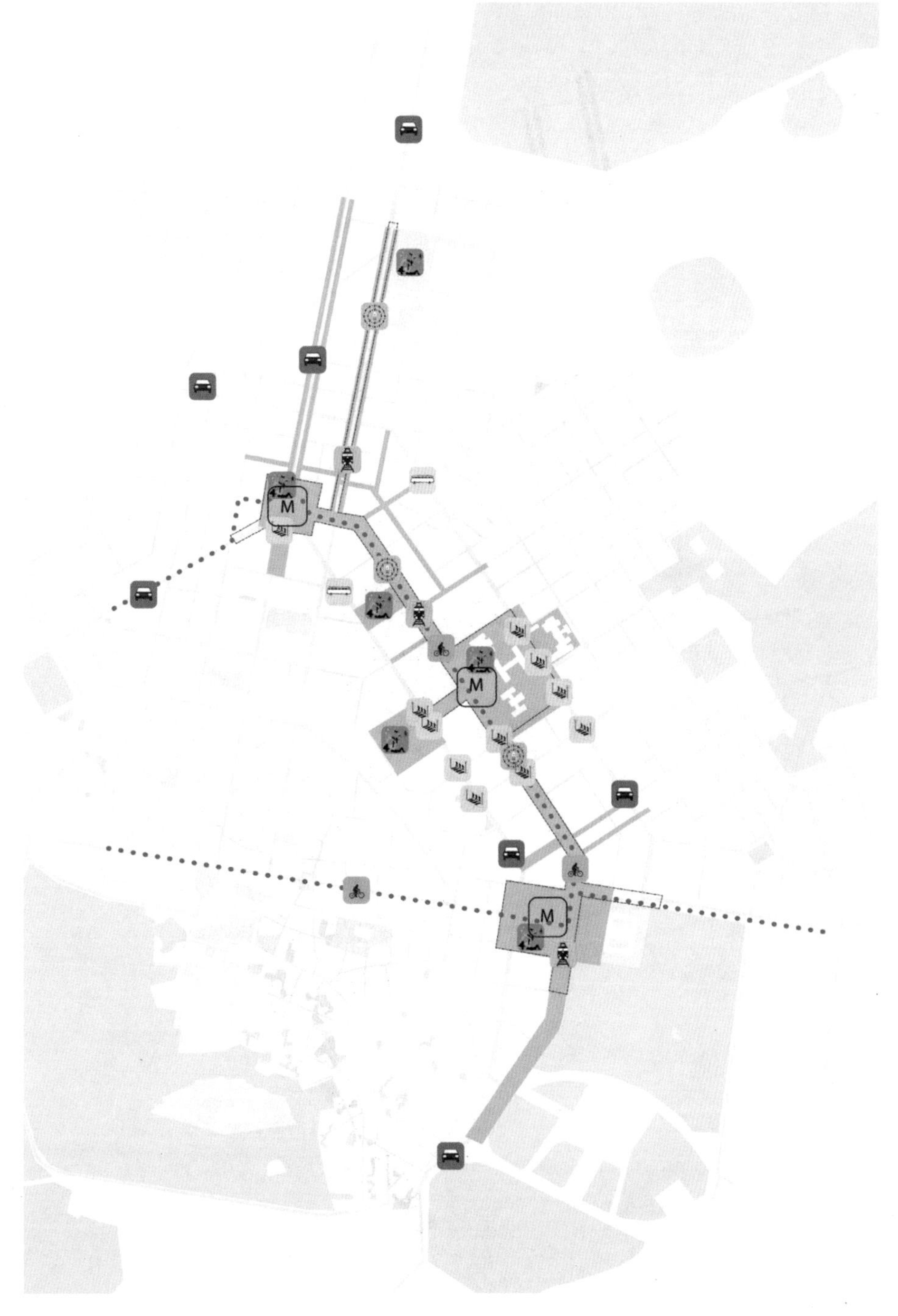

充满活力的城市

大学街将通过增加温馨而有魅力的特性场所保留线性空间，从而完成由街道向林荫道的转变。方案引入千房剧院理念，对闲置建筑的底层空间进行改造，组织文化活动并转移焦点，创造新的活力场所，在公共领域形成小型的户外露天剧场。“入侵区”将促进街道形成活跃的界面，并在建筑环境与公共领域之间建立有机联系，同时，公共领域内的互动式装饰灯光会在夜晚营造出恰当的空间氛围。

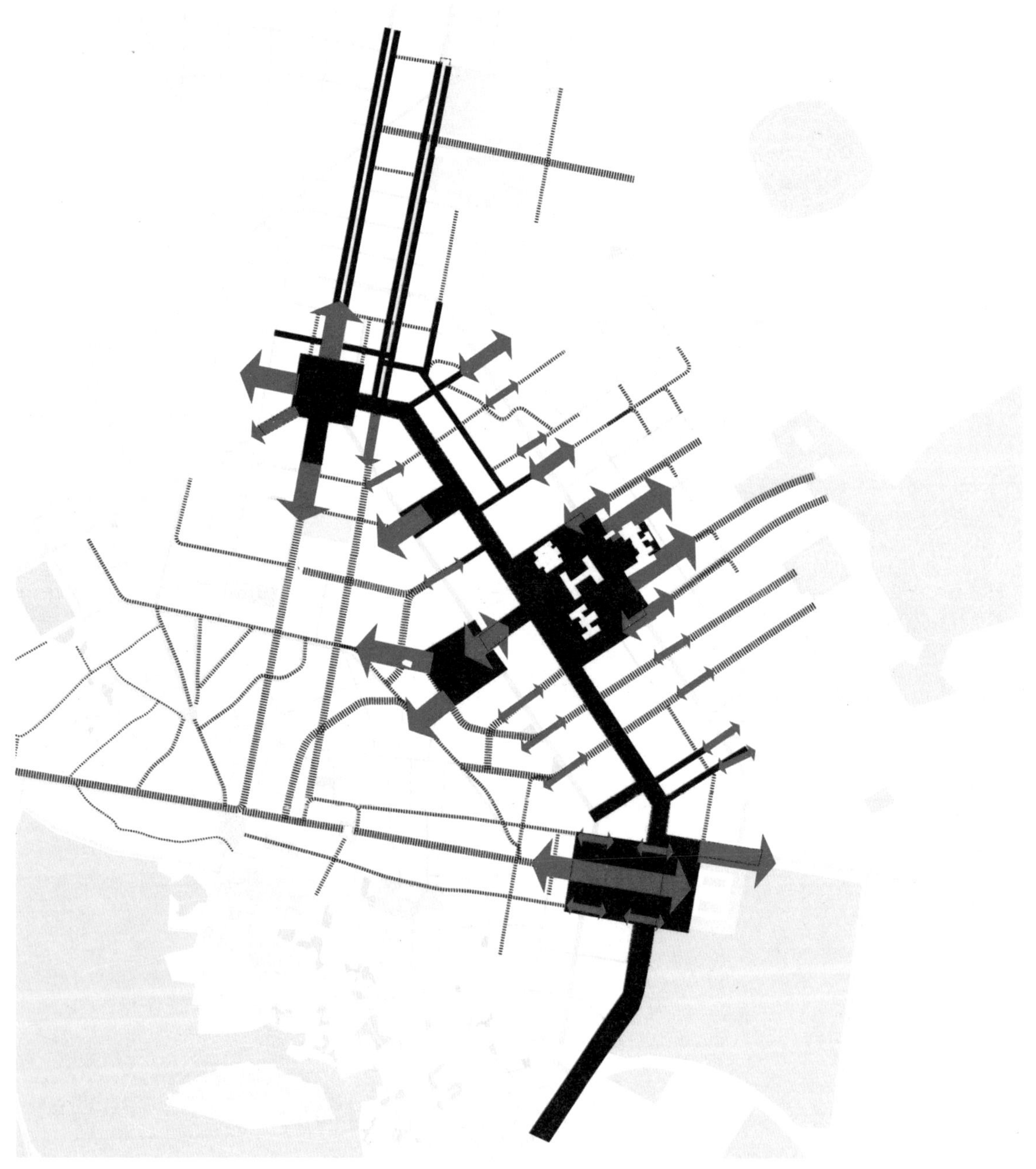

轴线测定法原则

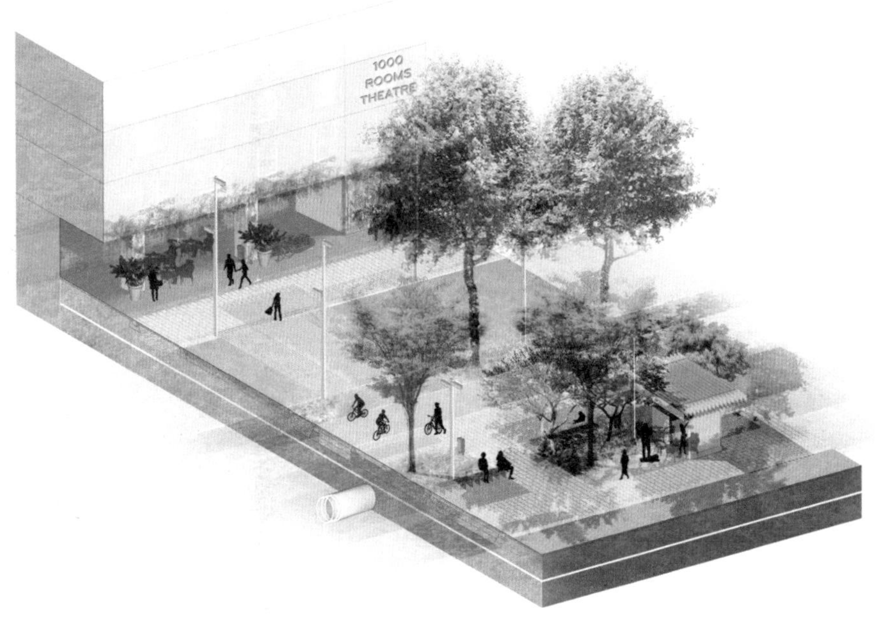

迪卡艾奥斯尼广场鸟瞰图

欧摩尼亚广场鸟瞰图

希腊三部曲鸟瞰图

大学街透视图

迪卡艾奥斯尼广场剖面图

欧摩尼亚广场剖面图

大学街剖面图

迪卡艾奥斯尼广场模型

希腊三部曲模型照片

重庆弹子石中央商务区规划设计

项目地点：中国重庆
占地面积：20 万平方米
建筑面积：80 万平方米
设计公司：10 + DESIGN（拾稼设计）国际建筑设计事务所
完成时间：2015 年

弹子石零售及娱乐区位于重庆市长江沿岸弹子石新中央总部中心地带，为该市区域经济强化发展的三大热点项目之一，目的是要打造成为一个高端商业与零售的集中地，提供 80 万平方米的文化、体育、酒店及娱乐空间。

目标

设计任务是要根据实际环境及规划限制，以创新及人性化的建筑设计提供一个新颖而具凝聚力，又能凸显重庆丰富地形及文化的理想方案。

基地地势陡峭，呈向下延伸的坡道，直通长江江岸，这不仅体现出重庆典型的地形特征，也令人联想起传统的楼梯街和面朝长江的旧时建筑。

70 米地势高差贯穿整个开发区，打造了多重零售层，临街面激发活力的商业业态创造得天独厚的机遇让每一零售层都可通过与上、下层面的互动而实现双赢。

设计方案利用这种主要的地形特征，使具有多重标高的商业裙楼价值倍增。此外，在低处江边漫步的客流将进一步活化这种多层次的零售业态，而且，位于基地最高点的轻轨站也经由高架链桥将人流源源不断地引进项目开发区的核心地段。

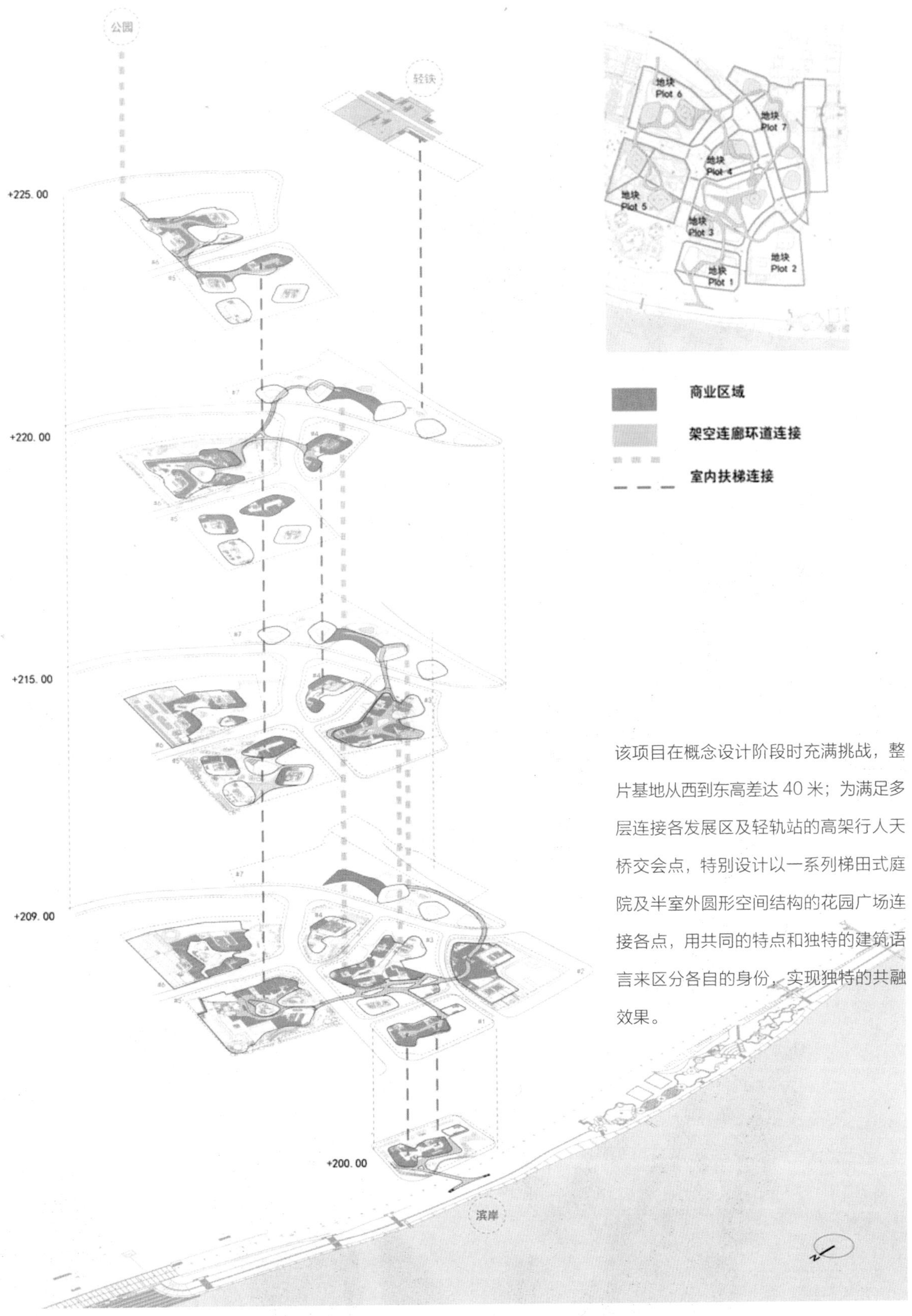

该项目在概念设计阶段时充满挑战，整片基地从西到东高差达40米；为满足多层连接各发展区及轻轨站的高架行人天桥交会点，特别设计以一系列梯田式庭院及半室外圆形空间结构的花园广场连接各点，用共同的特点和独特的建筑语言来区分各自的身份，实现独特的共融效果。

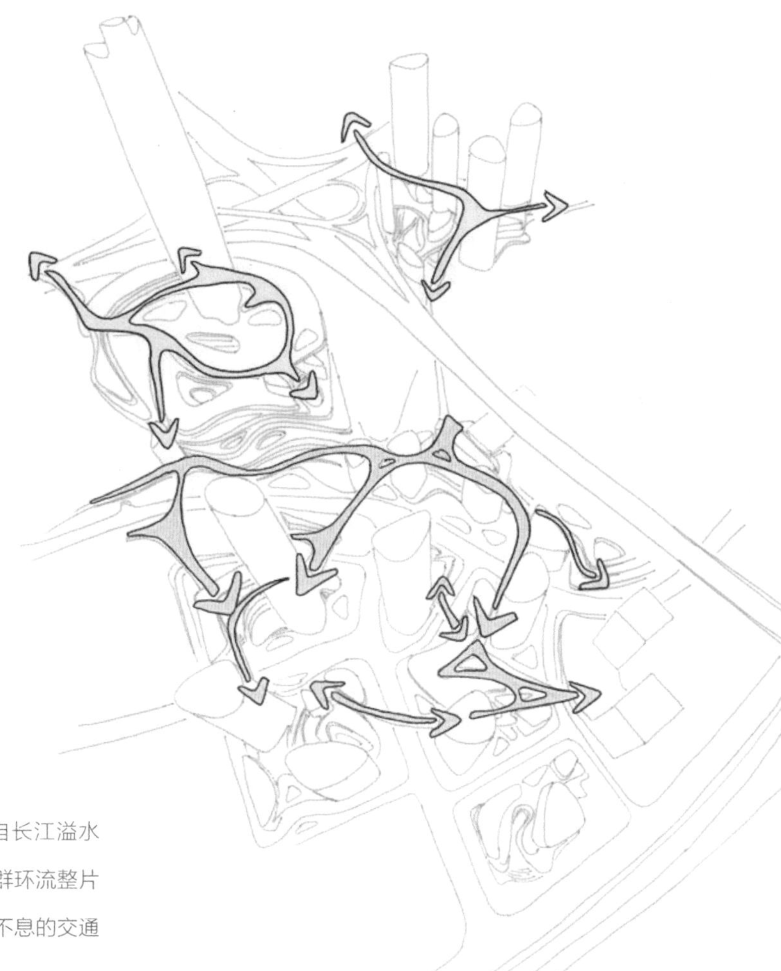

形态

中央商务区内 4 个商业建筑群的形态构思源自长江溢水的想法：水路沿梯田式景观和精雕细琢的建筑群环流整片基地，如丝网般把繁忙的都市人和游人与川流不息的交通分隔开。

中讯时代

建筑面积：130 000 平方米

零售：35 000 平方米

功能：办公、餐饮、零售

业主：中讯集团

PACIFIC COFFEE

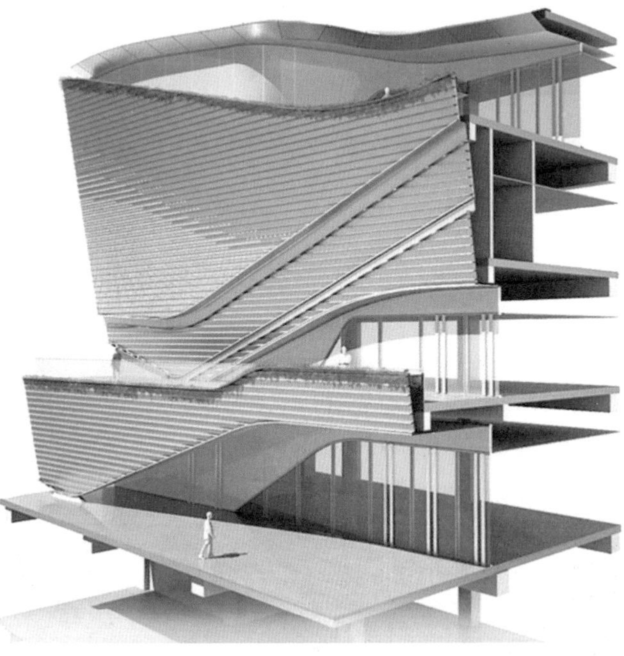

能投一号海滨广场及总部大楼

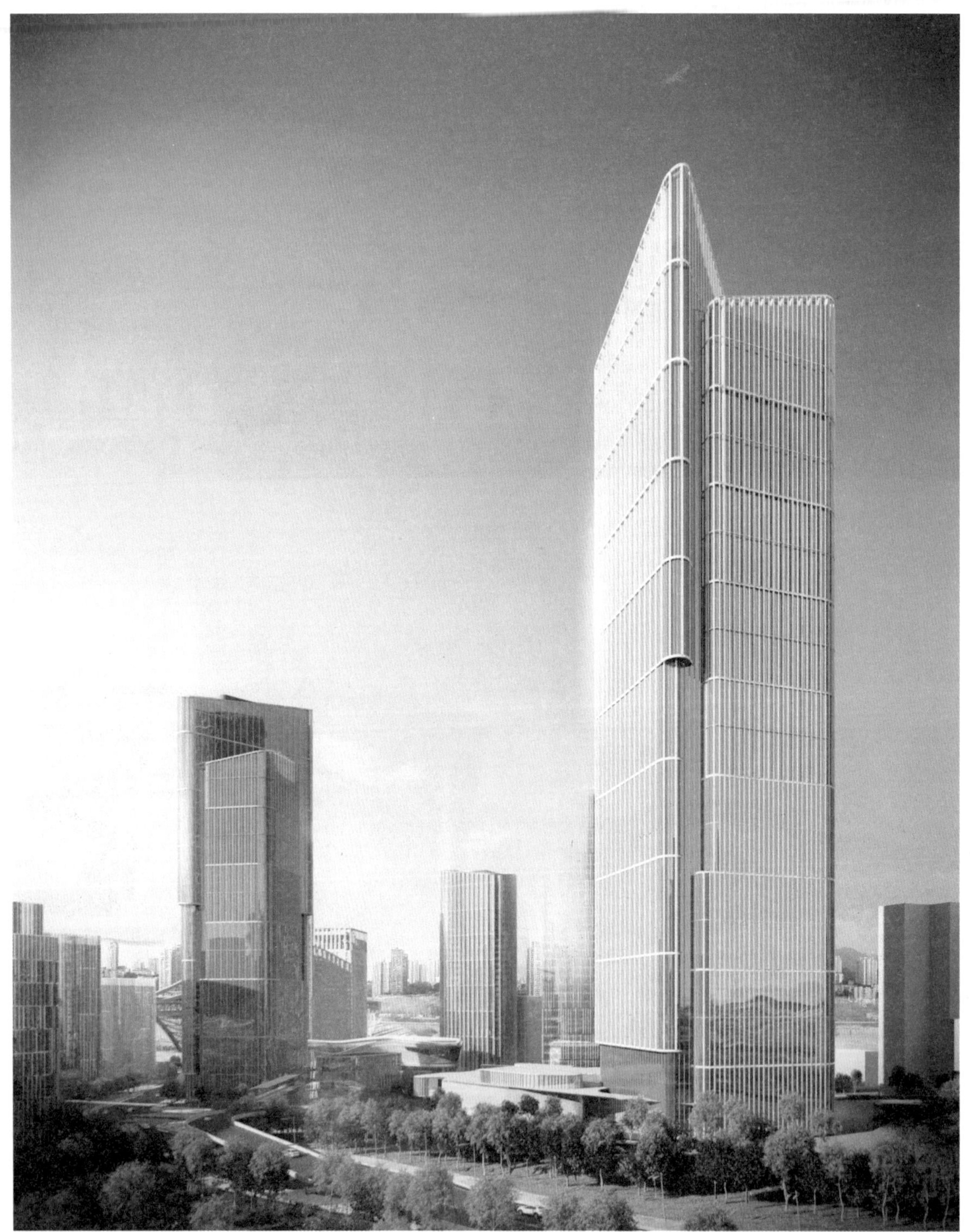

建筑面积：359 820 平方米

零售：48 000 平方米

功能：办公、零售

业主：重庆能投置业

重庆雷士大厦

建筑面积：100 600 平方米

零售：40 000 平方米

功能：办公、零售

业主：重庆无极房地产开发

中钢大楼

建筑面积：153 850 平方米

零售：21 000 平方米

功能：办公、零售

业主：中钢投资集团

黄骅市城市中心区城市设计

项目地点：中国河北省黄骅市

规划用地面积：18.2 平方千米

核心区用地面积：1.4 平方千米

设计公司 : 天津大学建筑学院城市空间与城市设计研究所

设计团队：陈天，臧鑫宇，王峤，张军，李鹏，李德明，张媛

黄骅地处东北亚经济圈中心位置，渤海湾中南部的重要交通枢纽，具有港口、铁路、高速公路“三位一体”的高密度交通网络，为区域交通枢纽和重要物资集散地。

通过天津、唐山、黄骅“三城联动”的宏观战略，构筑海、港、城、湖一体化格局，建设渤海新区第一动力之城、生态之城、活力之城。

构筑“海、港、城、湖”一体化格局；

构建绿色交通体系下的动力之城；

构建资源循环网络下的生态之城；

构建复合功能体系下的活力之城。

方案解析

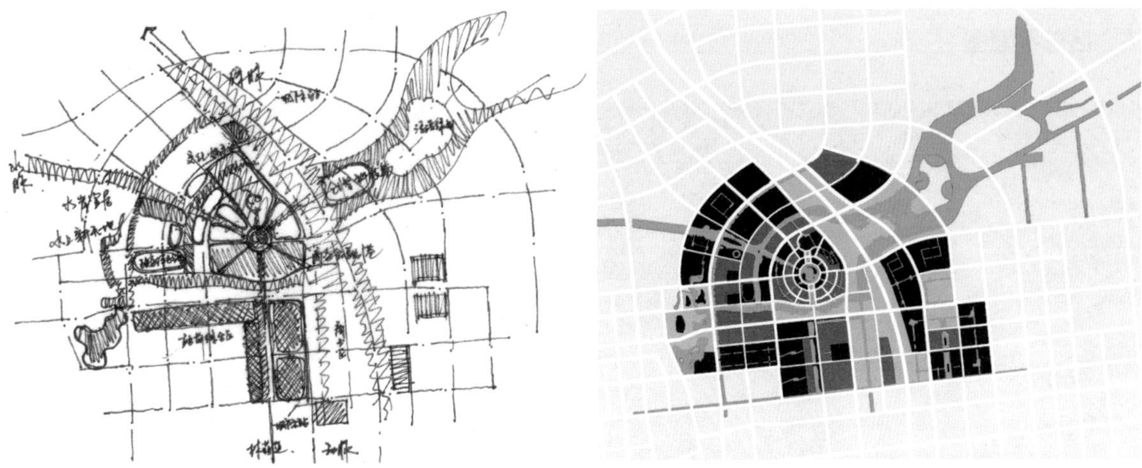

总平面图

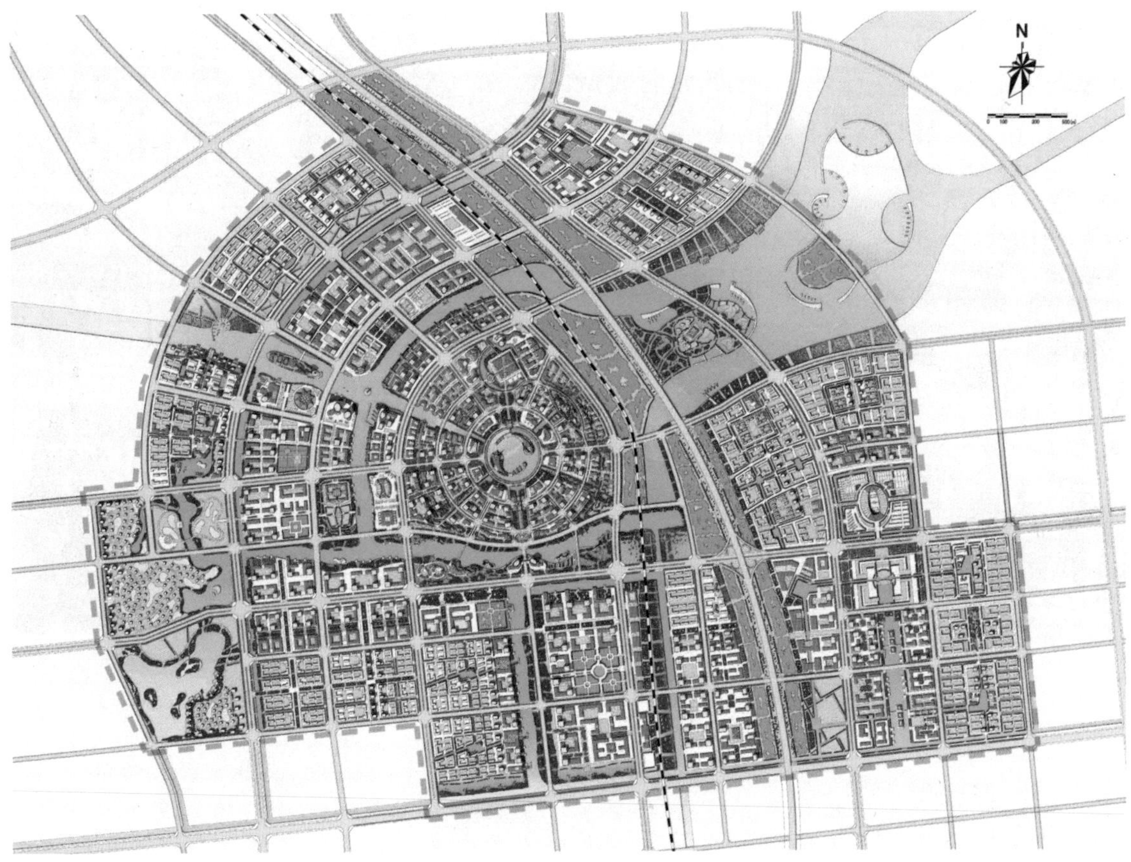

我们对于黄骅市中心区的选择是：复合功能—多级中心模式，即通过对各个城市功能在中心区的有机布置，形成多中心带动、有机生长的城市结构，打造一个复合的、充满活力的城市空间，追求功能效益的最大化。

核心区总平面图

鸟瞰图

空间结构系统

为使黄骅市成为渤海新区第一动力之城、生态之城、活力之城的目标，综合安排商业、金融、行政、居住、教育、文化、娱乐等设施，规划方案采用“两翼拓展、四环共享、六带同心、多区共生”的空间布局结构。

两翼拓展——生态景观带、滨水活力带；
四环共享——魅力文化环、休闲商务环、滨水游憩环、水岸宜居环；
六带同心——六条滨水景观带；
多区共生——生态文化中心、文化娱乐城、水上新天地、政务体验岛、创智科技岛、商务金融港。

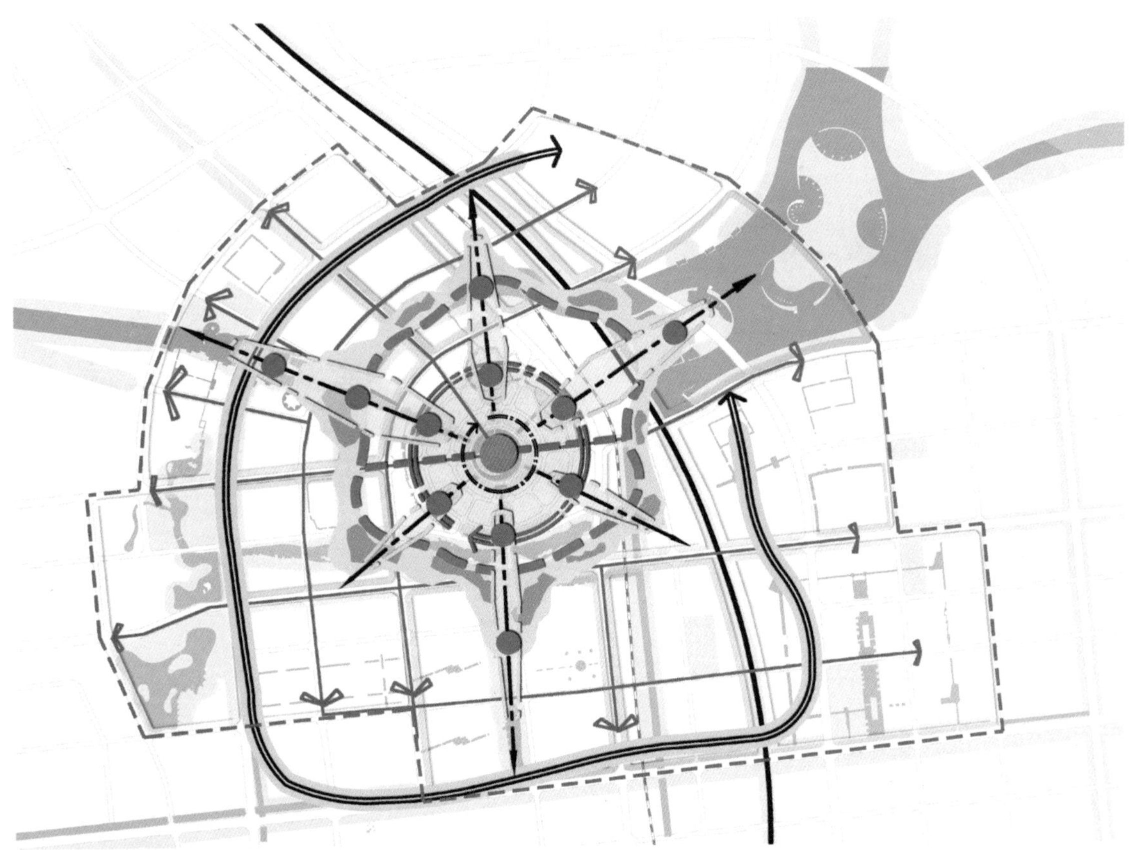

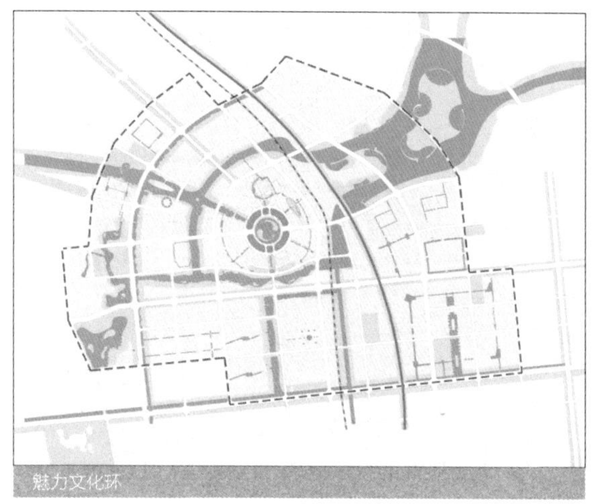
魅力文化环

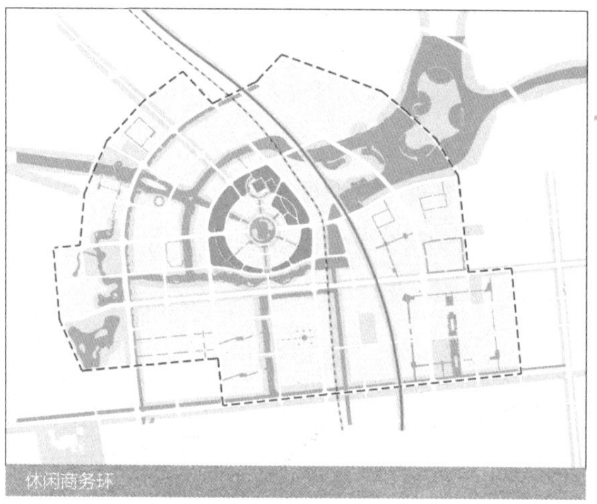
休闲商务环

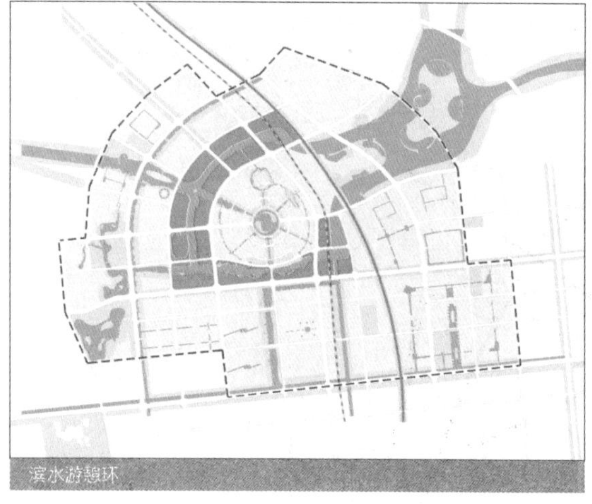
滨水游憩环

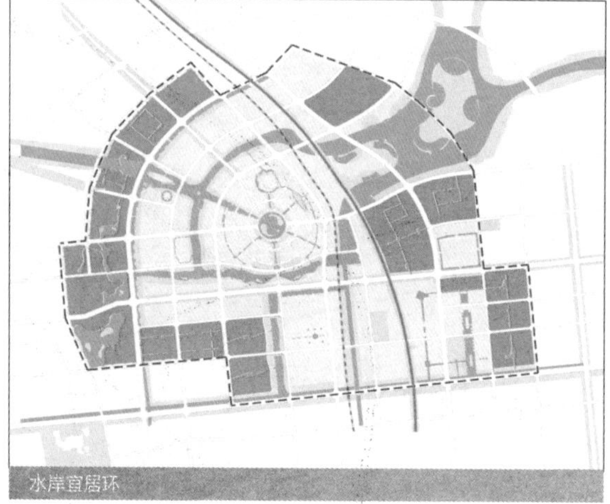
水岸宜居环

公交导向开发契机的促动

整合城市蓝脉网络

重塑城市生活环境

构建整体绿化系统

建构新区文化特征

融合城市公共活动

土地使用系统

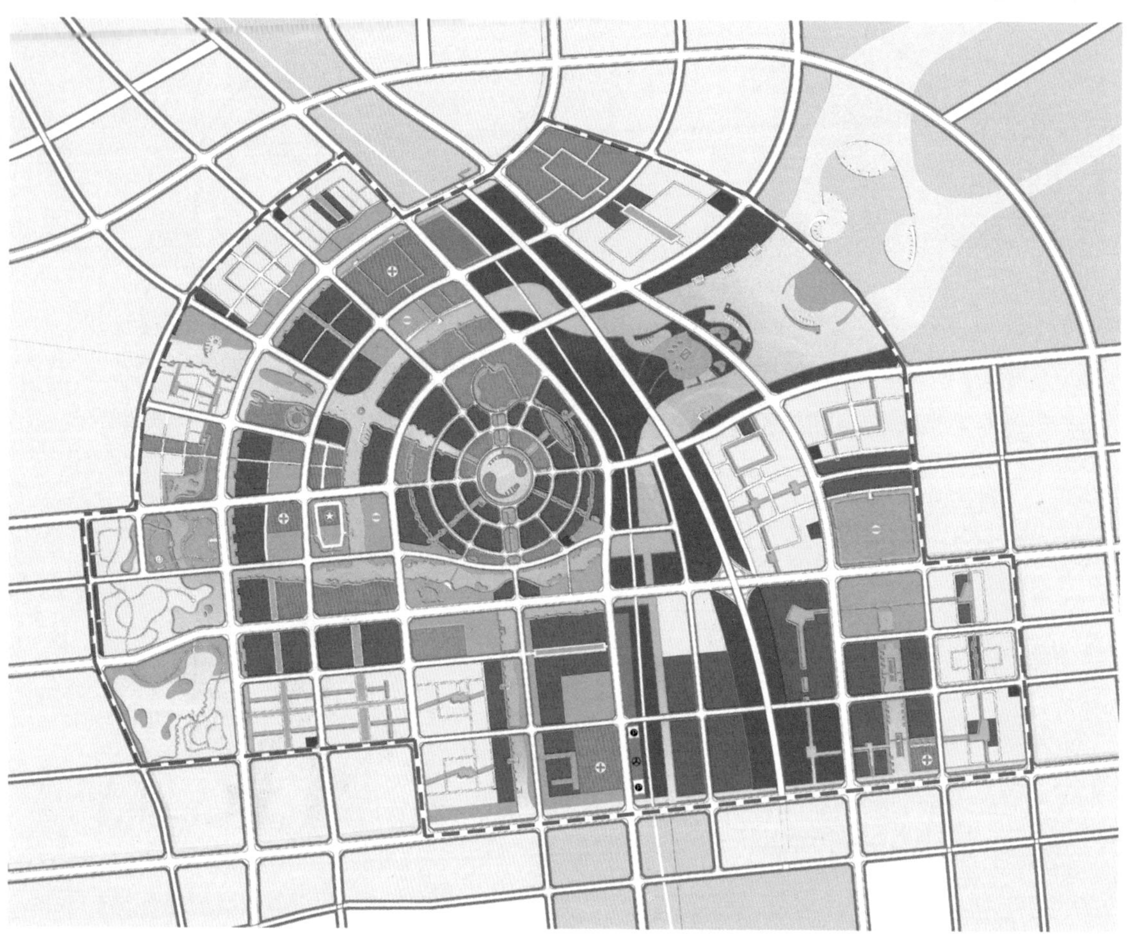

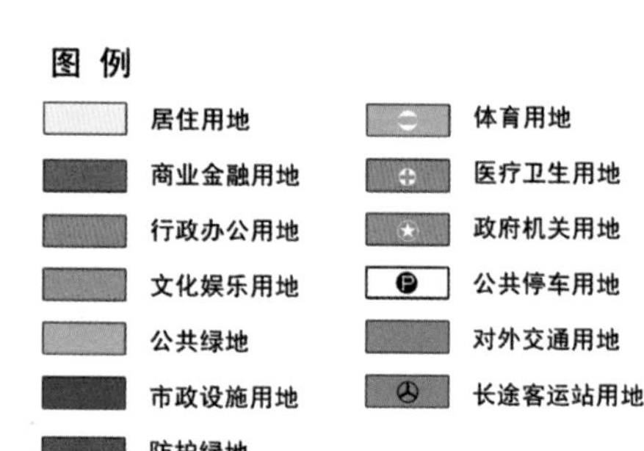
图 例
居住用地
商业金融用地
行政办公用地
文化娱乐用地
公共绿地
市政设施用地
防护绿地
体育用地
医疗卫生用地
政府机关用地
公共停车用地
对外交通用地
长途客运站用地

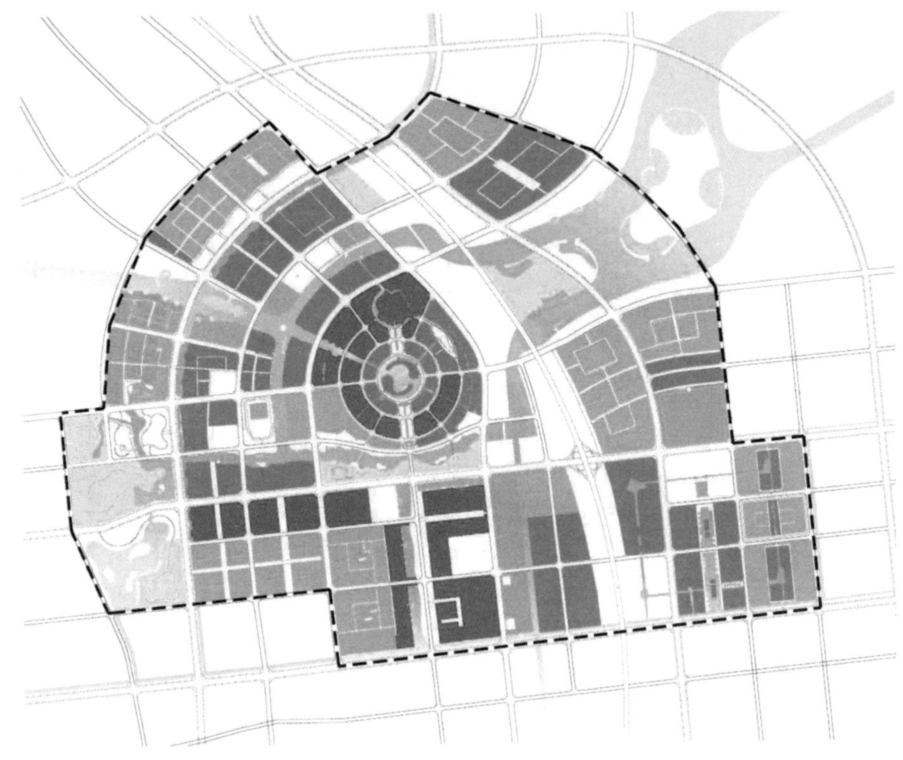

图例

1%～10%

10%～25%

25%～45%

45%～55%

55%～75%

建筑密度分析

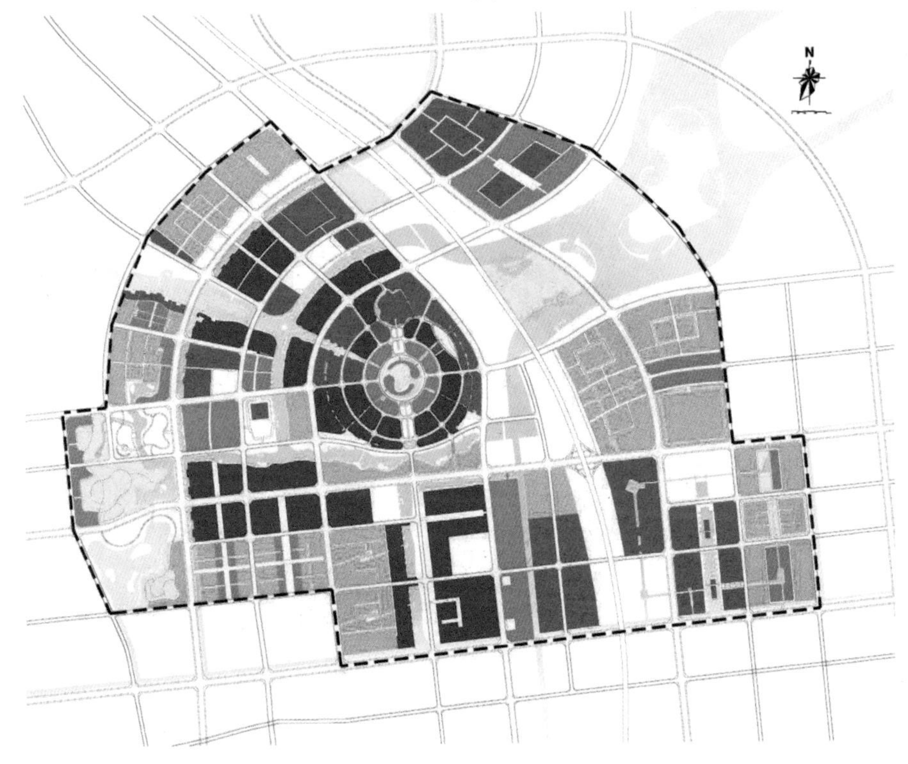

图例

0～1.0

1.0～2.0

2.0～3.0

3.0～4.0

4.0～6.0

道路交通系统

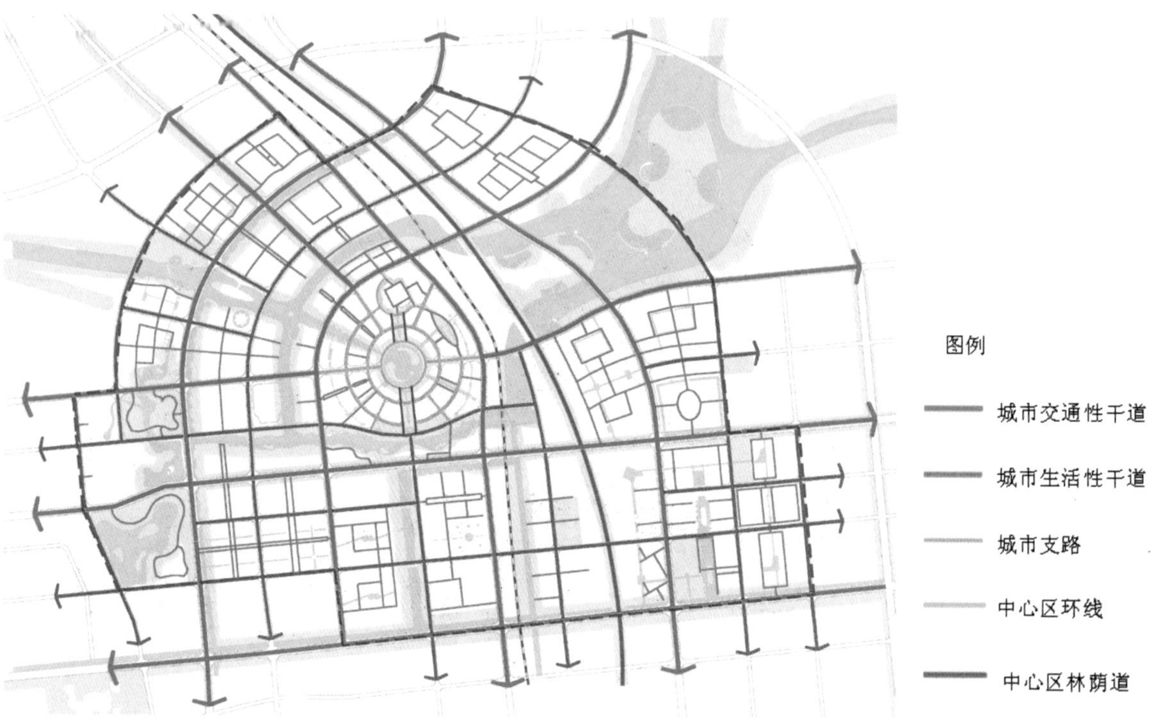

高度结构系统

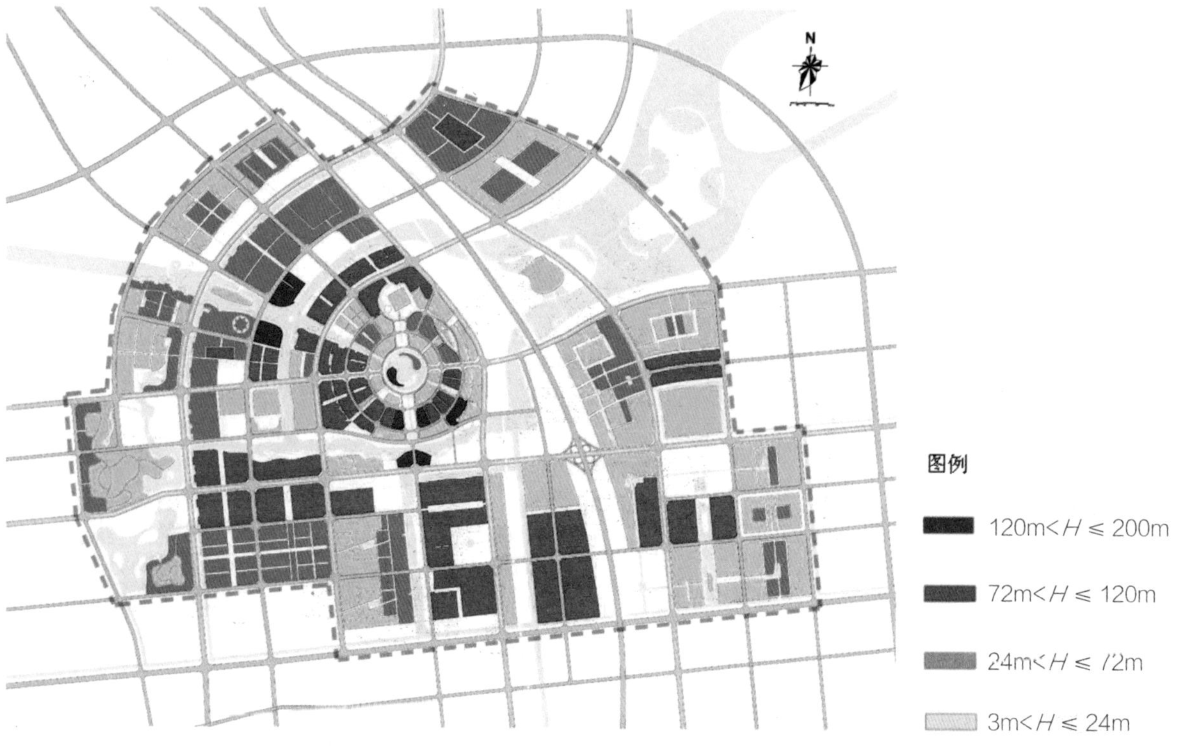

天际线

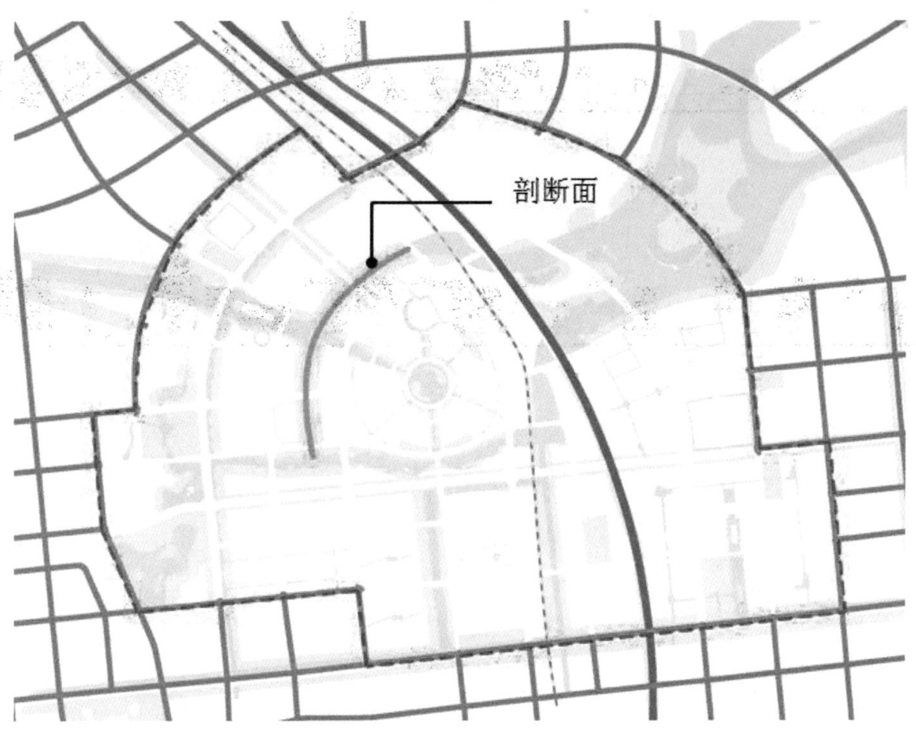

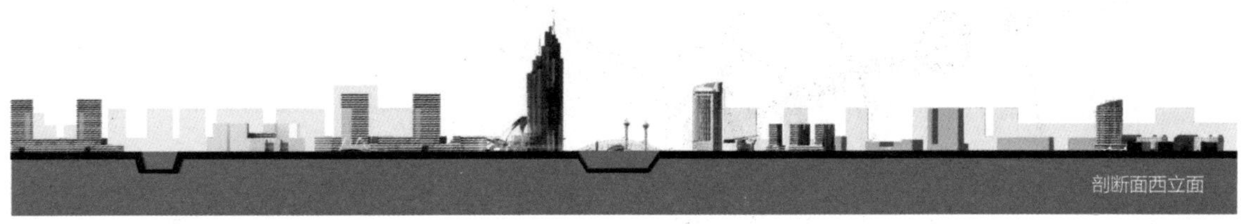

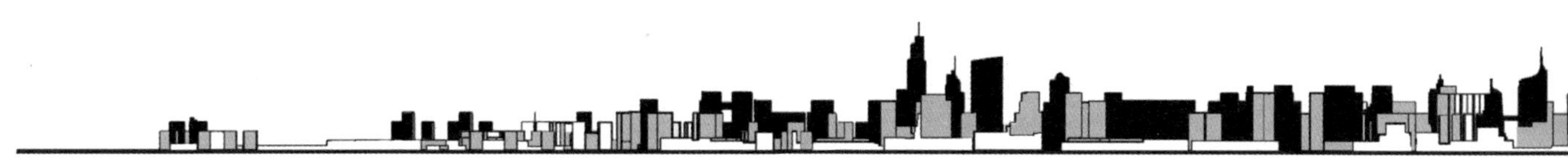

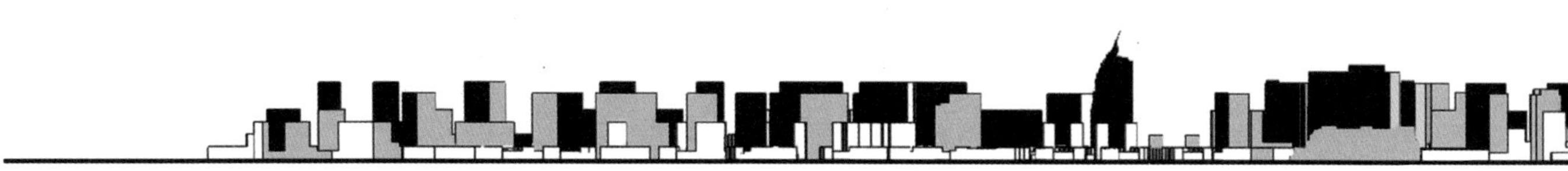

开放空间系统

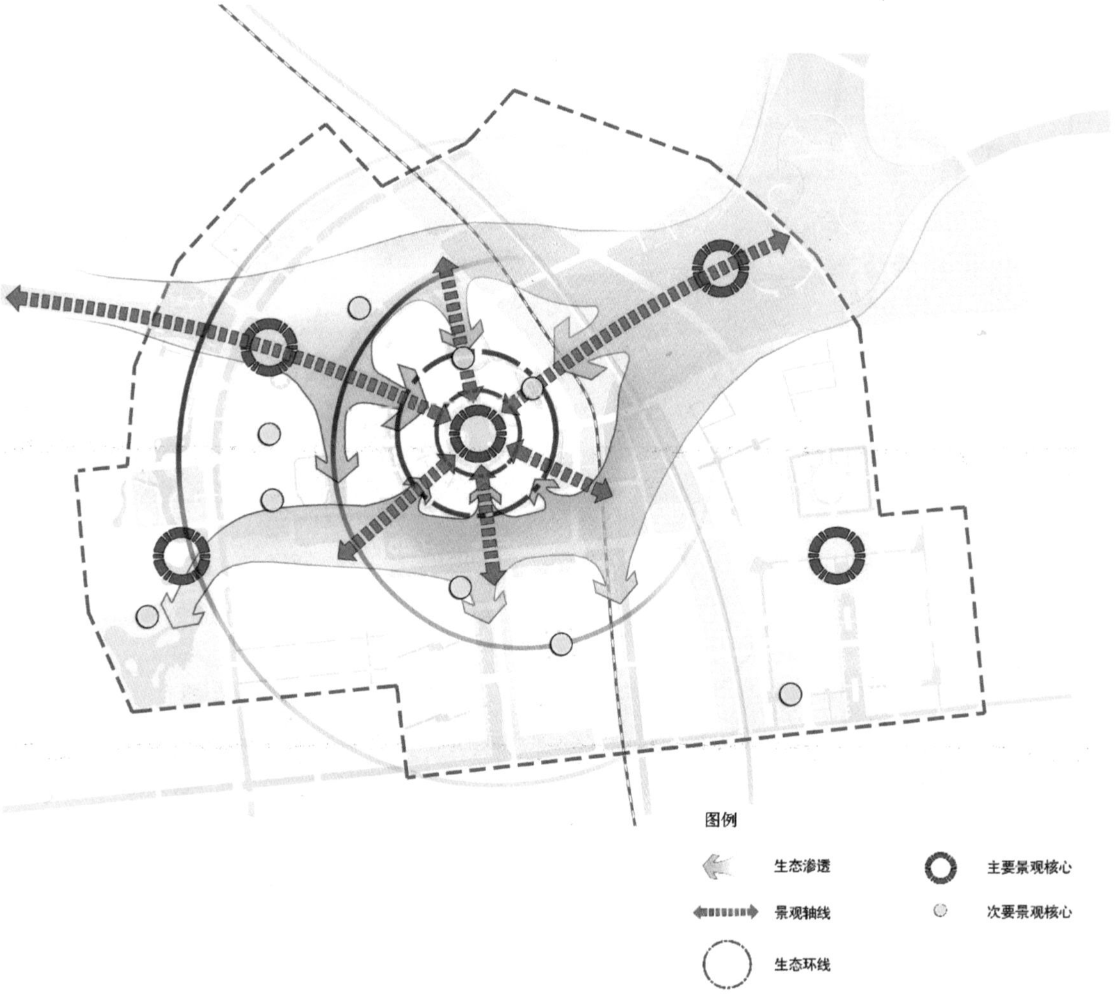

图例

生态渗透

景观轴线

生态环线

主要景观核心

次要景观核心

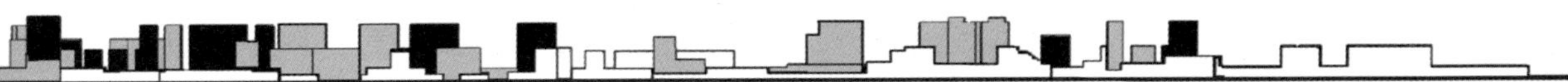

规划区南立面

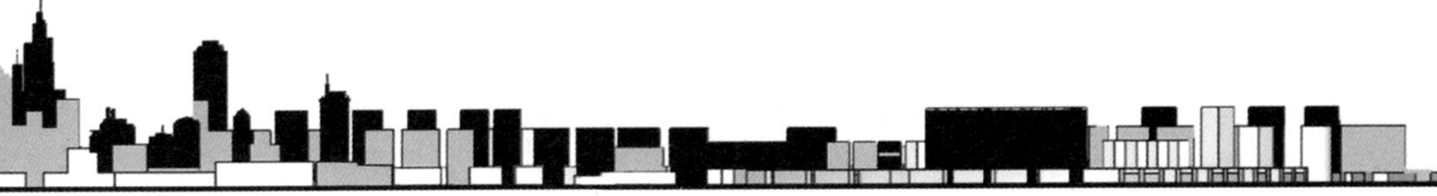

规划区东立面

开放空间结构

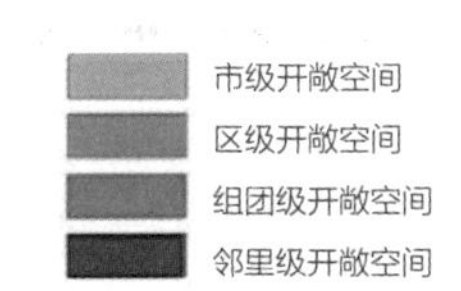

基地滨水生态景观环境的设计

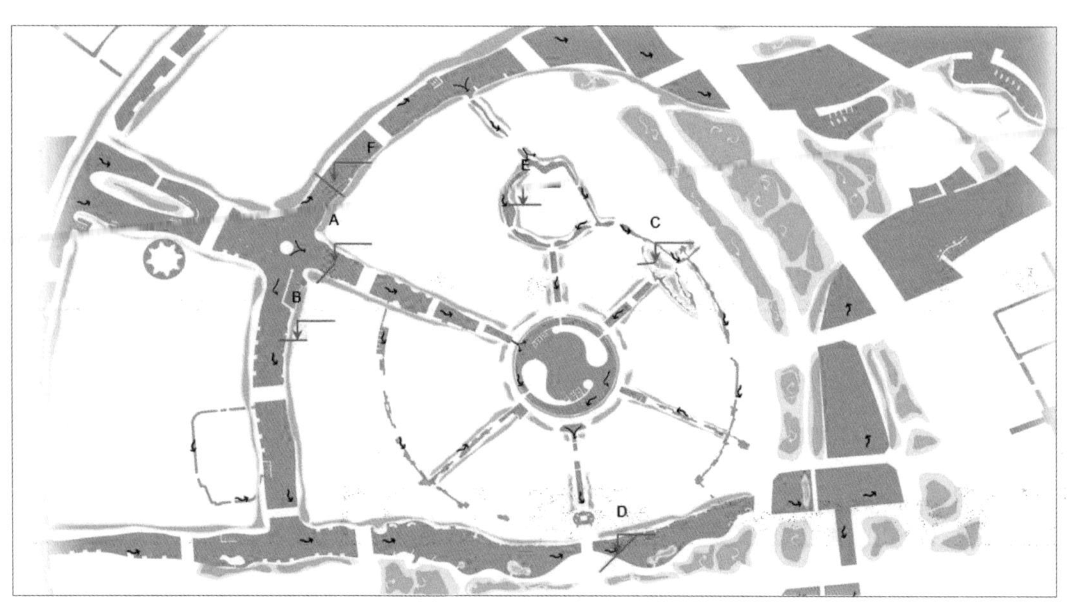

河岸节点剖面示意

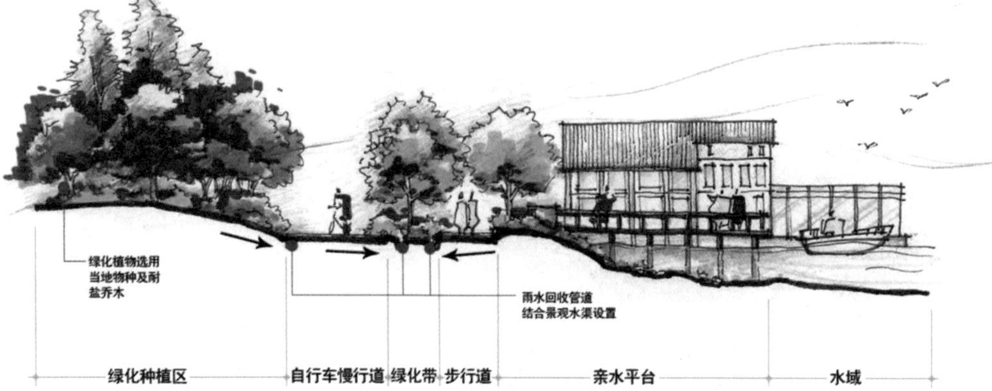

绿化植物选用
当地物种及耐
盐乔木

雨水回收管道
结合景观水渠设置

绿化种植区 自行车慢行道 绿化带 步行道 亲水平台 水域

A 沿建筑湖滨水步道

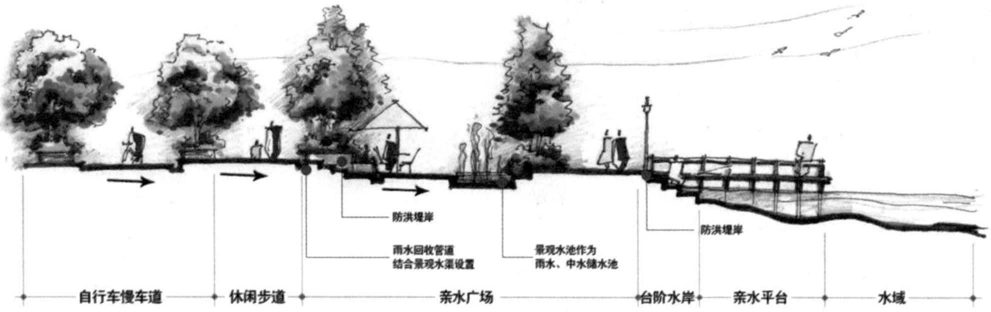

防洪堤岸

雨水回收管道
结合景观水渠设置

景观水池作为
雨水、中水储水池

防洪堤岸

自行车慢车道 休闲步道 亲水广场 台阶水岸 亲水平台 水域

B 亲水平台示意

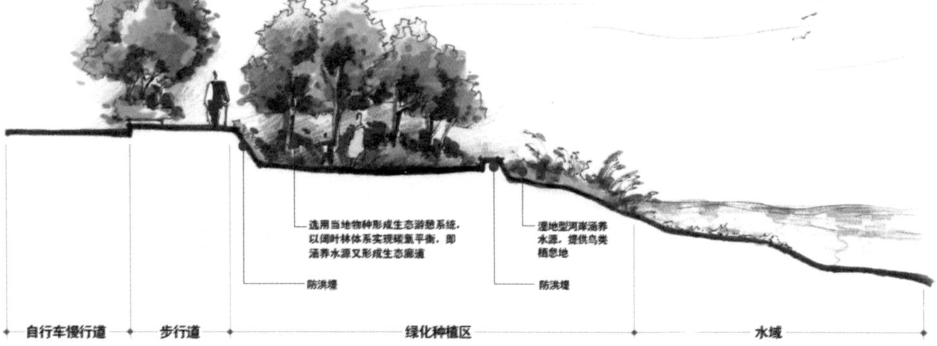

选用当地物种形成生态游憩系统，
以阔叶林体系实现碳氧平衡，即
涵养水源又形成生态廊道

湿地型河岸涵养
水源，提供鸟类
栖息地

防洪堤

防洪堤

自行车慢行道 步行道 绿化种植区 水域

C 岛屿绿化公园

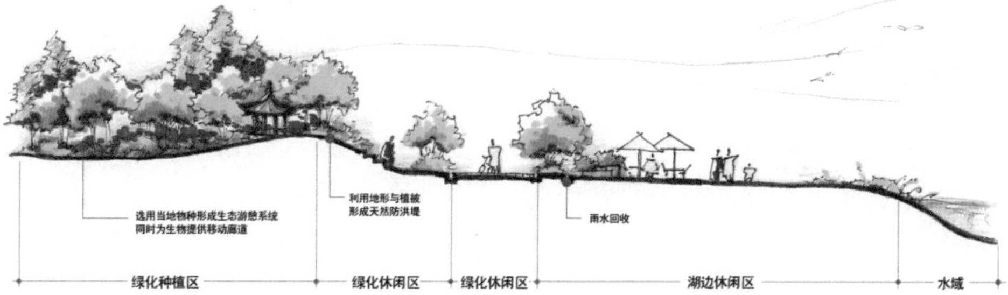

选用当地物种形成生态游憩系统
同时为生物提供移动廊道
利用地形与植被
形成天然防洪堤
雨水回收
绿化种植区
绿化休闲区
绿化休闲区
湖边休闲区
水域

D 滨水沙滩

雨水回收
防洪堤
绿化种植区
自行车慢行道
滨水广场
水域

E 滨水广场

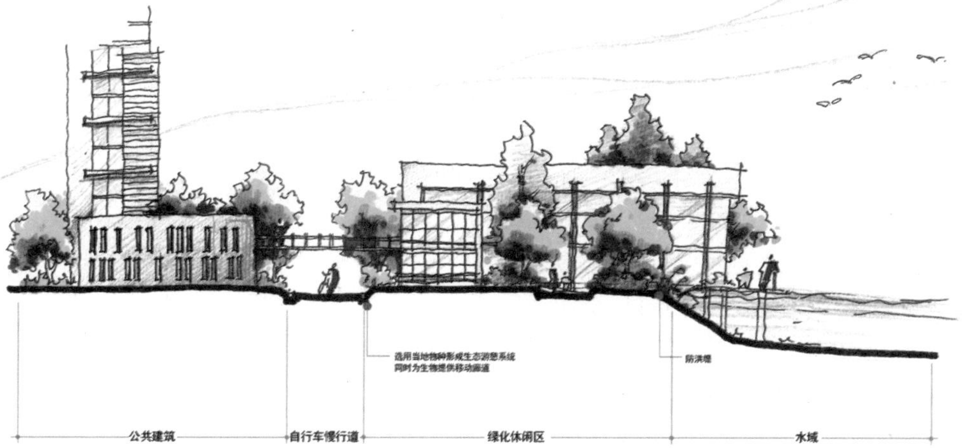

选用当地物种形成生态游憩系统
同时为生物提供移动廊道
防洪堤
公共建筑
自行车慢行道
绿化休闲区
水域

F 水上船坞

鸟瞰图

杭州新区总体规划

项目地点：中国浙江省杭州东部
建筑基地面积：367 600 平方米
建筑表面积： 1 741 000 平方米
设计公司： UNStudio
委托方：杭州铁路投资有限公司
效果图和可视化成果：UNStudio 和 IDF 全球
模型：AMOD 中国
完成时间： 2010 年

杭州一直是以湖区和绿色茶园闻名的。因此，UNStudio 在新区的总体规划中，以杭州的自然和富饶的特征为主题，并将老城中心与新的中央商务区相连接。

通过新增一个重要的铁路枢纽，从而产生了一个新的城市中心。通过绿廊、水廊、自由的绿化结构、绿色屋顶、绿色庭院、降温和保温等措施，新区总体规划旨在使杭州成为最先进和可持续的城市规划的前沿。

杭州新区的设计策略之一是创造一个绿色和充满活力的步行系统（地上和地下）作为连接主要交通枢纽、火车站和地铁站的一种重要方式。绿色步行系统穿过多元化的零售业态，其类型从餐馆、高端的零售商店至本地的杂货店和小吃店等。

杭州新区的设计旨在通过引导在步行区内的空气循环，以获取过剩的能量，从而提高使用者的舒适度。低密度区域的风廊将促进更好的通风，而建筑的成组方式将减少直接的日光曝晒。

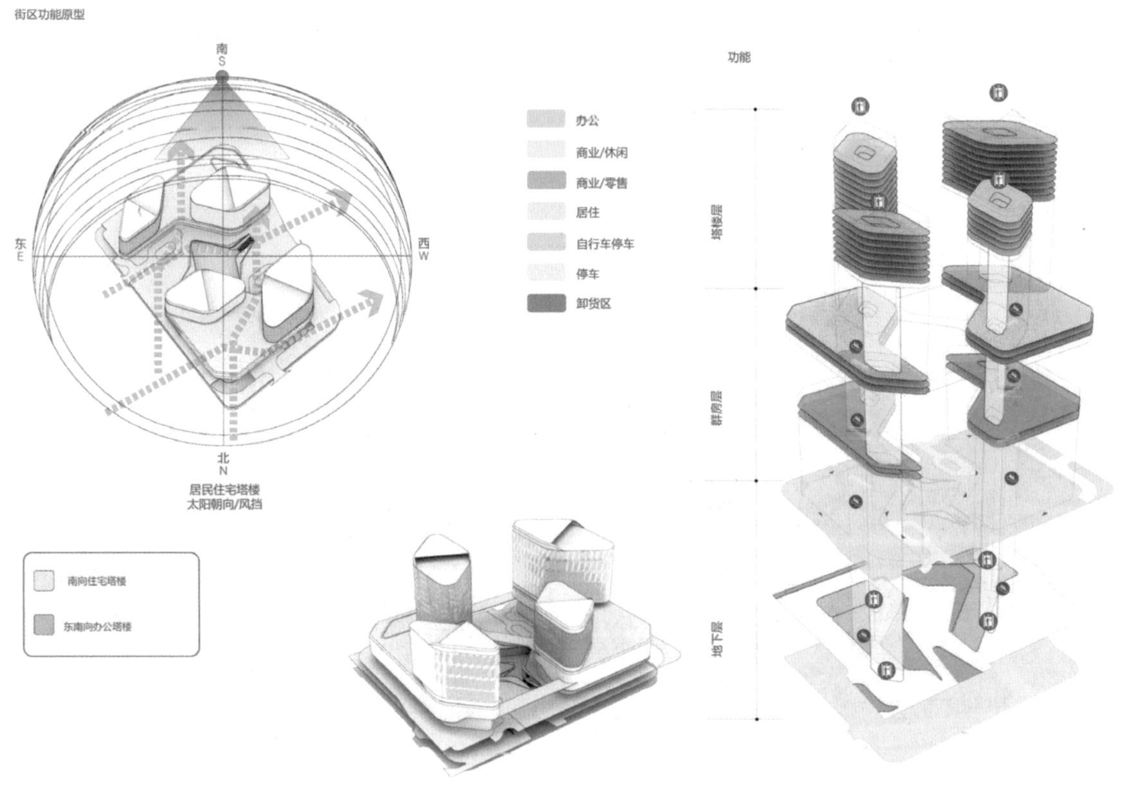

密度分布方案力图改善区域的功能，并增强其容纳多元使用者的能力。基地中毗邻火车站的区域配置了更大的商业区域，可使游客从车站广场出发 5 分钟内步行达到。将该区域内原来的公园沿中心轴线重新分配，创建一个多元商业区域之间的景观连接。降低靠近地铁站的街区密度，以避免交通的拥挤和不同人群间的冲突。被移除的商业、办公和高品质的住宅项目被重新分配在轴线另一侧的商务带中，从而创造一个亲切、舒适的工作和生活环境。在文化用地中配置足够的停车设施以服务大量的游客。位于生态博物馆侧面的高层建筑将设置附属的文化项目。

毗邻火车站的“娱乐区域”被规划为一个商业活动地区：这是一个用于社交、外出就餐以及享受积极生活方式的地方。它主要服务于由公共交通枢纽带来的短期游客以及当地居民。在毗邻火车站的区域将进一步引入商业项目，从而形成中央轴线内的一个充满活力的门户区域。与之相邻的“购物区”可以由火车站、公共停车场、公交车站、地铁出口及 PRT 直接到达。这个区域将布局一系列的零售功能，从而创建一个高质量的城市购物区。最后一个分区将中心创意文化区的文化项目拓展到建筑群体的尽端。各种类型的文化项目将围绕生态博物馆覆盖整个区域，如电影院、剧院、会议中心、艺术画廊和展厅等。

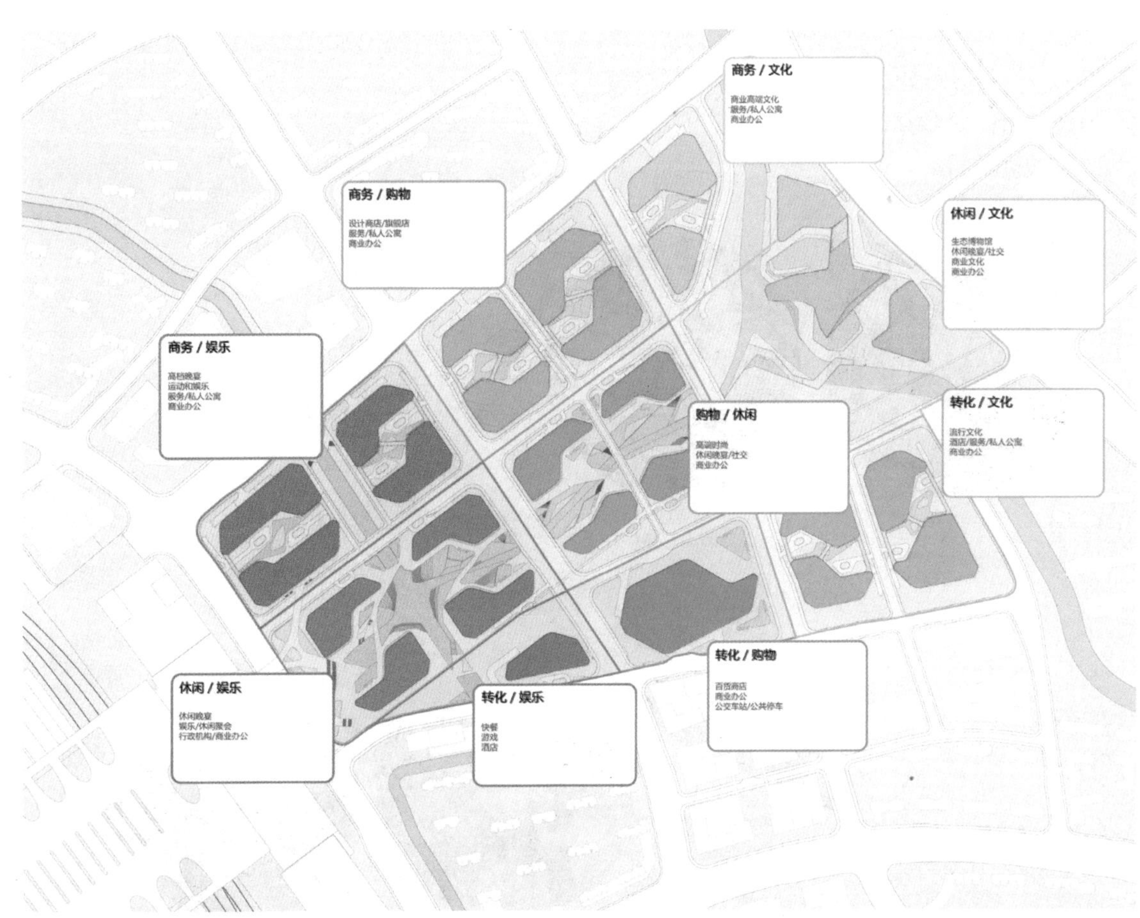

方案解析

穿越整个基地时，可以明显地看出这 3 个分区的特征各不相同：从在交通运输带内体验到的高强度和高速度，到邻近中心轴线时的缓慢与悠闲，最后到商业地带的亲切与豪华。

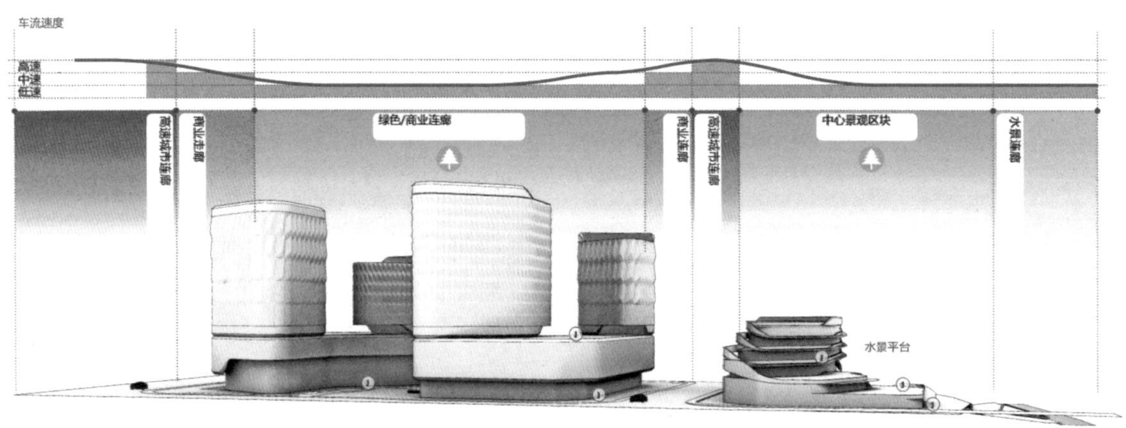

在火车站和文化生态中心之间延伸的蓝绿轴是城市的一个重要地标。这个 “城市峡谷” 的主要特征是郁郁葱葱的绿色环境及其与水体的密切关系。

在整个基地中均衡地分布居住和商业办公等功能，以避免产生单一功能、孤立且无活力的地区。这个方案保证了整个建筑群及每一个街区被 24 小时使用，并能激发活动产生、增强投资的保障。

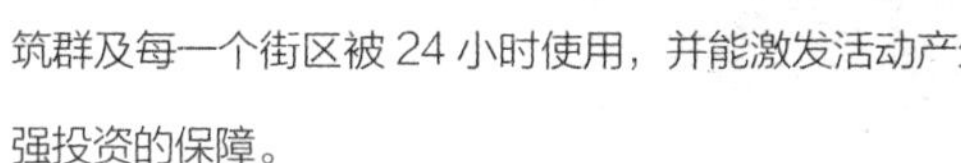

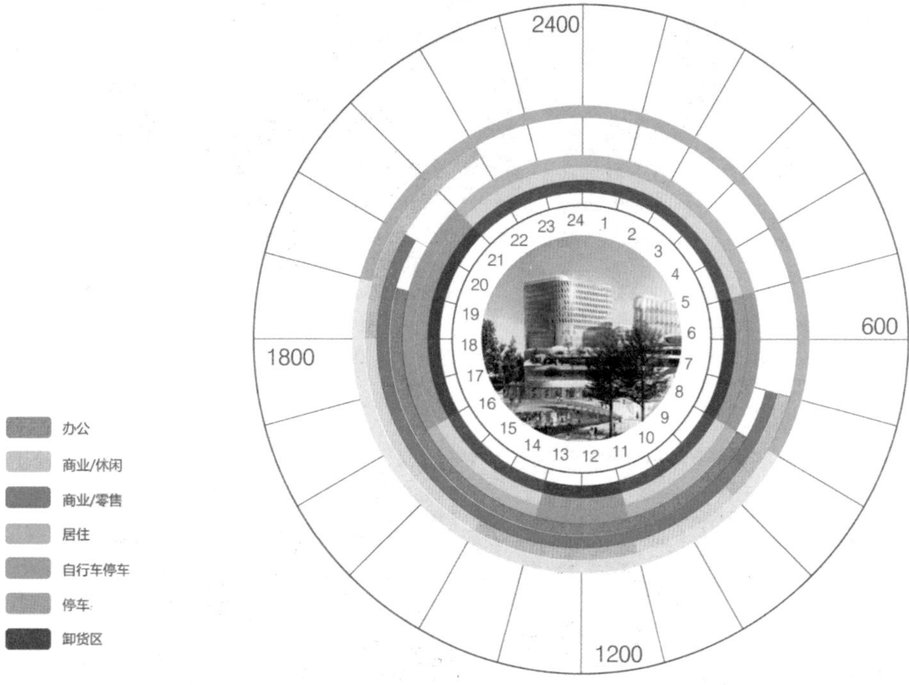

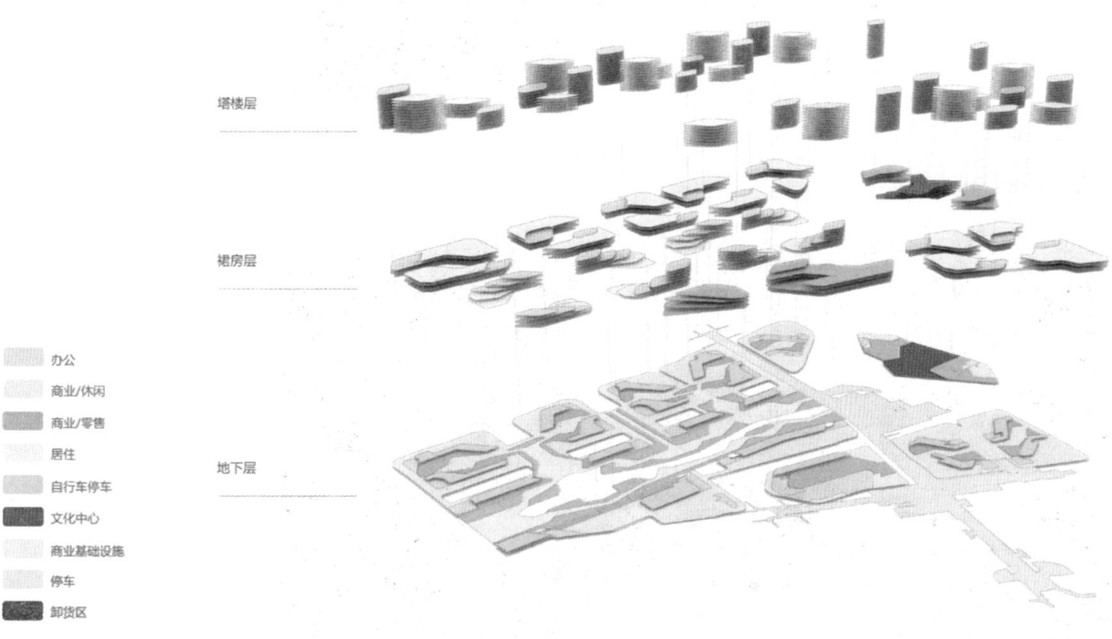

鸟瞰效果图（白天）

鸟瞰效果图（白天）

鸟瞰效果图（夜景）

鸟瞰效果图（白天）

滨水节点效果图（夜景）

3 基于健康、安全、可持续的中心区规划设计

高密度城市中心区的安全问题尤为突出，由于城市灾害具有多样性、复杂性、高频度、人为性、群发性、链状性、高损失性和区域性等多重特征，灾害类型也多种多样，主要包括火灾事故、地震灾害、气象灾害、基础设施事故、环境污染、传染病疫情、恐怖袭击事件、拥挤踩踏事件等。因此，在城市中心区规划中，需从宏观结构层面对城市空间进行合理规划，从而减少各类灾害的发生。

城市中心区应采取间隙式空间结构，在整体上形成有利于防灾减灾的空间格局，将高密度建成区与公园、绿地、广场等开放空间间隔相嵌，形成具有间隙的防灾分区，在灾害发生时，能够有效地减少灾害的影响范围。如本节所选的 7 个规划方案，均在开放空间的布局上采用了组团分区模式，在太子湾概念总体规划中，以窄路密网的道路结构与功能布局相结合，形成隔离型的防火分区，每个街廓均具有最大的邻街面，有利于消防车辆的到达。

设置避难场所也是城市中心区应对地震、火灾、恐怖袭击的主要手段。特别是针对难以预测的地震灾害，设置一定数量和规模的避难场所是减少地震灾害损失的有效方法，可以减少高层建筑倒塌所引起的伤亡，也可以有效地阻隔震后火灾的蔓延。在安乐平川县初步概念设计和蒙特雷科技大学重建规划中，均提高了多层建筑的密度并降低建筑高度，结合开放空间和滨河绿地设置防灾避难场所；在锦州市娘娘宫临港产业区行政生活区起步区城市设计中，通过块状避难空间与带状避难空间的结合，形成网络化的避难场所，既有利于灾时人员的避难，也有利于减少灾害的蔓延。

此外，在高密度城市中心区的规划中，合理布局建筑空间形态、预留风道是改善城市气候条件、阻隔城市传染病传播的有效途径之一，如 SARS 病毒肆虐全国之时，风道受阻的香港某高层社区受到的影响就严重得多。在锦州市娘娘宫临港产业区行政生活区起步区城市设计和青岛市某片区整体城市设计中，均为临海的朝夕风预留通风廊道，加速陆地与海洋间的气流交换，能够有效地缓解城市热岛效应，改善城市通风环境；在银河雅宝高新技术企业总部园规划设计中，预留通向山体的风道，使高密度的城市中心区和自然山体间进行有效的通风，改善城市中心区的空气品质，减少流行病的影响范围。

太子湾概念总体规划

项目地点：中国深圳蛇口太子湾
项目建筑师：罗伯托
主要合伙人：大卫·希艾莱特
竞赛团队：
Clara Wong, Karolina Czeczek, Daniel Hui, Ikki Kondo, Anthony Lam, Paul Feeney, Thomas Brown
第二阶段工作团队：Mafalda Brandao, Thomas Brown, Ling Xiu Chong, Dan Hui, Wesley Ho, Ikki Kondo, Anthony Lam, Juan Minguez, Xue Zhu Tian, Tian Tian Wei, Celine Zhou
景观设计顾问：
Houtman + Sander Landschapsarchitectuur
交通顾问：奥雅纳交通：
Clement Ho, Tsun-Fung Mak
可持续发展：奥雅纳可持续发展：
Iris Hwang, Eriko Tamura,Tony Lam Ngan-Tung
业主：招商局集团
功能内容：邮轮码头、渡轮码头、文化、办公、商业、住宅、酒店、餐饮以及滨海步行大道

深圳蛇口是近代中国推行经济改革开放的先导地区。从那时开始，太子湾就成为人们从香港、澳门和珠海进入内地的海上门户。面对毗邻的蛇口港货运码头、海上世界、前海和后海近期的发展，太子湾正在试图重新定位，成为蛇口之中四通八达的活力地区。

在总体规划当中以3个重点设计最为瞩目:“港务坊”“商业坊”和“社区坊”。三坊的几何形态与现有的岸线形状相呼应，每个坊都有自己的功能主题，而基地内陆部分则设定为花园城区，这里呈整齐并然的网格布置形式。坊的存在能在花园城区和滨海地区之间起到过渡作用。

三坊

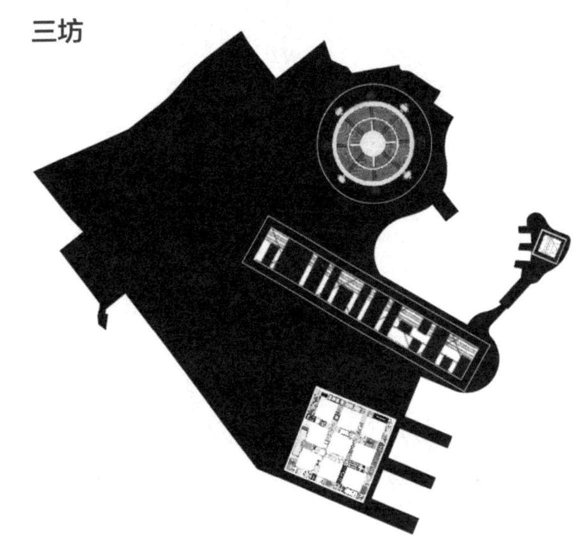

一城　　太子湾

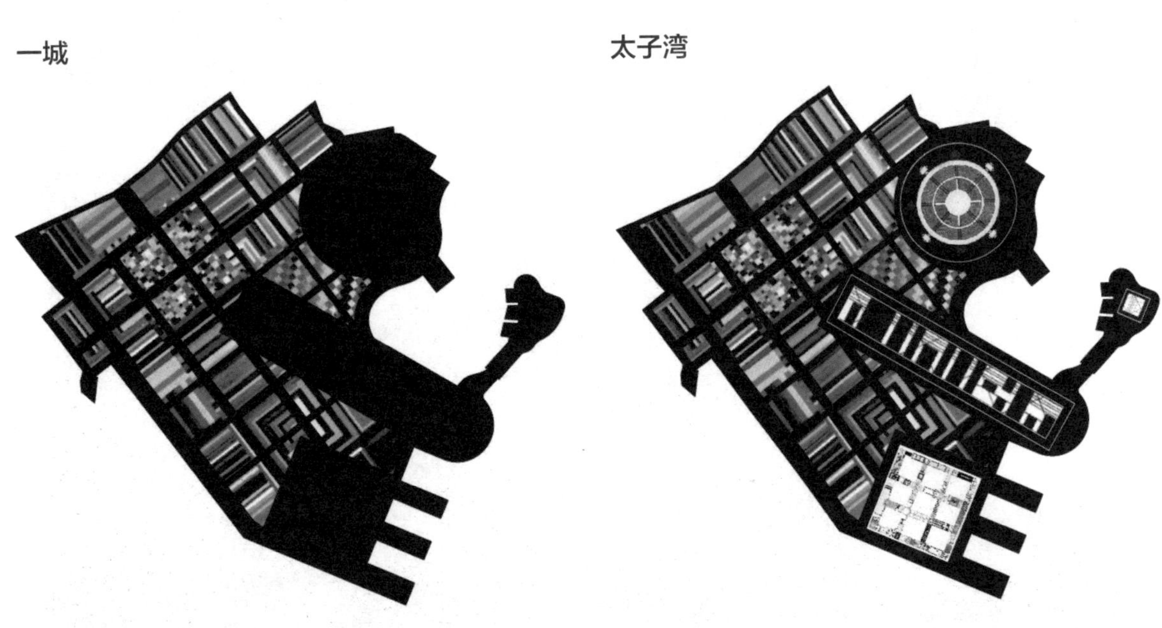

方案解析

港务坊是一座四方形的建筑物，位于渡轮码头旁边，主要容纳交通设施，亦提供文化、娱乐、商业和餐饮项目。这里有一个大型露天庭园，“回”字形的庭园造就了下方公交车站开阔的景观。人们可在地面层进入渡轮码头和邮轮码头，地下层设有通往地铁站的人行通道。港务坊的屋顶将会容纳海事博物馆以及更多的餐饮和办公空间，最重要的是屋顶会对公众开放，成为一个公众观景平台。邮轮码头设施以及乘客管制区的位置在港务坊的西南侧。

商业坊是一个低层长方形体量，它是三坊之中最大的。此坊划分为高度不一的 3 个部分，每个户外空间都拥有独一无二的设计。商业坊除了提供出租零售空间外，也在不同楼层开辟出户内和户外的休闲地带，引入湾岸和城市风景。餐饮项目主要集中在坊的南端，顾客能一边用餐一边欣赏滨海景色，其次是散布在用作连接建筑物两侧的架空连廊处。商业坊地面层部分被打通，因此与毗邻的城市街区可以无间断地连通，并与基地其余部分形成密不可分的关系。地铁站出口直通商业坊，交通非常便利。

社区坊是由一系列排列成圆环的高层住宅塔楼组成，每栋楼的高度都经过细心设计，住户可拥有最广阔的滨海景观，且山海视线通廊不受任何遮挡。生活设施位于首层，处于圆形结构的边缘及中央位置，使得坊内空间和坊外滨海地带变得活力四射。

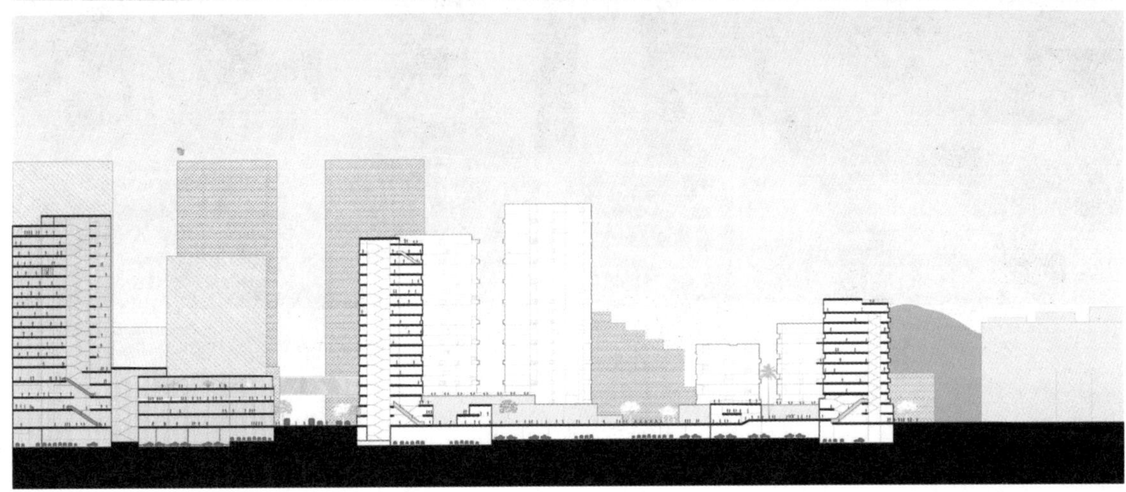

在三坊之外，基地的其余部分被定义为花园城市。道路网络把花园城市划分成有规律的网格，街区内以及主要道路交会处都设有公共绿地。规则的布局为花园城区带来便捷的交通，不但可以明确地辨别方向，也使街区的用途变得十分灵活。原则上，花园城区的设计旨在容纳丰富的功能，包括旧厂房保留区、低密度商务花园、国际学校、国际医院、办公与居住结合的建设项目以及一栋标志性塔楼。

三坊与花园城区之间的协同作用创造出多样化、功能化、以人为本的环境，并将太子湾重塑为中国的重要门户。

安乐平川县初步概念设计

项目地点：越南永福省安乐平川县

项目建筑师：Inge Goudsmit

团队：Bauke Albada, Matthew Austin, Viviano Villarreal Buerón,Chee Yuen Choy, ArthasQian, Jue Qiu, Rebecca Wang,ByungchanAhn, Yannis Chan

主要合伙人：大卫·希艾莱特

动画和效果图：Loomonthemoon.com

业主：Bitexco

越南的城市发展一直遵循着基于交通网络发展的严格的分区规划。这个惯例覆盖了整个规划——网络被理解为物质意义上的概念，而虚拟网络的影响被逐渐削弱。基地沿着规划的高速公路，在 2030 年永福省总体规划的南端，安乐平川县(YLBX) 是一个基于物质和虚拟网络的新型总体规划：它加强现有道路网络，加强与历史的连接，同时应对由技术变革产生的多样混合化的城市布局。

网络现在不受距离和物质作用的限制。在 YLBX，社区不再受到严格功能分区的影响。混合的利用模式成为常态，致使产生了一种多元化及多重性的城市景观。

Existing Site

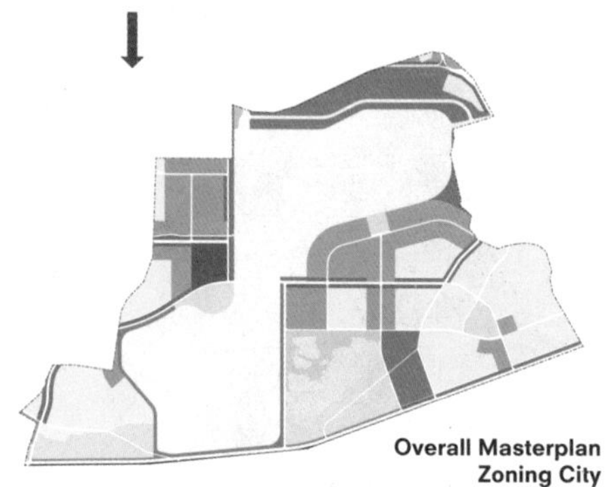

Overall Masterplan
Zoning City

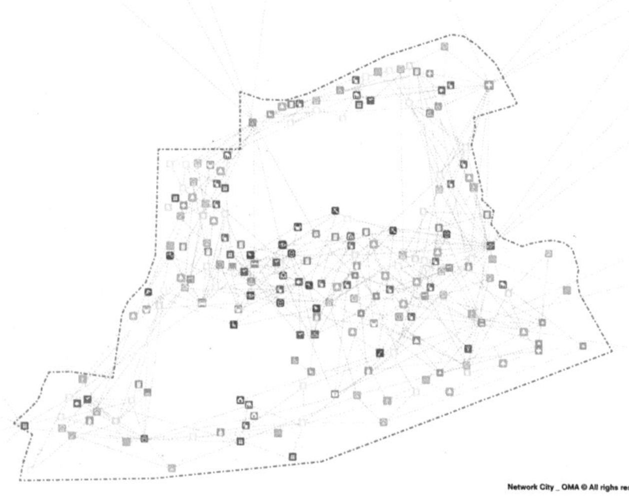

Network City _ OMA © All rights reserved

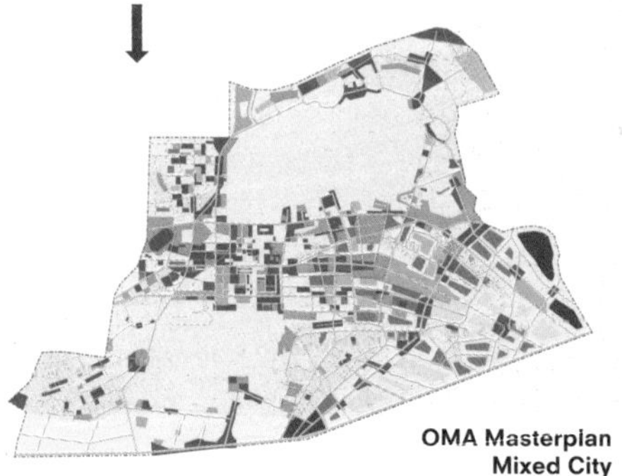

OMA Masterplan
Mixed City

方案解析

界面

如何在安乐和平川地区之间建立主要联系，对城市生活的连续性来说是至关重要的。

网络

如何利用基地的现状条件，形成一个自然和文化的生态系统：软件及硬件方面；如何将两个看似不相容的过去和未来的实体整合在一个新的城镇设计内。

水边界条件

如何在现状基地的基础上解决洪水问题，并将 10 平方千米的湖整合到居住区域内。

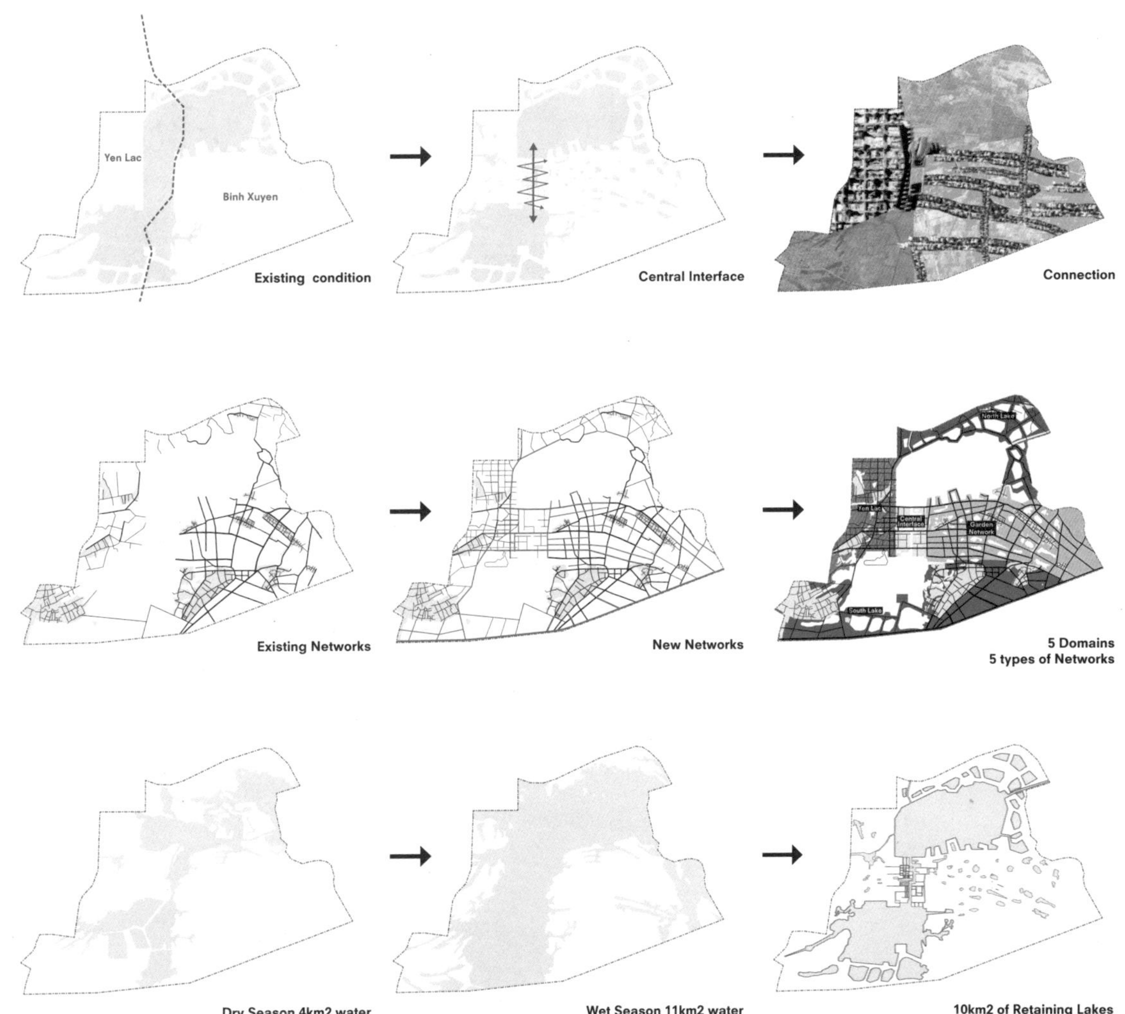

平面图

YLBX 是一个互动的城市核心，是一个有着多元化功能的中心界面，它以陆地景观和水上景观为主要特色。最初，它被一个巨大的湖分隔，城市的两个主要部分安乐和平川被中心界面重新连接。文化、娱乐、商业、居住和公共空间构成了所需的城市密度。通过多样化的土地和丰富的水体功能，通过城市的人口和自然，中心界面将吸引游客来进行文化和水上运动；娱乐区域主要服务于当地居民，作为上班族的休闲娱乐之地。一个新的网络交互触发，吸引了足够的人口以促进城市的发展。

周围地区沿着现有的道路网络进行线性扩展，分层强化新网络，以增加每个分区的密度和功能。基于新近实施的方格网络进行正式开发，基于传统线性路边开发进行非正式的开发，二者相互协调，形成统一的体系。两个网络共同构成了现有村庄和新的发展区域之间的交会处。

周边 4 个区域提出了各自的网络形式：在花园网络中，社区生活围绕中央绿地进行组织；方格网络包括大量的居住和办公地区；北部和南部滨湖地区是低密度的舒适生活区域。基于每个区域的独特网络，规划提出对其进行适当强化，以扩展每个系统，并为其进一步的发展提供一个新的基础。

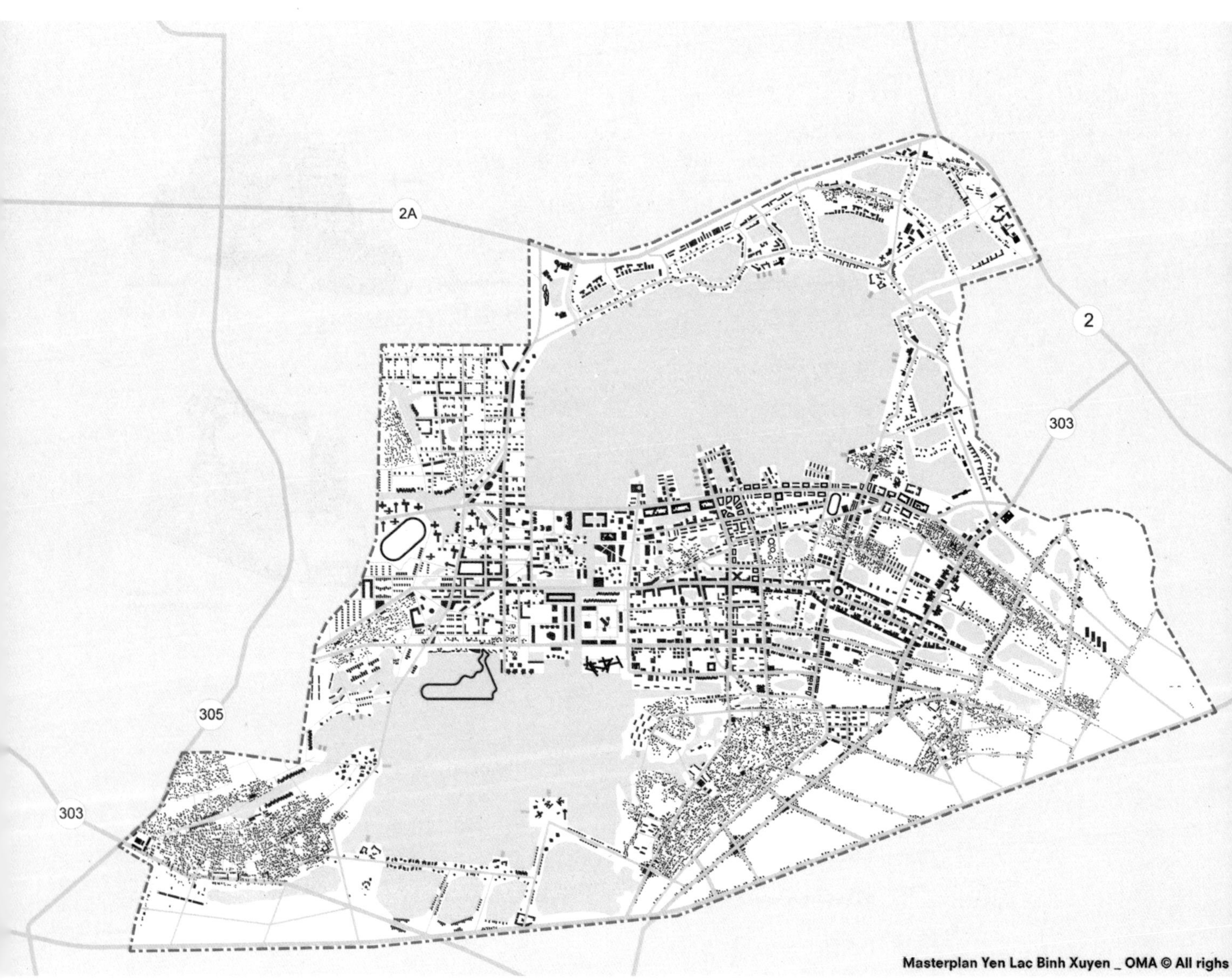

Masterplan Yen Lac Binh Xuyen _ OMA © All righs

YLBX 项目的布局是以一个有强烈特征的分散组织形式为基础的。开发项目基于不同区域的特征进行分布（水、土地、城乡景观）。最密集的开发地区坐落在中心界面处，由从北面来的大道及连接花园网络的 3 条主要道路进行支撑。除了基于 2030 年永福省总体规划的住宅和商业项目，YLBX 还规划了一些开发项目以加强旅游、研发及医疗等功能，以便将其本身与其他地区进行区分。YLBX 项目规划是一个展现未来网络的总体规划：在不受束缚及限制的前提下，将人们及其生活和谐地聚合在一起。

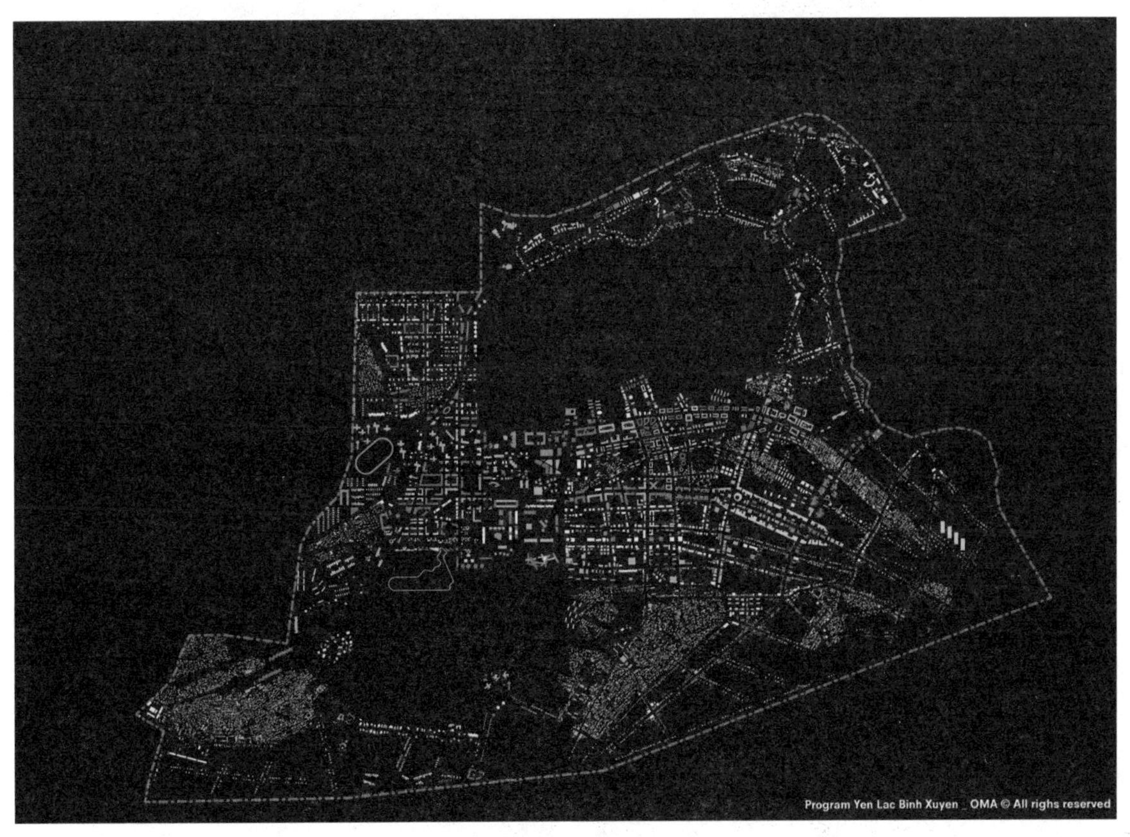
Program Yen Lac Binh Xuyen _ OMA © All righs reserved

景观轴侧图

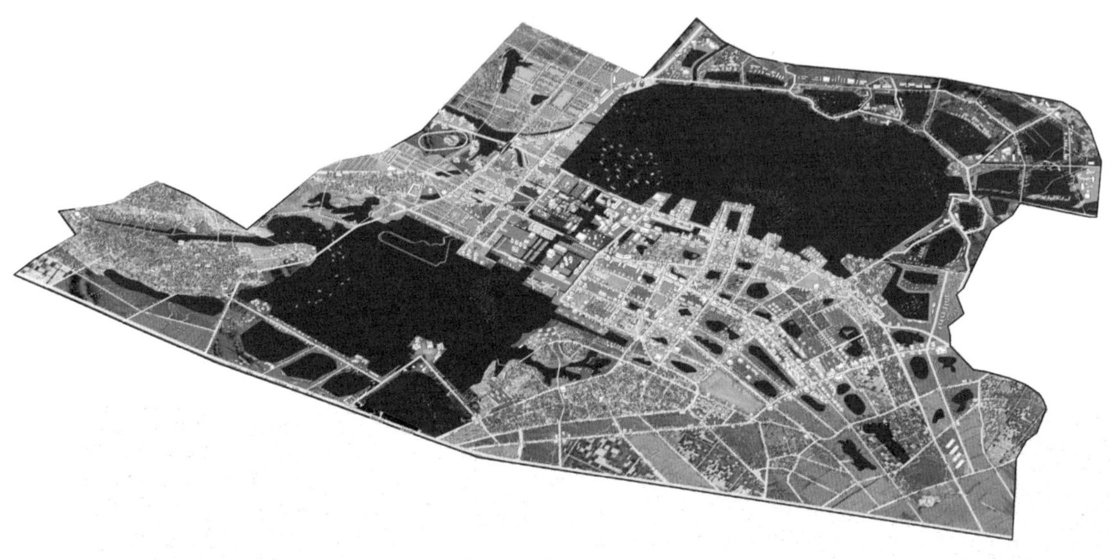

从东部俯望的鸟瞰图

鸟瞰效果图

鸟瞰效果图

蒙特雷科技大学重建规划

项目地点：墨西哥蒙特雷
项目面积：约 333 333 平方米（500 亩）
业主：蒙特雷科技大学
工作内容：建筑、景观建筑、城市设计、策略
完成时间：进行中

世界各地的城市和大学希望通过合作来创建新的经济体并促进社会更新。蒙特雷科技大学力图成为激发城市和经济更新的先驱，并证明拉丁美洲大学作为创新与创业的引擎的力量。蒙特雷科技大学旨在成为全球 100 强的大学之一，并成为拉丁美洲最好的大学。为了实现这一愿景，佐佐木提出了蒙特雷科技大学城市更新规划，建立一个校园及邻近社区长期更新演进的框架。基于大学的背景，本规划力图创造一个能够吸引重要研发投资的环境，并将邻近社区转化成有活力、有吸引力、动态及综合的地区。

总体规划主要通过以下的手段来支撑大学的战略目标：研究和研究生项目的发展，招聘国家和国际顶级的教师和学生，有针对性地投资创新的学习环境，以及物质重组来实现更大的跨学科合作。同时，发展与商务及工业企业家的新型伙伴关系，以产生更高水平的研究和产品创新的潜力。靠近学术核心、创建新型综合研究区域，以促进学术群体、知识产业与更大的蒙特雷社区之间的健康关系。

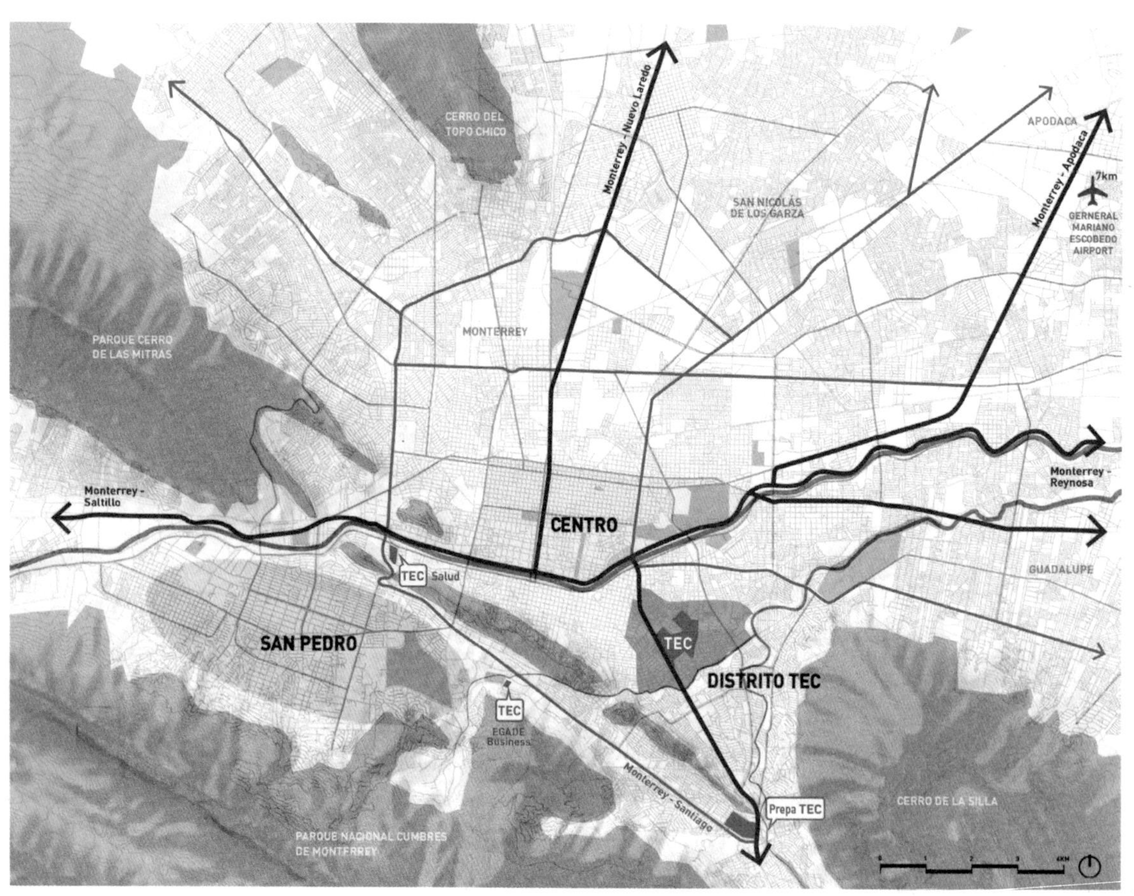

方案解析

蒙特雷科技大学的校园已经是一个有吸引力的、充满活力的社区，通过进一步的设计，它将拥有一个集学术、文化、社交、居住、体育设施为一体的现代、美丽的环境，并可以支持合作的及跨学科的学习和研究。整个校园变成了一个教室，多种学习的形式都可在这里实现，共同创造一个独特而全面的体验。

一个伟大的大学需要一个充满活力的周边社区，基于这一个原则，此次总体规划对邻近的街区也提出了战略性的改进策略，并在短期内收到成效。通过持续的社区拓展过程，总体规划对社区提出了改进策略，如改善公园、提高安全性，以及改进街道和公共领域以支持步行和自行车骑行，使社区成为工作和生活的可持续和理想的区域。

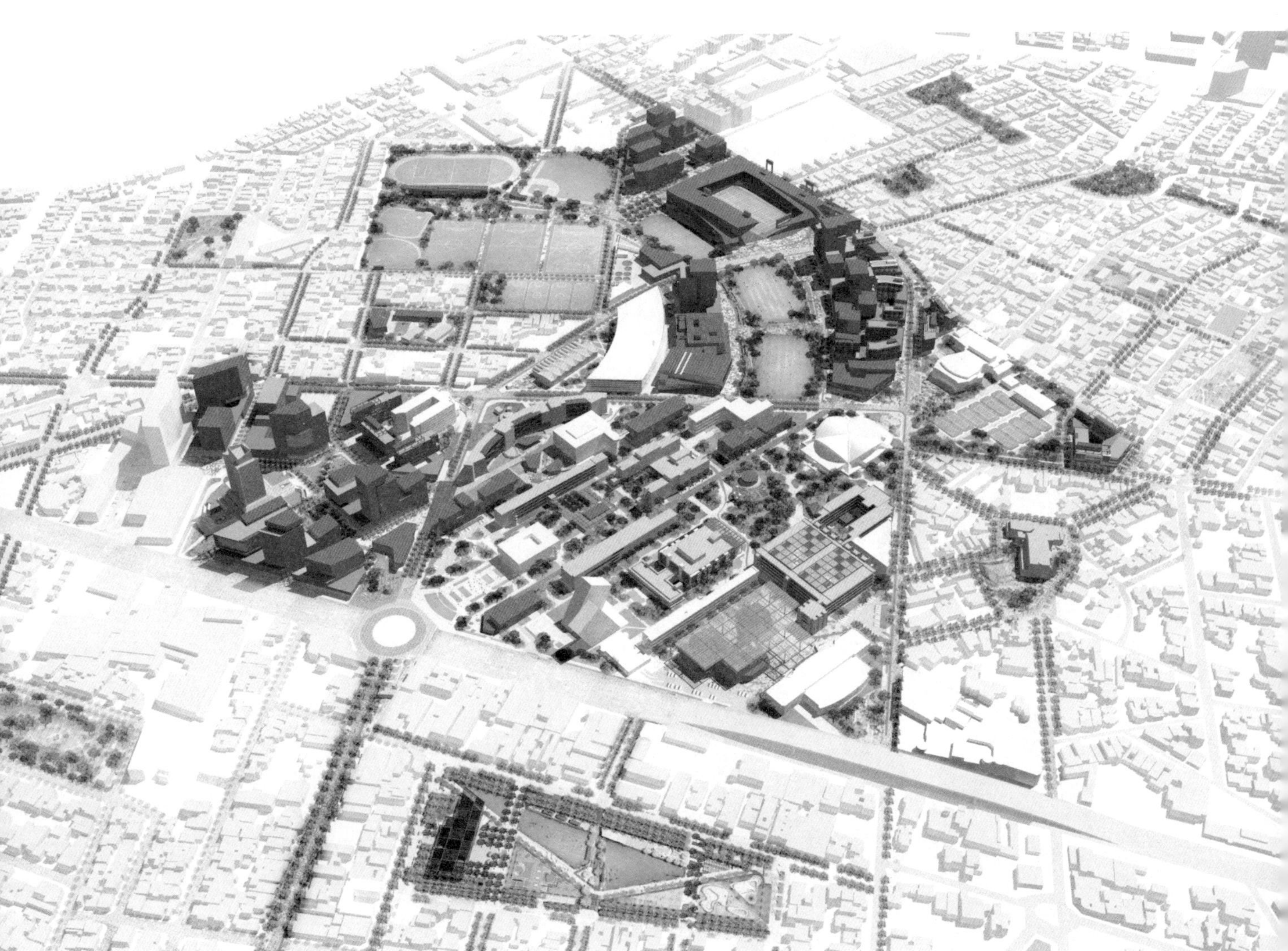

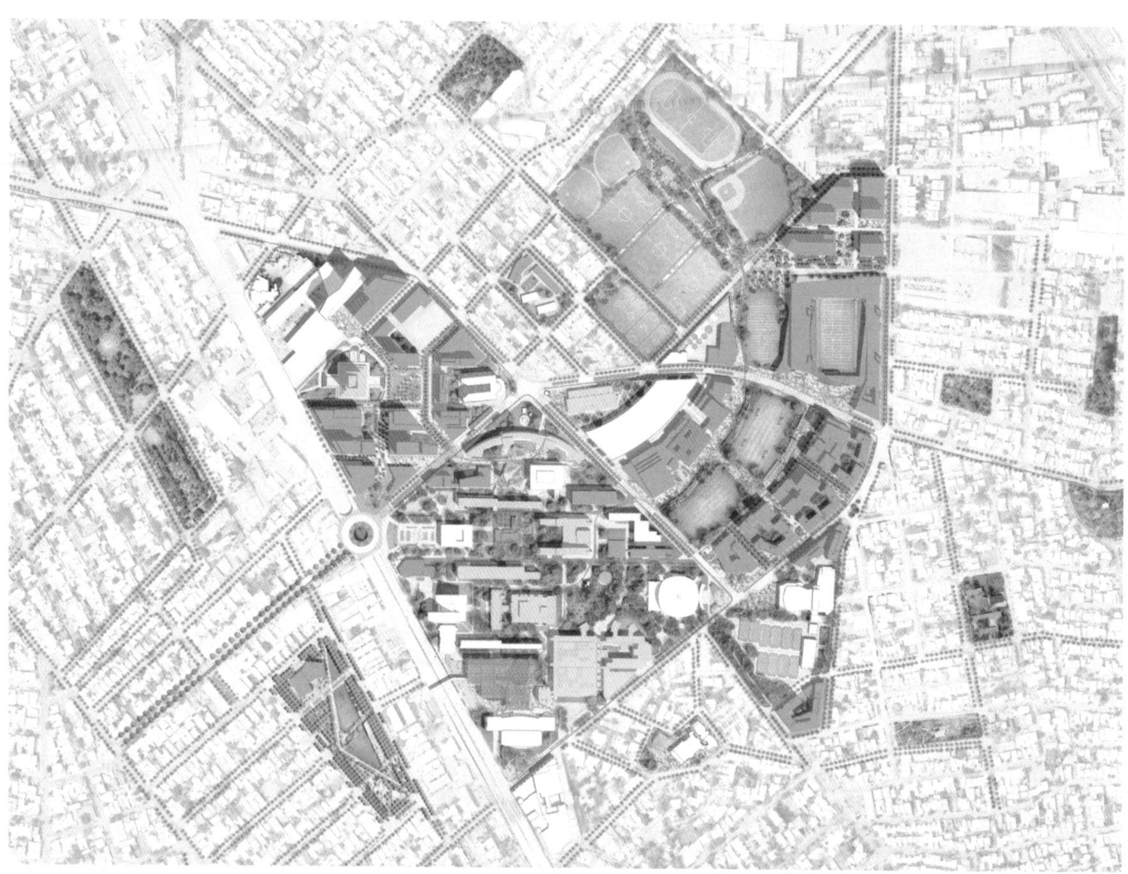

SOCCER
SPORTS FIELDS
BASEBALL
SOCCER
BASEBALL
SPORTS FIELDS
SOFTBALL
RAPIDO
PARK
ADMIN
STADIUM
ATHLETICS
TRAINING
COMPETITION
COMMUNITY
SUPERMARKET
OFFICE
MIXED-USE
RESEARCH & DEVELOPMENT
CEDES
PLAZA
CIAP
LEARNING NODE
BIOTECHNOLOGY
COMMUNITY CENTER
REC CENTER
EXERCISE
FLEXIBLE
FIELDS
EVENTS
PLAY
RESEARCH & DEVELOPMENT
MIXED-USE
RESIDENTIAL
CAMPUS EXCHANGE PAVILION
WORKSPACE
DINING/ WORKSPACE
RECTORIA
STUDENT
COMMONS
FACULTY
BUSINESS SCHOOL
EVENTS/ WORKSPACE
DINING/ WORKSPACE
CULTURE
ARTS
CULTURE
ARTS DANCE THEATER
COURTS
TENNIS
PARK
ESTADO
RETAIL
CAFES
PARK
PARQUE TEC
CETEC
ENGINEERING
ARCHITECHTURE
AULAS 4
ART
DESIGN CENTER
INDUSTRIAL DESIGN
LEARNING NODE
CONFERENCES/ EVENTS
CONFERENCES
EVENTS
ADMIN

现有的图书馆将被改造成为一个拥有前卫的、动态的 21 世纪的学习环境。这是促进校园透明度、增强参与和合作的重大举措。

新的 TecXXI 交换馆位于新的学生和教师共享区的核心，它将成为一个焦点，并为会议、社交、思想交流等活动提供空间。

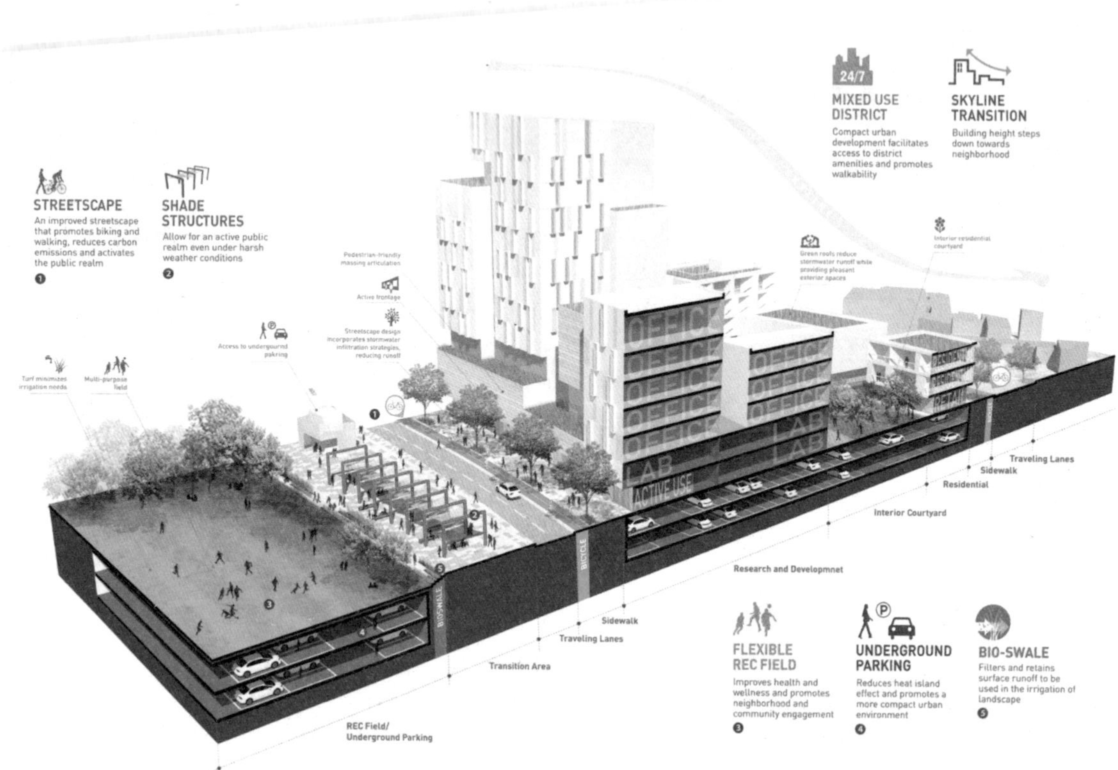

STREETSCAPE
An improved streetscape that promotes biking and walking, reduces carbon emissions and activates the public realm
1
SHADE STRUCTURES
Allow for an active public realm even under harsh weather conditions
2
24/7
MIXED USE DISTRICT
Compact urban development facilitates access to district amenities and promotes walkability
SKYLINE TRANSITION
Building height steps down towards neighborhood
Pedestrian-friendly massing articulation
Active frontage
Streetscape design incorporates stormwater infiltration strategies, reducing runoff
Access to undergournd pakring
Turf minimizes irrigation needs
Multi-purpose field
Green roofs reduce stormwater runoff while providing pleasant exterior spaces
Interior residential courtyard
OFFICE
LAB
ACTIVE USE
RESIDENTIAL
RETAIL
BIOSWALE
BICYCLE
Traveling Lanes
Sidewalk
Residential
Interior Courtyard
Research and Developmnet
Sidewalk
Traveling Lanes
Transition Area
REC Field/ Underground Parking
FLEXIBLE REC FIELD
Improves health and wellness and promotes neighborhood and community engagement
3
UNDERGROUND PARKING
Reduces heat island effect and promotes a more compact urban environment
4
BIO-SWALE
Filters and retains surface runoff to be used in the irrigation of landscape
5

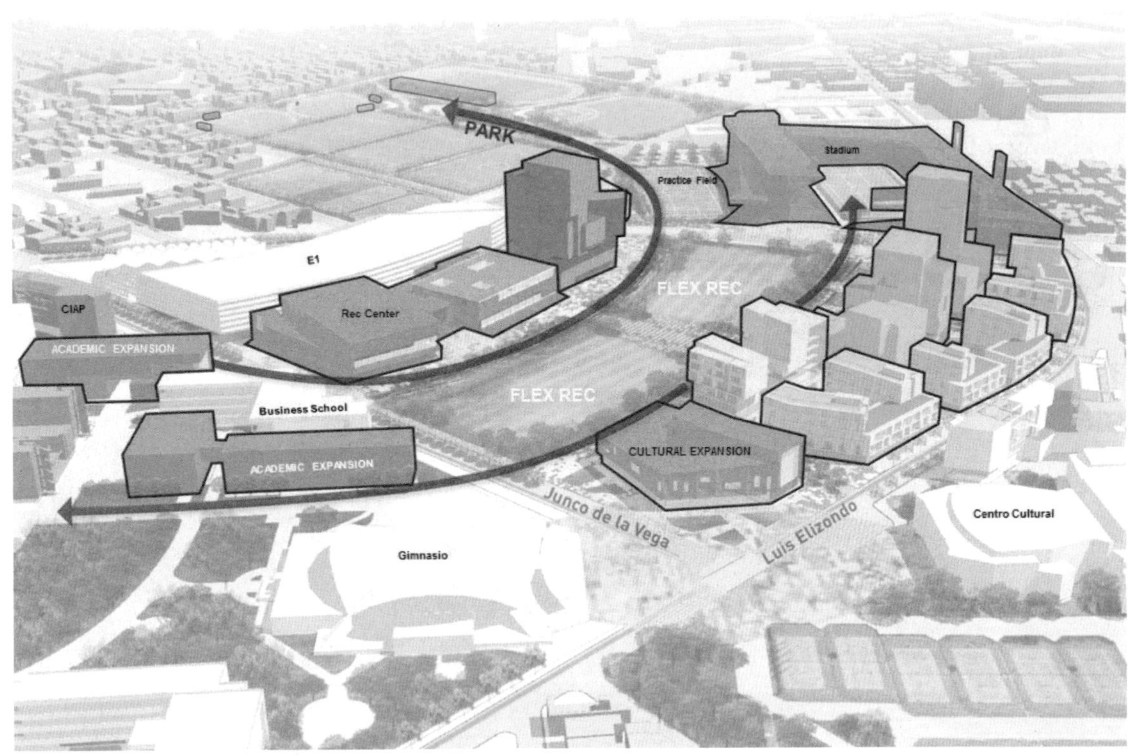

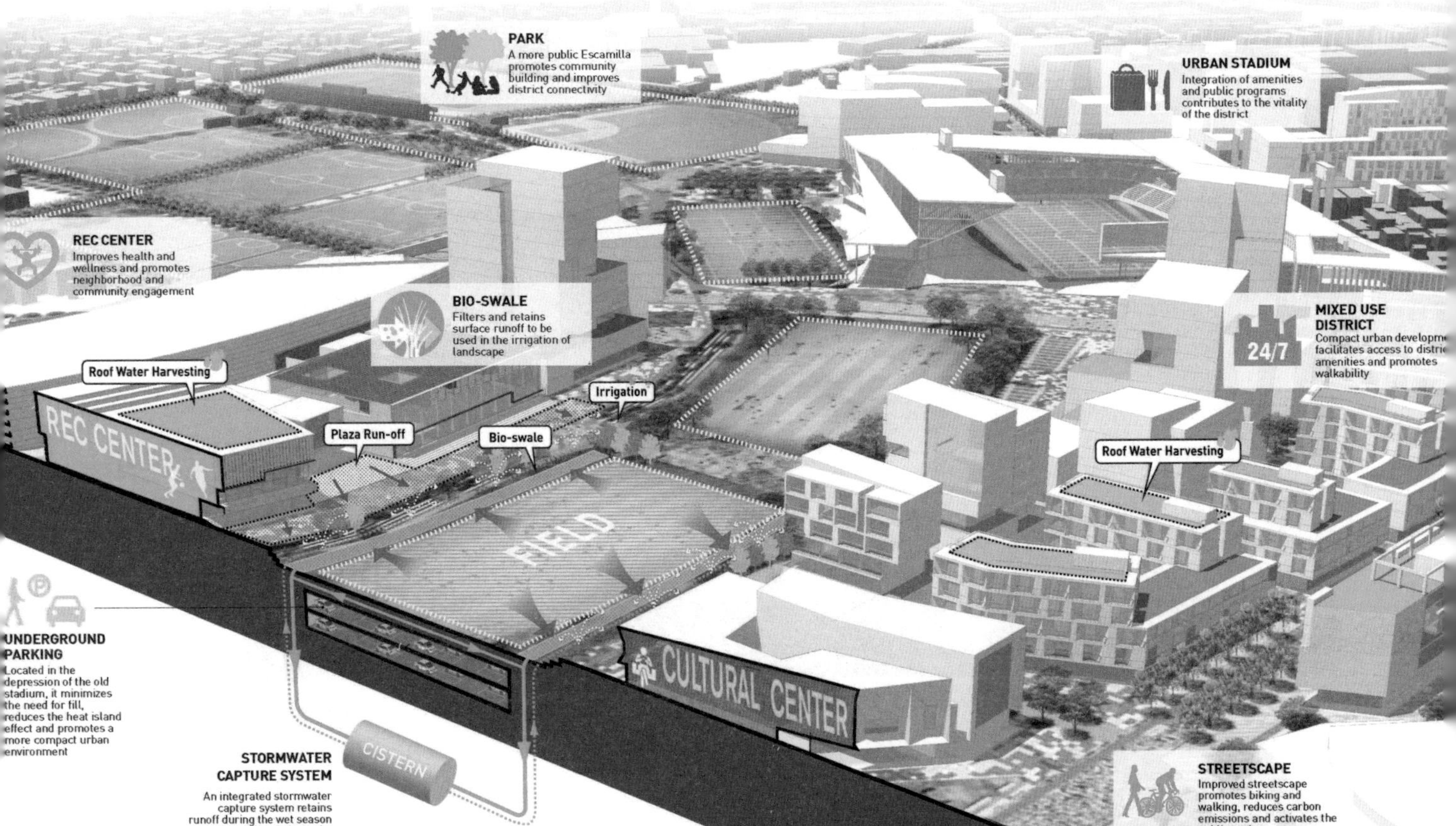

PARK
A more public Escamilla promotes community building and improves district connectivity

URBAN STADIUM
Integration of amenities and public programs contributes to the vitality of the district

REC CENTER
Improves health and wellness and promotes neighborhood and community engagement

BIO-SWALE
Filters and retains surface runoff to be used in the irrigation of landscape

MIXED USE DISTRICT
24/7
Compact urban developme facilitates access to distric amenities and promotes walkability

Roof Water Harvesting

Irrigation

REC CENTER

Plaza Run-off

Bio-swale

FIELD

Roof Water Harvesting

UNDERGROUND PARKING
Located in the depression of the old stadium, it minimizes the need for fill, reduces the heat island effect and promotes a more compact urban environment

CULTURAL CENTER

CISTERN

STORMWATER CAPTURE SYSTEM
An integrated stormwater capture system retains runoff during the wet season and uses it to irrigate the landscape

STREETSCAPE
Improved streetscape promotes biking and walking, reduces carbon emissions and activates the public realm

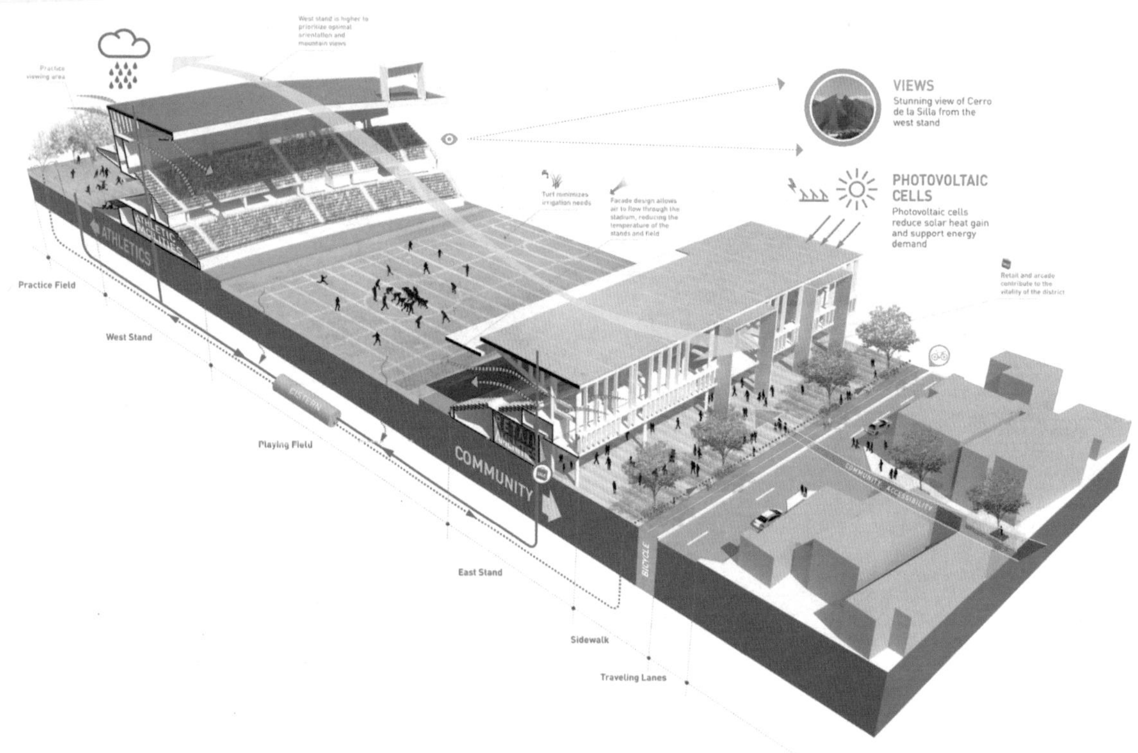
Practice viewing area
West stand is higher to priorixize optimal orientation and mountain views
Turf minimizes irrigation needs
Facade design allows air to flow through the stadium, reducing the temperature of the stands and field
VIEWS
Stunning view of Cerro de la Silla from the west stand
PHOTOVOLTAIC CELLS
Photovoltaic cells reduce solar heat gain and support energy demand
Retail and arcade contribute to the vitality of the district
ATHLETICS
ATHLETIC FACILITIES
COMMUNITY
RETAIL
BICYCLE
COMMUNITY ACCESSIBILITY
Practice Field
West Stand
Playing Field
East Stand
Sidewalk
Traveling Lanes

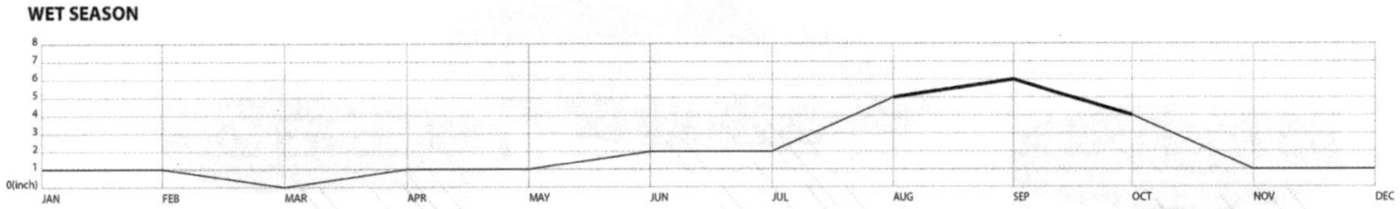

WET SEASON

8
7
6
5
4
3
2
1
0(inch)
JAN FEB MAR APR MAY JUN JUL AUG SEP OCT NOV DEC

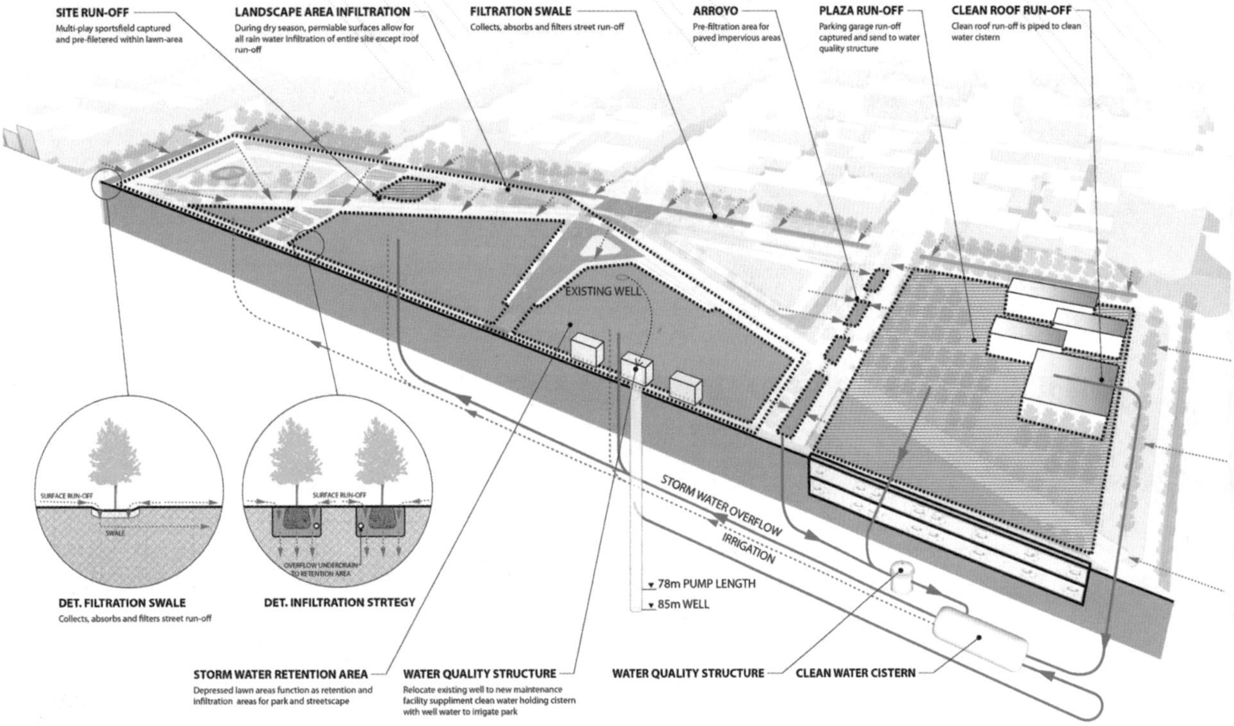

SITE RUN-OFF
Multi-play sportsfield captured and pre-filetered within lawn-area

LANDSCAPE AREA INFILTRATION
During dry season, permiable surfaces allow for all rain water infiltration of entire site except roof run-off

FILTRATION SWALE
Collects, absorbs and filters street run-off

ARROYO
Pre-filtration area for paved impervious areas

PLAZA RUN-OFF
Parking garage run-off captured and send to water quality structure

CLEAN ROOF RUN-OFF
Clean roof run-off is piped to clean water cistern

EXISTING WELL

SURFACE RUN-OFF
SWALE
SURFACE RUN-OFF
OVERFLOW UNDERDRAIN TO RETENTION AREA

STORM WATER OVERFLOW
IRRIGATION

78m PUMP LENGTH
85m WELL

DET. FILTRATION SWALE
Collects, absorbs and filters street run-off

DET. INFILTRATION STRTEGY

STORM WATER RETENTION AREA
Depressed lawn areas function as retention and infiltration areas for park and streetscape

WATER QUALITY STRUCTURE
Relocate existing well to new maintenance facility suppliment clean water holding cistern with well water to irrigate park

WATER QUALITY STRUCTURE

CLEAN WATER CISTERN

锦州市娘娘宫临港产业区行政生活区起步区城市设计

项目地点：中国辽宁省锦州市

占地面积：6.24 平方千米

设计公司：天津大学建筑学院城市空间与城市设计研究所

设计团队：陈天，臧鑫宇，杨春，张韵，王睿，李德明，李凯，张军

项目概况

锦州市娘娘宫临港产业区行政生活区起步区位于娘娘宫临港产业区的西南部，是整个娘娘宫行政生活区的核心区域，基地北侧为209省道，西侧为星海街，南侧及东侧为规划道路，规划用地面积为6.24平方千米。

现状解读

区位优势——三区共生、环线连通

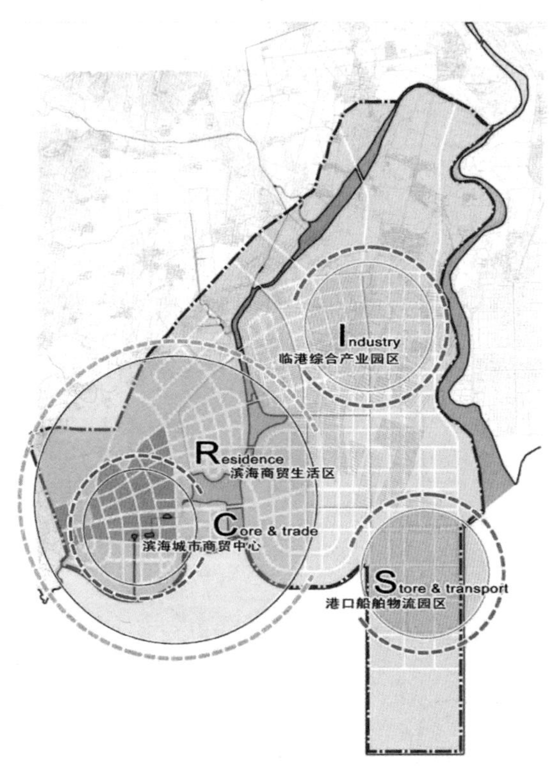

交通优势——众流共生、枢纽带动

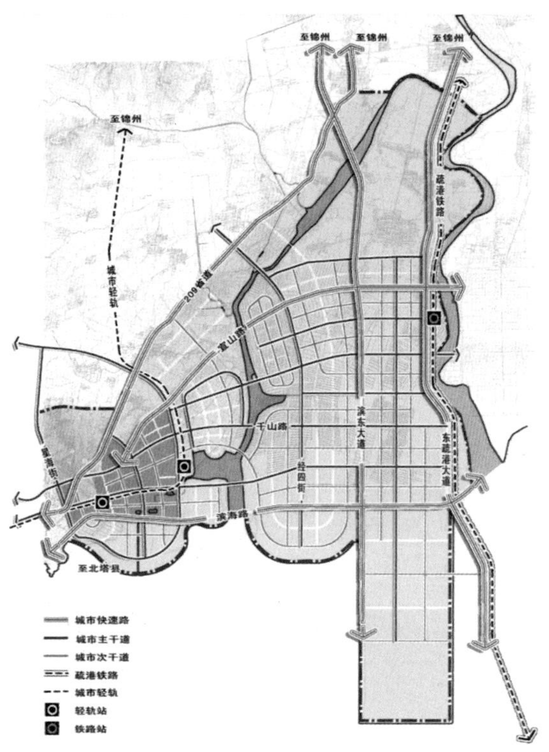

生态优势——山海相映、蓝绿相融

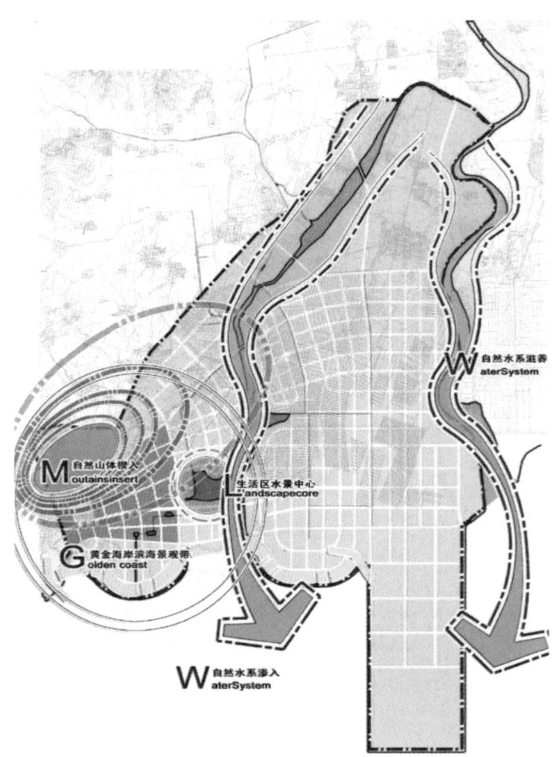

资源优势——产业互补、功能协同

自然资源：

矿产资源有石油、天然气、煤炭、石灰石、膨润土、萤石、花岗岩等。

文化传承：

锦州是辽西古代文化的摇篮之一。

历史名人：

辽沈战役等重大事件发生在此。

旅游资源：

国家级文物保护单位 5 处，国家级森林保护区 1 处 。

港口资源：

锦州港是对外开放的国际商港。

娘娘宫临港产业区目前处于尚未开发的阶段，整个产业区用地由农田林地、水产养殖用地和海域3个主要部分组成，其西部为自然山体，地势较高；北部地势开敞平坦。地势总体由西北向东南下降，其余为海域部分。本次规划范围内主要是现状养虾池、部分正在使用的盐田以及废弃的盐田，部分山体以及海域也在规划范围之内，其中，养虾池的面积约占规划用地的1/3。

基地土地利用规划图

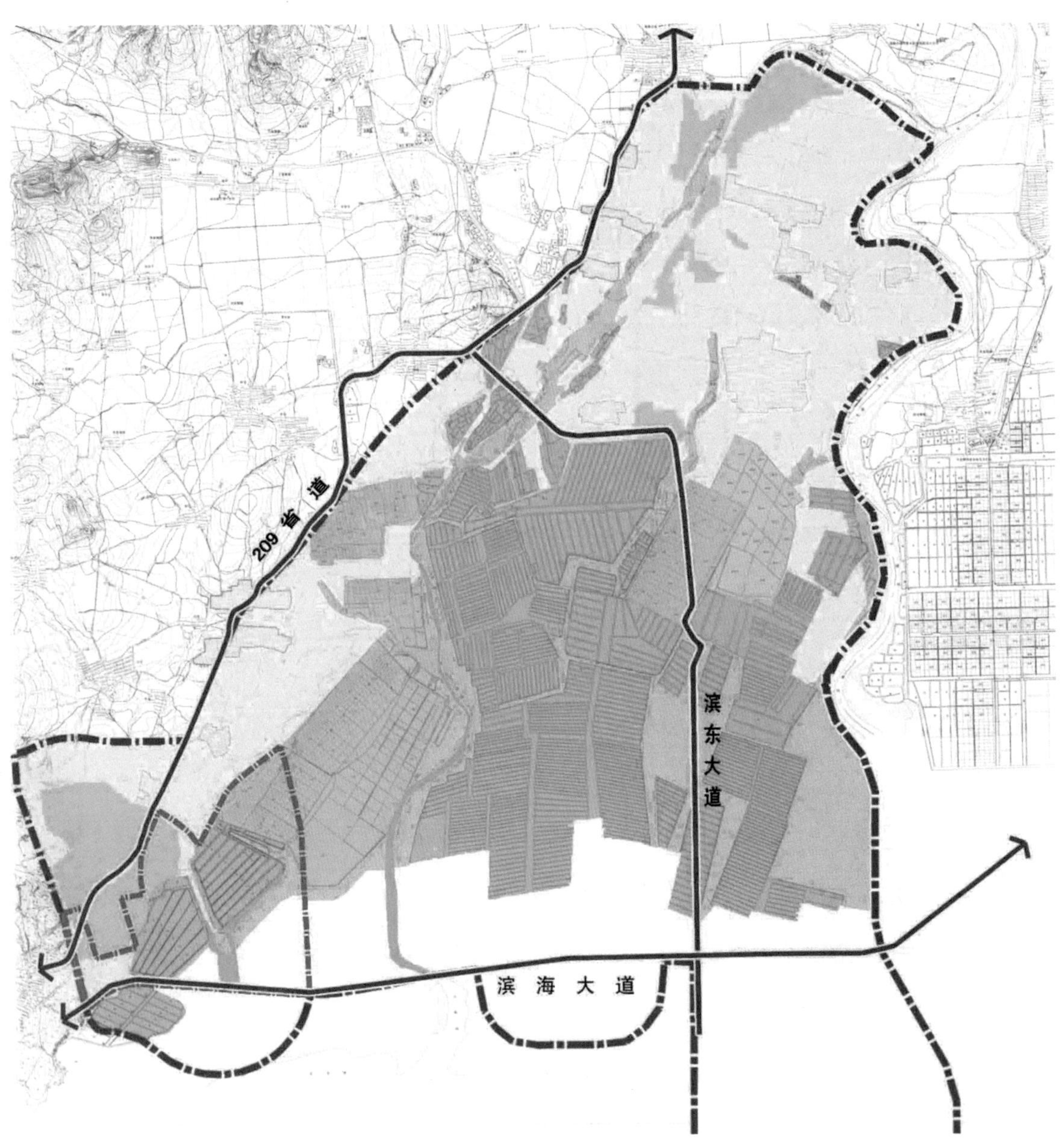

现状产业分布分析

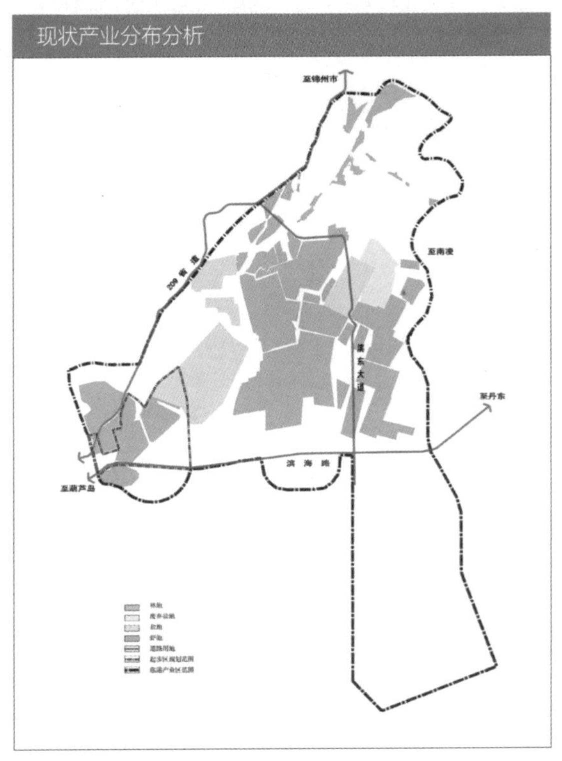

现状道路与市政设施分析

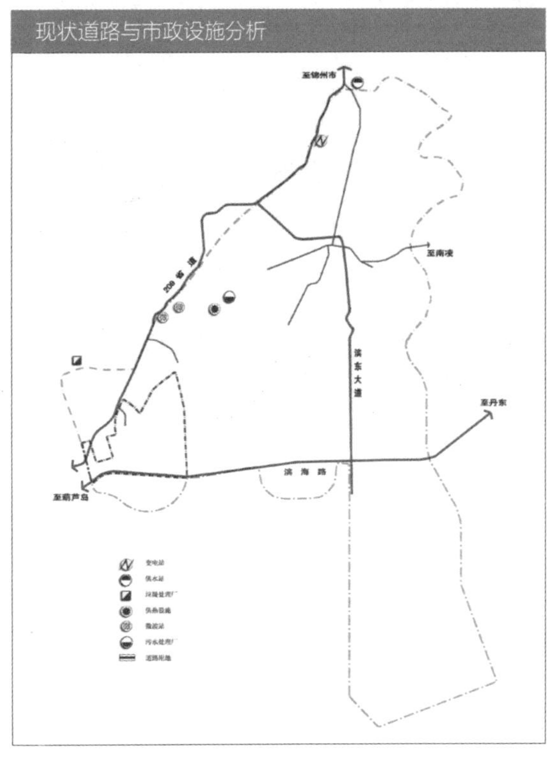

现状植被水系分析

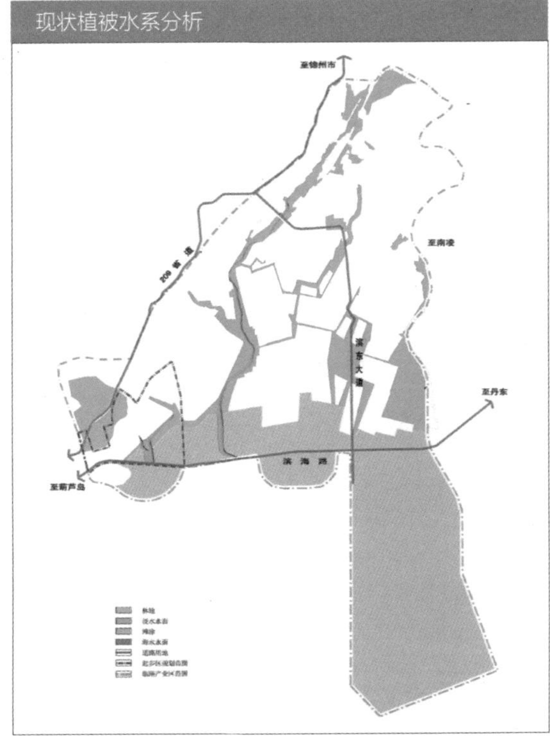

现状村庄分布与人口分析

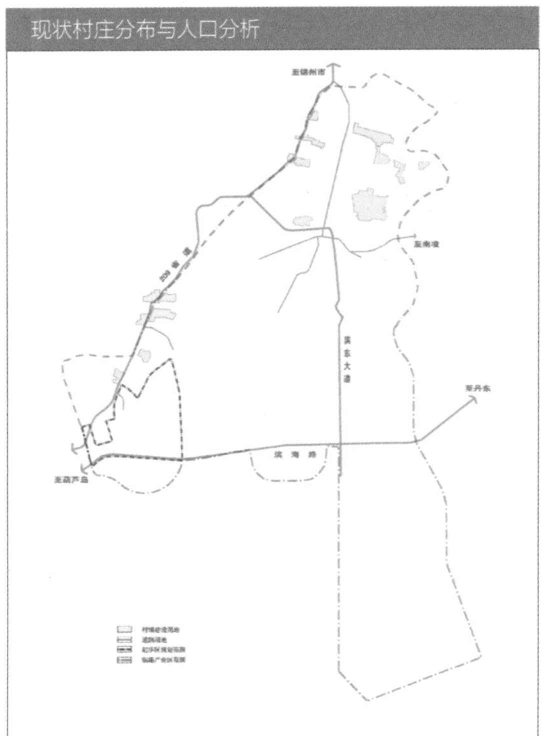

功能布局 —— 多元复合与领航开发
DISTRICT:A
RESIDENCE
DISTRICT:B
LEISURE
DISTRICT:A
RESIDENCE
DISTRICT:C
GOVERNMENT
DISTRICT:E
CULTURE
DISTRICT:B
LEISURE
DISTRICT:F
CREATIVE
DISTRICT:D
BUSSINESS

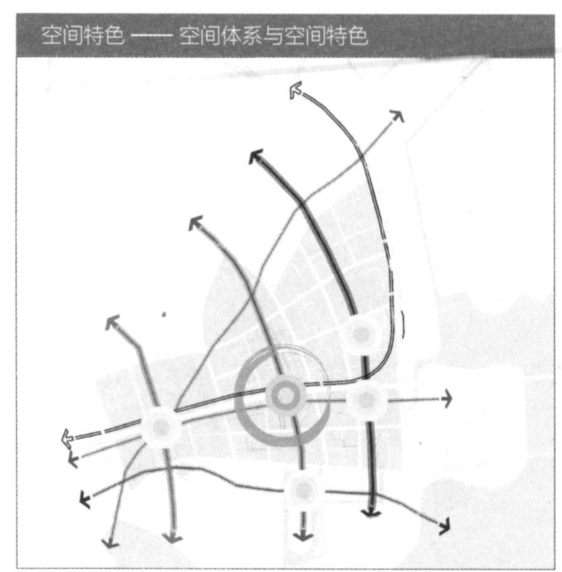
空间特色 —— 空间体系与空间特色

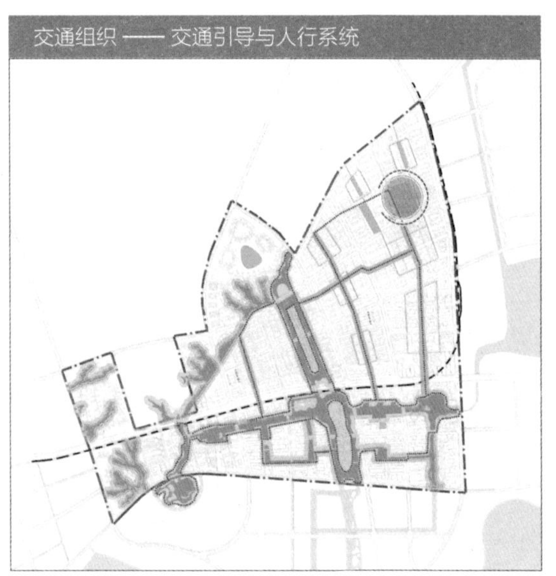
交通组织 —— 交通引导与人行系统

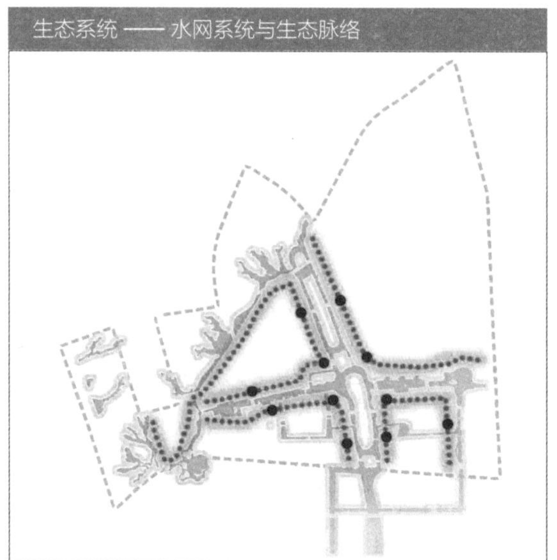
生态系统 —— 水网系统与生态脉络

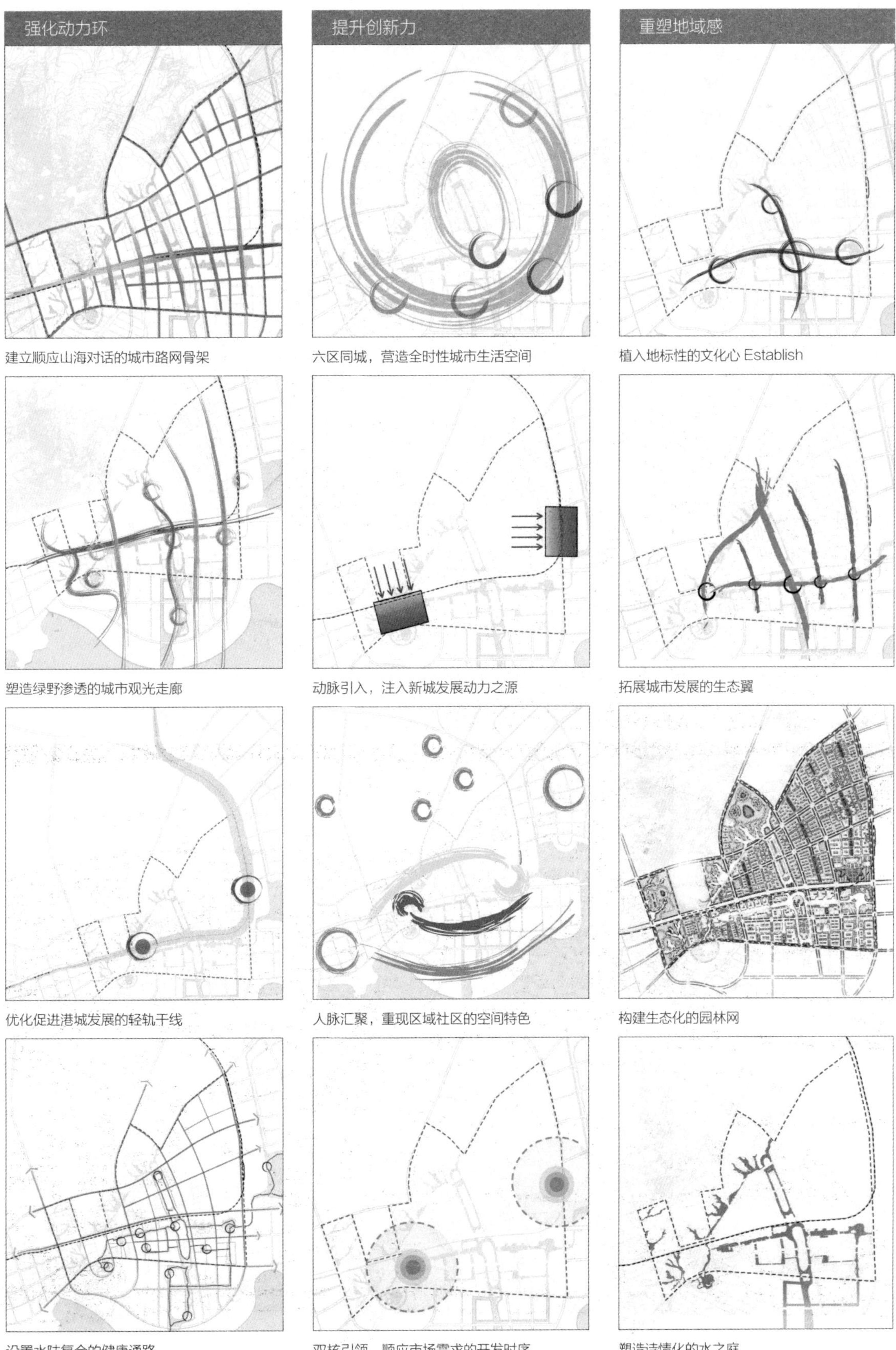

建立顺应山海对话的城市路网骨架

六区同城，营造全时性城市生活空间

植入地标性的文化心 Establish

塑造绿野渗透的城市观光走廊

动脉引入，注入新城发展动力之源

拓展城市发展的生态翼

优化促进港城发展的轻轨干线

人脉汇聚，重现区域社区的空间特色

构建生态化的园林网

设置水陆复合的健康通路

双核引领，顺应市场需求的开发时序

塑造诗情化的水之庭

鸟瞰图

总平面图

01 水上生态娱乐岛
02 五星级酒店
03 水上娱乐中心
04 海洋休闲会馆
05 滨水酒吧街
06 水世界展览馆
07 大型购物中心
08 体验式商场
09 商旅休闲港
10 商务服务中心
11 商务办公
12 商务休闲会馆
13 影剧院
14 海洋文化中心
15 水上观光塔
16 音乐厅
17 文化展览中心
18 市民广场
19 市级行政中心
20 行政附属办公楼
21 轻轨站前广场
22 中学
23 高档生态住区
24 小学
25 社区中心广场
26 区级购物中心
27 滨水生态住区
28 住区服务中心
29 医院
30 生态绿廊
31 城市传媒大厦
32 大型商业综合体
33 文化创意岛
34 “城市之窗”
35 帆船酒店
36 水上游乐中心
37 轻轨分站点
38 产品展销中心
39 SOHO 社区
40 社区活动中心

规划结构

为锦州娘娘宫临港产业区成为渤海新区第一动力之城、生态之城、活力之城的目标，综合安排商业、金融、行政、居住、教育、文化、娱乐等设施。

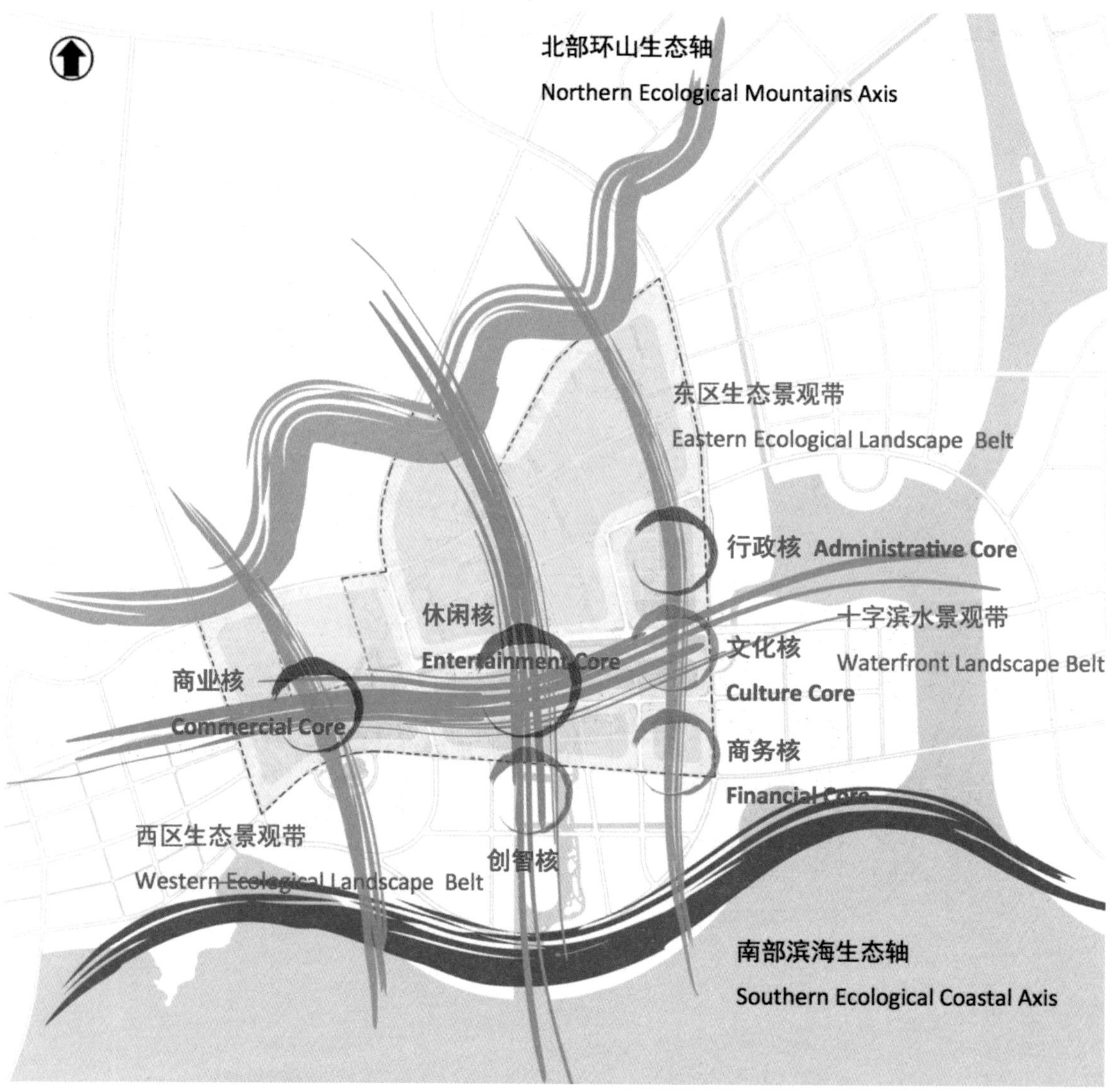

土地利用

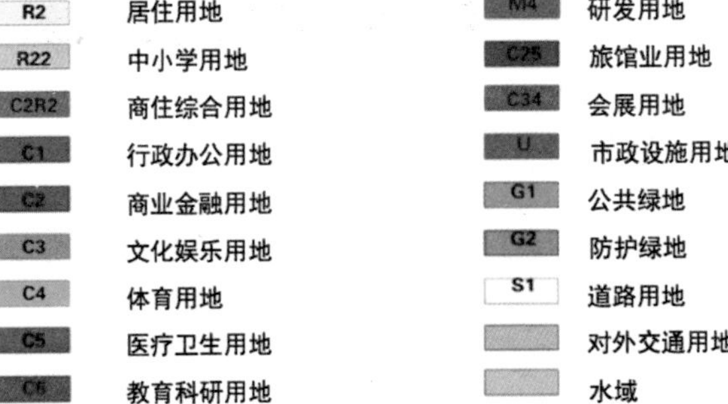
R2 居住用地
R22 中小学用地
C2R2 商住综合用地
C1 行政办公用地
C2 商业金融用地
C3 文化娱乐用地
C4 体育用地
C5 医疗卫生用地
C6 教育科研用地
M4 研发用地
C25 旅馆业用地
C34 会展用地
U 市政设施用地
G1 公共绿地
G2 防护绿地
S1 道路用地
对外交通用地
水域

容积率分析

（1）在保证开发强度的原则下，由纬一路向外呈现容积率由高到低的分布趋势。

（2）纬一路周边地块采取高强度开发模式，提高公共服务便捷度，增强地块活力。

（3）居住区与生态组团均采取中低强度开发，保障居民生活的舒适性。

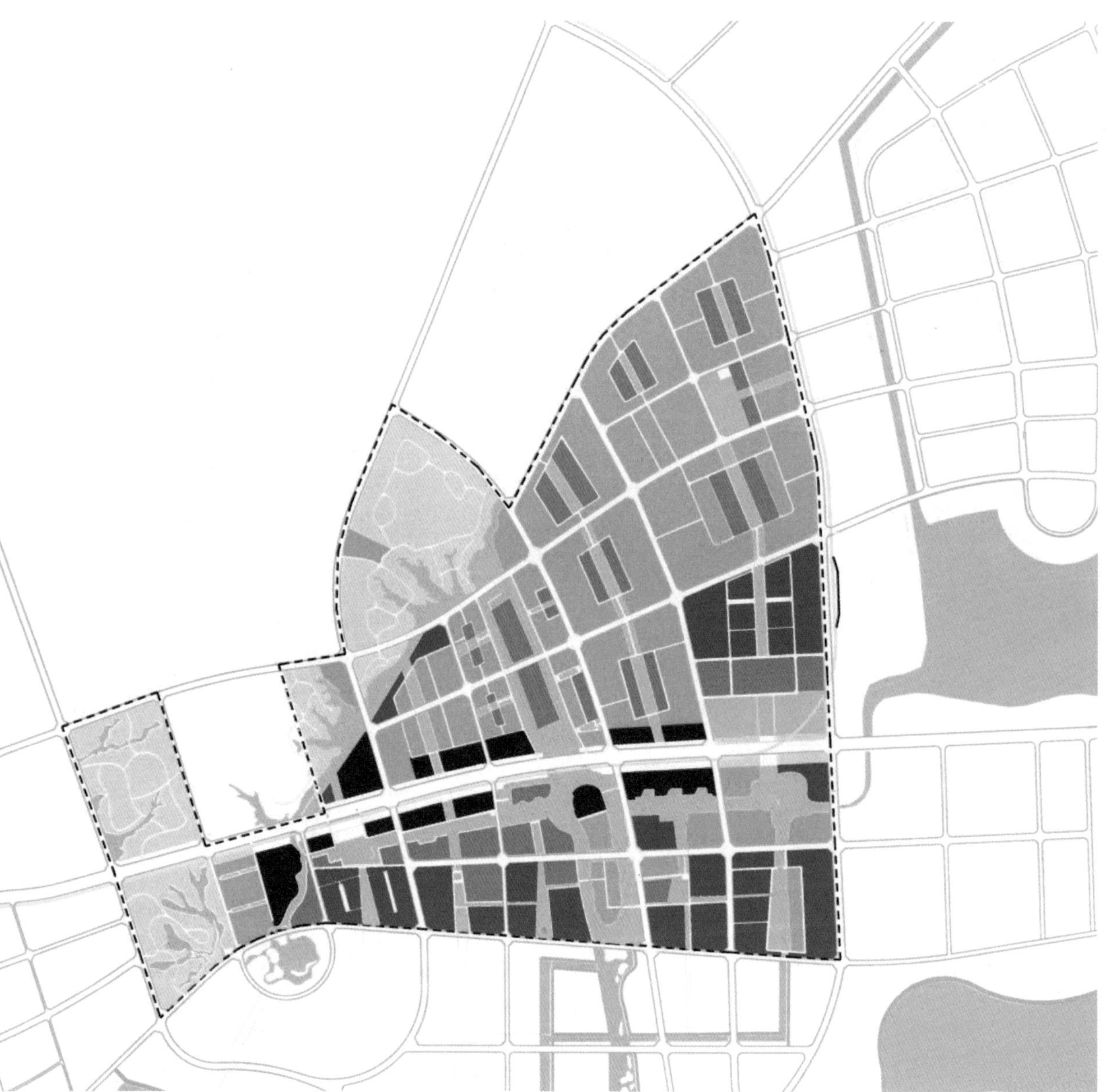

高度结构系统

120 ~ 200 米：五星级酒店和体验式购物中心；

72 ~ 120 米：金融商务区和创意产业基地等商务办公区域；

< 72 米：生活区、北部滨水区。

城市天际线营造

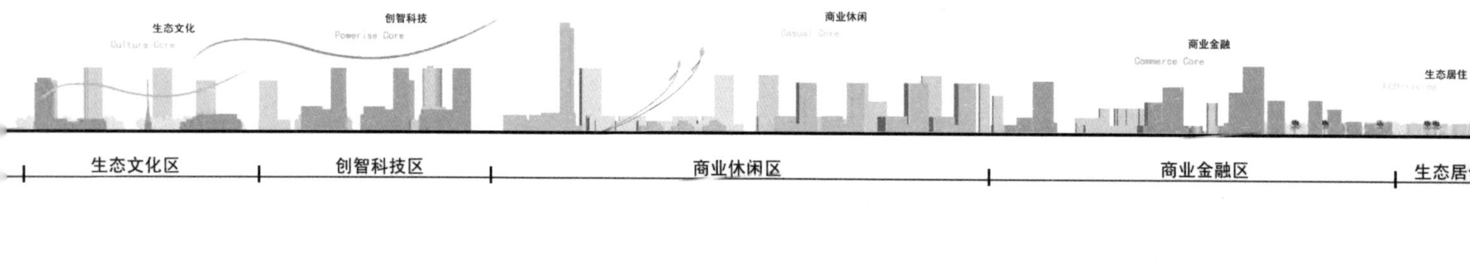

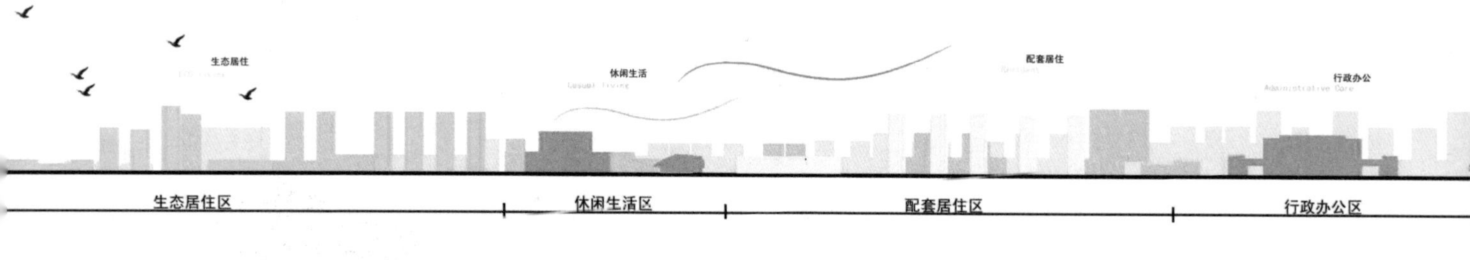

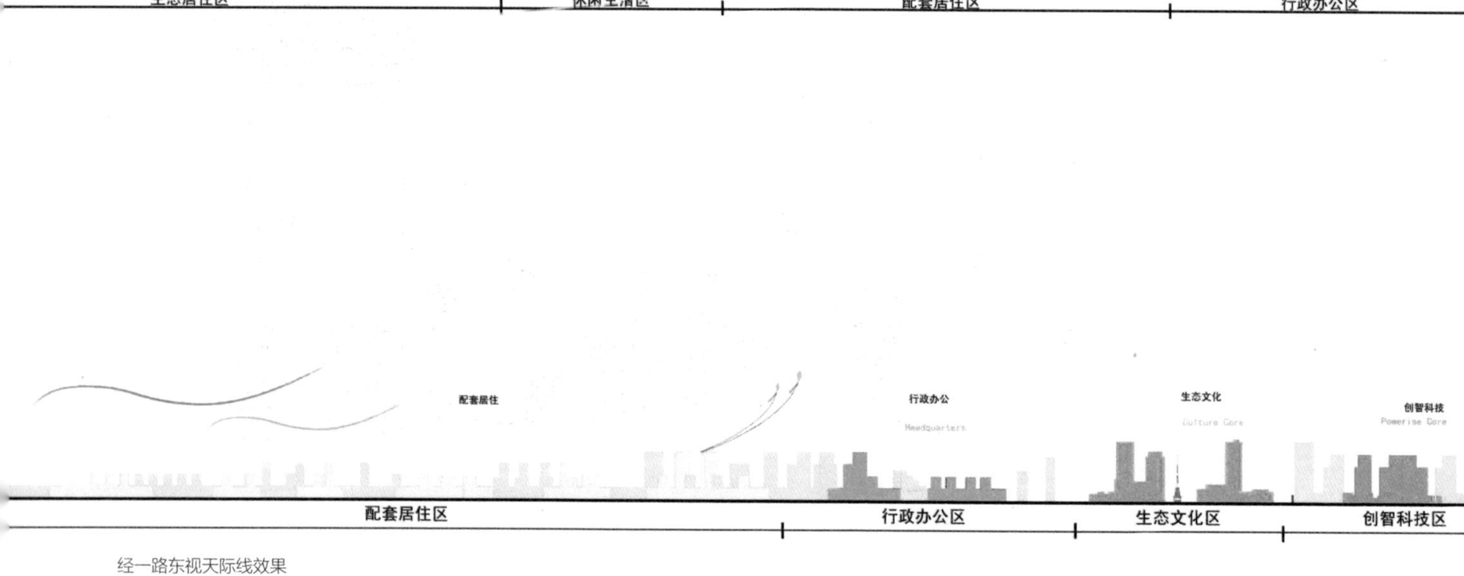

经一路东视天际线效果

综合交通规划

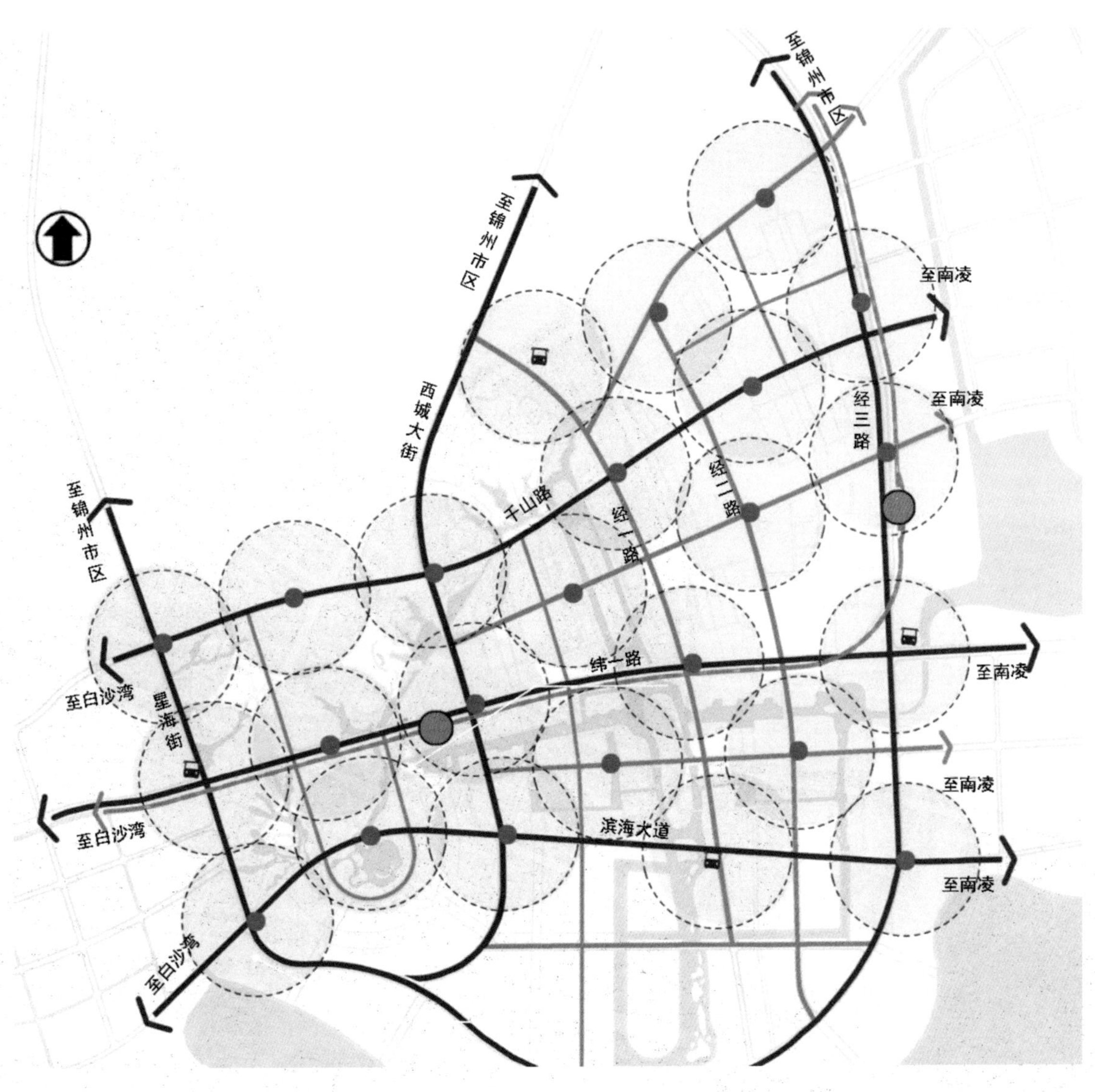

至锦州市区
至锦州市区
至锦州市区
至南凌
至南凌
至南凌
至南凌
至南凌
至白沙湾
至白沙湾
至白沙湾
西城大街
千山路
经一路
经二路
经三路
纬一路
星海街
滨海大道
图例
快速道路
主要公交线路
次要公交线路
公交首末站
公交站点
轻轨路线
轻轨站点

详细环境设计

按照生态之城的理念，对整个新城的环境进行整合设计，包括居住区内部绿化景观设计、滨水区环境景观设计与城市公共空间的环境设计，力求打造“绿树掩映、芳草迷迭、丽水畅流、山水成趣”的整体环境风貌。

分地块导则控制

现代城市设计理论认为，城市设计不只是视觉范围内的形体空间设计，也不仅是市容美化计划，同时更超越了都市景园设计领域，它是一个城市的塑造过程，具有连续动态的变化特点，因此，应该认识到规划目标不是建立一个完美的终极理想蓝图。本导则作为城市设计的一部分成果内容，使设计具有一定的自由度和灵活性，并使其既有创意又富有弹性，既具有可操作性，又有可持续发展的可能。

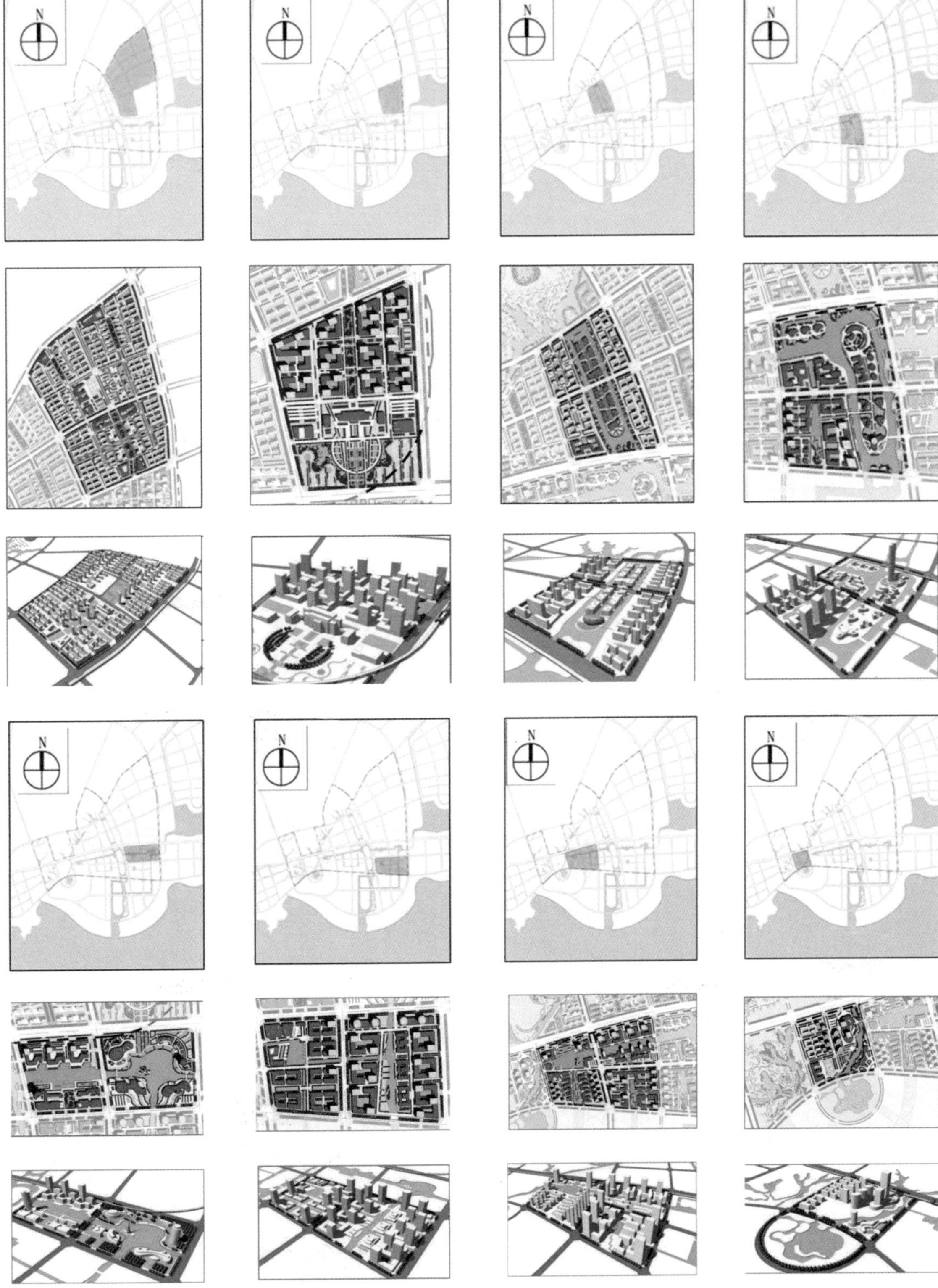

青岛市某片区整体规划设计

项目地点：中国山东省青岛市

占地面积：7 689 000 平方米

设计公司：浩 / 霍尔姆建筑师事务所

合作者：北京筑土都市设计咨询有限公司

浩 / 霍尔姆建筑师事务所和北京筑土都市设计咨询有限公司设计的方案赢得了中国青岛市某片区的整体规划设计竞赛。一直以来，青岛除了以青岛啤酒闻名之外，还是中国北方重要的旅游城市和影视基地。青岛丰富的历史建筑遗存使其影视产业蓬勃发展，同时，由于青岛拥有中国北方黄金海岸的一部分，每年都能够吸引数以百万计的观光旅游者，也正是这些原因，青岛才成功获得主办 2008 年奥运会帆船比赛的资格。

项目地点位于青岛市内，从机场乘车 5 分钟可达，交通非常便捷。本设计力图对该片区进行二次开发，对城市的局部地区进行扩展。

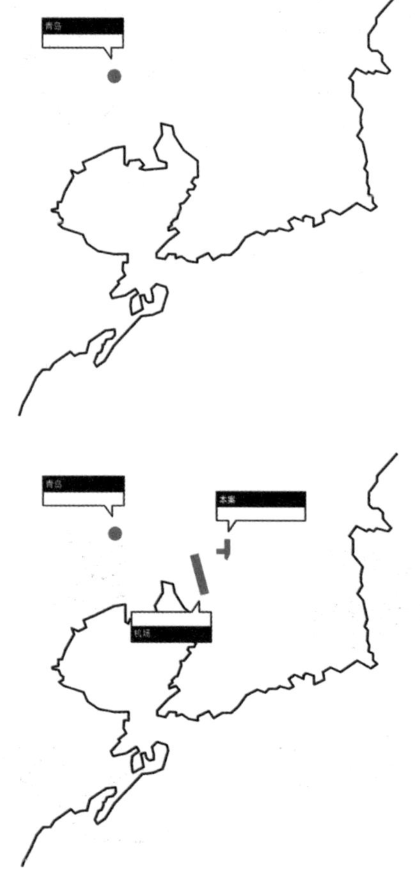

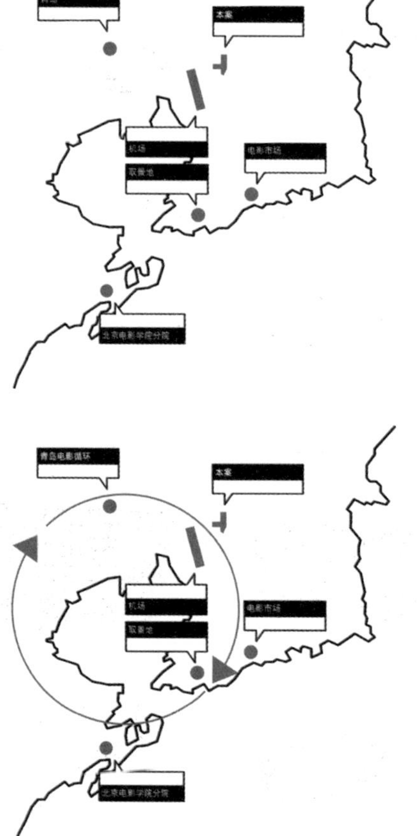

整个基地被现有道路分为 3 个主要区域。A 片区作为新的城市文化中心，B 片区和 C 片区作为住宅区进行混合开发。为了将这 3 个片区连接到一起，设计用一条下沉式的文化路径进行贯通，这条路可以引导游客通过整个设计区域。通往文化路径的主要出入口位于片区的西北角，那里设计建设一座五星级酒店。片区内的几个次入口被主要地标建筑划分开来。

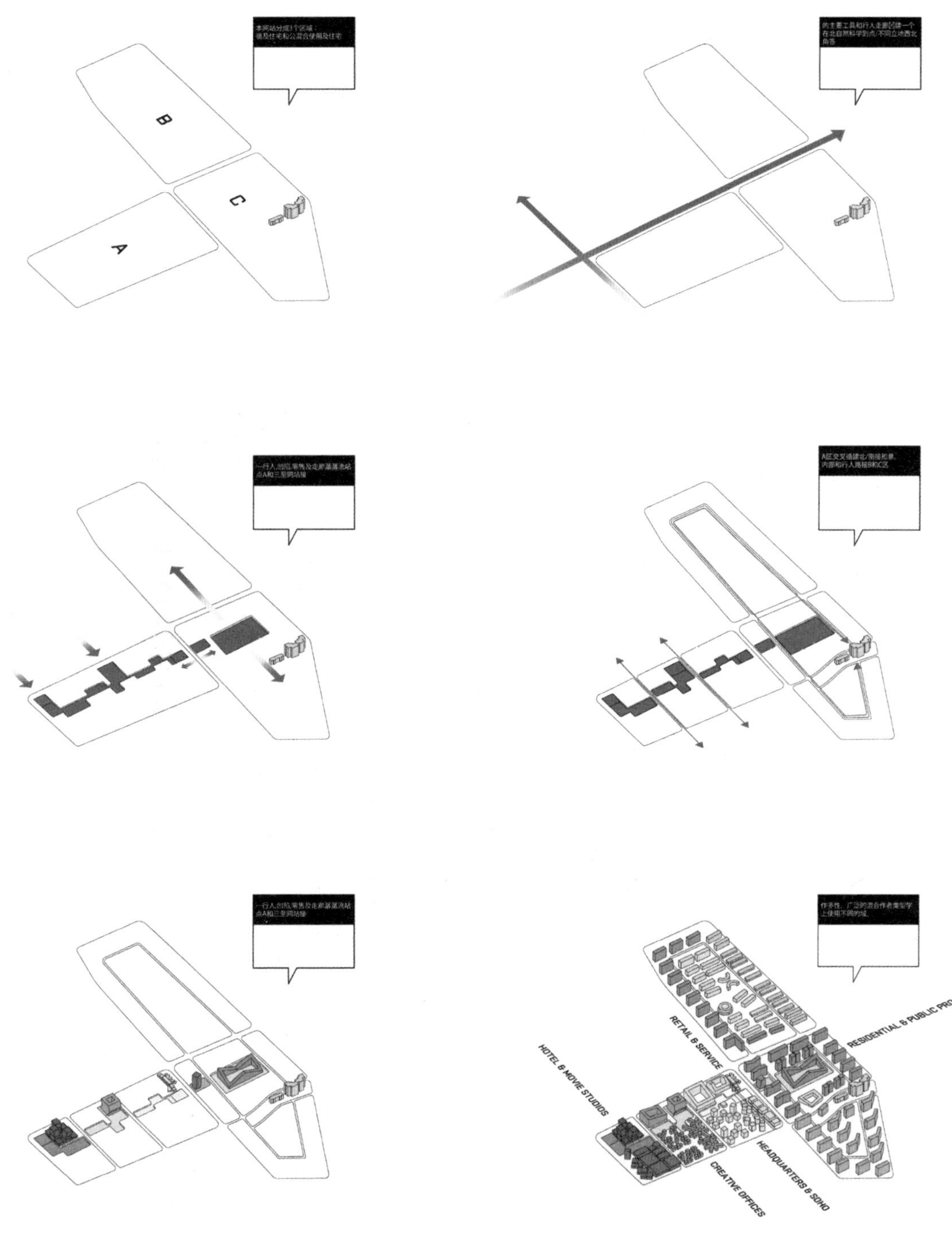

方案解析

文化路径包括 3 个庭院，以创造比较灵活的户外场地，为参观者提供不同的体验。从私人庭院到高档零售、食品商店、餐厅、影院和博物馆都有直接的入口。

B 片区和 C 片区为多样住宅的混合区，包括高、中、低收入 3 种类型的住宅和丰富的景观。在这片住宅区内，像幼儿园或者运动设施这些社区休闲服务项目分散遍及整个区域，以便创造一个更有整体性的片区，并且有助于带来一种独特的邻里体验。B、C 片区的每个居住单元都尽可能位于接受日照和便于自然通风的最佳位置，以保证住区居民有舒适的居住环境。

在此项目中，还提出了一种混合开发的模式，设计目标是为了让各种收入阶层的人都能获得丰富的体验，这完全得益于通往文化路径的出入口设计。

居住区效果图

会所效果图

酒店效果图

庭院效果图

塔楼效果图

模型照片

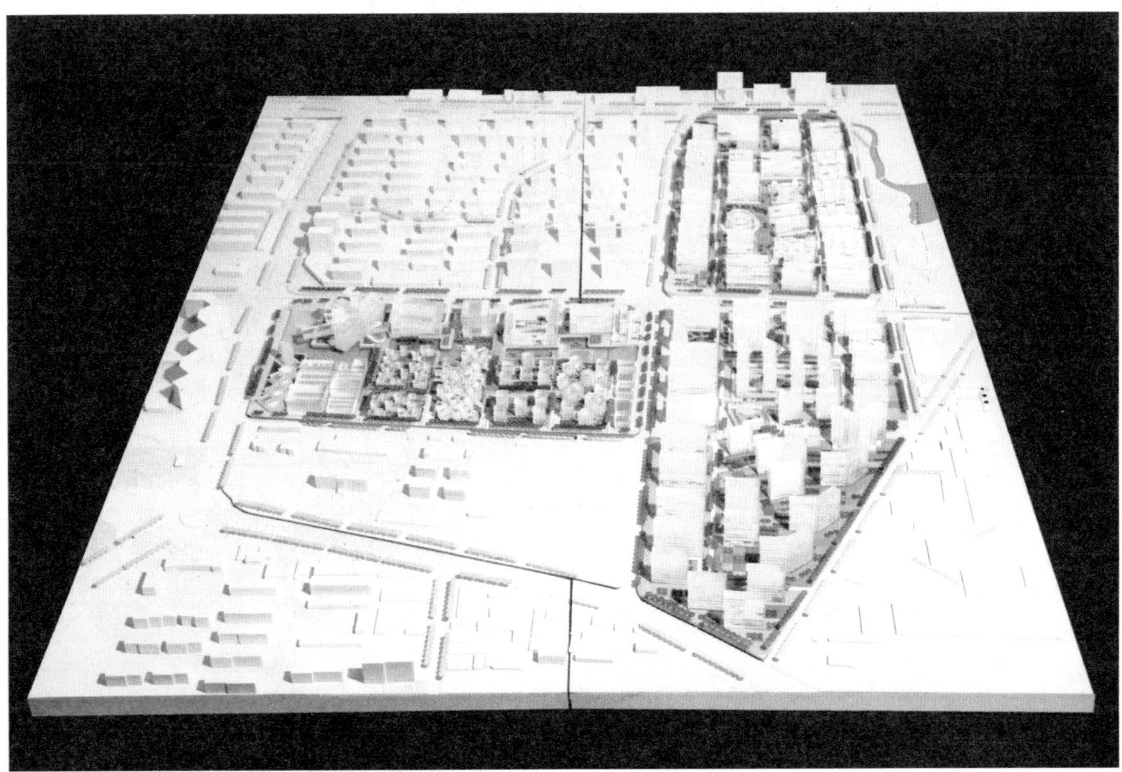

银河雅宝高新技术企业总部园

项目地点：中国深圳

总建筑面积：1 050 000 平方米

设计公司：10+DESIGN（拾稼设计）国际建筑设计事务所

设计团队：泰德 · 吉文斯，马切伊 · 赛特涅夫斯基，菲比 · 普拉塔玛，达林，亚伯拉罕丰，埃姆雷 · 爱蒂姆，乔恩 · 马丁，陈如，沙恩 · 戴尔，埃娃 · 科特，成霆锋

业主：银河集团

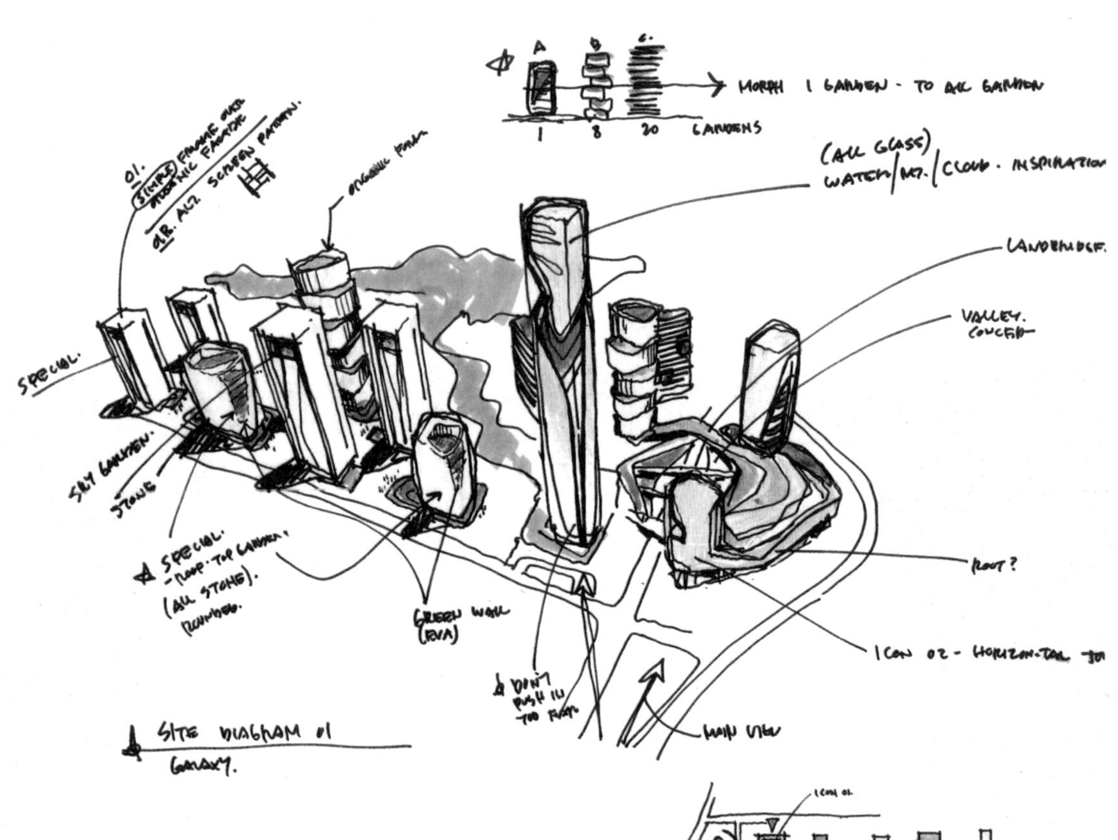

该项目是对质朴的田园风光和城市快速发展之间关系的测验。银河雅宝高新技术企业总部园紧邻深圳市福田区。总用地面积约 65 公顷，而建筑面积超过 105 万平方米，包含 18 栋 100 ~ 300 米高的高层，1 家五星级酒店，3 座酒店式公寓楼，3 栋住宅楼，1 个购物中心和 32 公顷的公园。

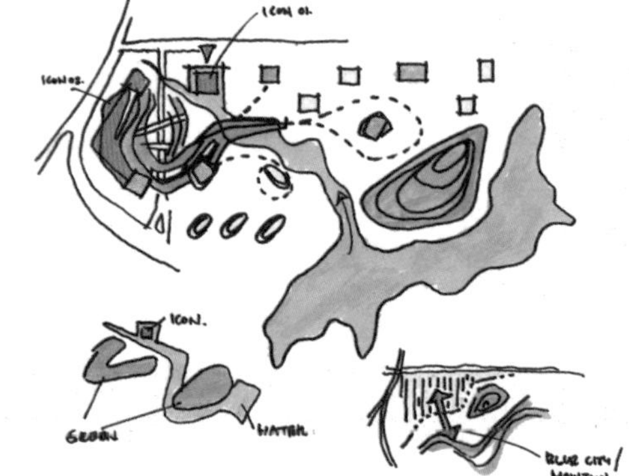

银河集团的开发商说："该项目的远景规划是建立一个工作和生活平衡发展的高科技园区总部，创造一个宁静而创新的环境，建设包含居住、工作、购物休闲、旅游等功能混合的多层次社区。该项目的独特之处在于基地由两个天然湖泊公园围绕，并配有一流的基础设施。"

泰德·吉文斯（拾稼设计合作伙伴）解释说："主要的设计理念是尝试将复杂的设计与自然景观相融。"建筑组群在西南边缘强化城市边缘的形象，并向东北方向移动，逐渐融入大自然。一方面，通过塔楼外的阳台，沿建筑外侧生长的植物拉近了与自然的距离。另一方面，利用生长在外墙西部的藻类为建筑带来了天然的绿色。塔楼外部线性屏幕进一步弱化了建筑的边缘，减少了夏日阳光的热量。每座塔楼都有一个屋顶花园，以帮助减少热岛效应。

高层建筑

建筑组群由两个地标性的塔楼限定。其中一个高 300 米，坐落在贯穿基地的小溪边上，设计灵感来自小溪的流动性，塔楼呈螺旋状扭曲上升。第二个标志性的元素是购物中心，它位于两个高速公路的交叉点。220 米的大楼横向拉近了高速公路与建筑群的距离，并将塔楼和购物中心与其他建筑融合，形成 400 米长的建筑组群。购物中心由内向外的阶梯状露台为一系列绿色花园空间。

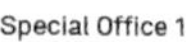

Special Office 1

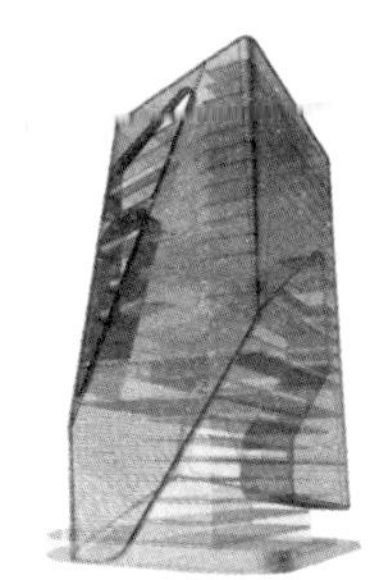

Special Office 2

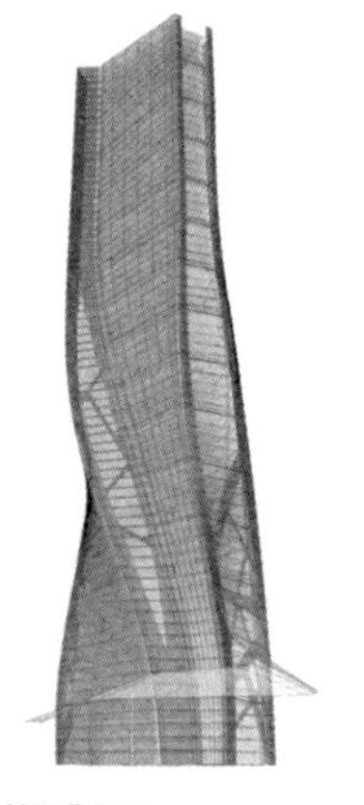

Main Tower

Retail Mall

Special Office 3

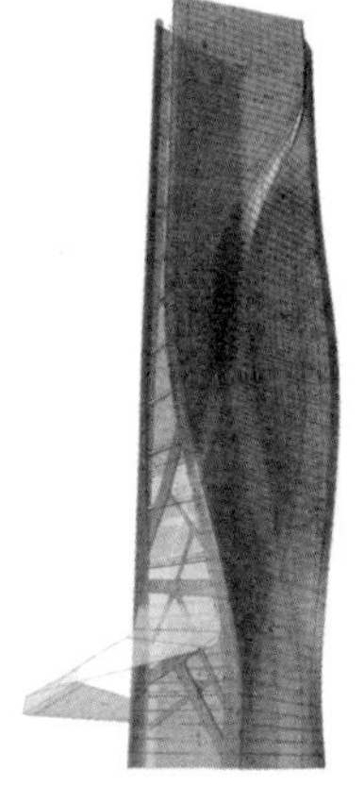

Main Tower

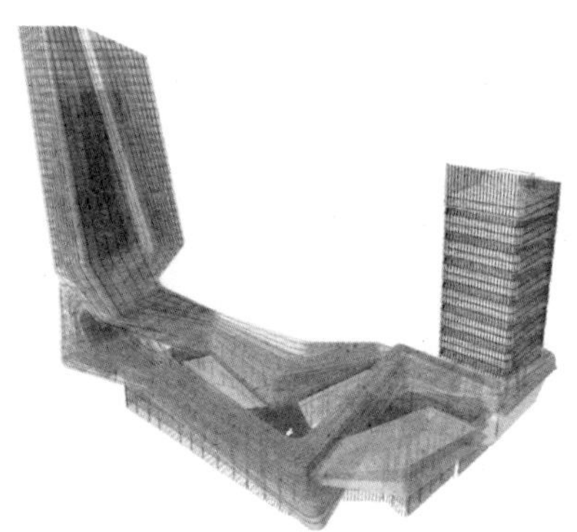

Retail Mall

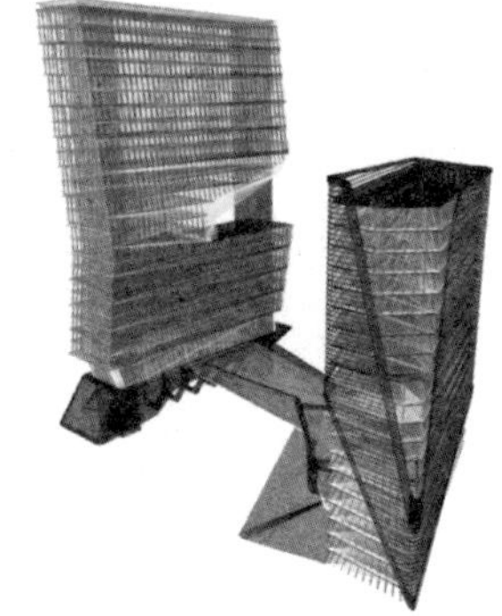

Special Office 3

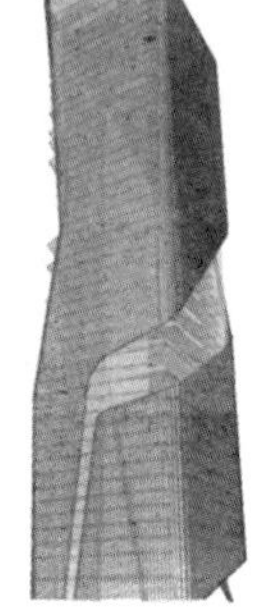

Special Office 1

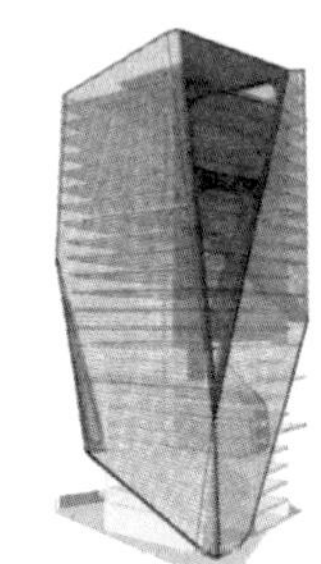

Special Office 2

景观设计策略

建筑的设计中通过藻类产生氧气中和空气污染，使用有机肥，净化灰水，利用地下空间自然冷却外来空气。建筑利用了一系列先进的技术，对微气候和空气质量进行改善。该项目已于2011 年 10 月开工建设。

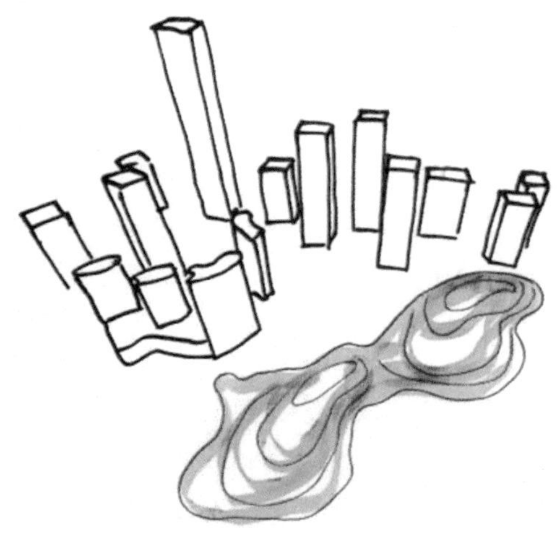

第一步：利用外部山地景观。

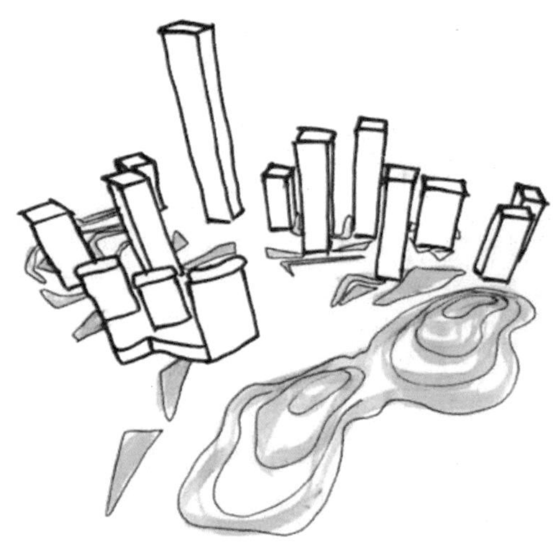

第二步：通过设置小的绿色空间，增加景观节点，满足不同使用者的要求。

第三步：通过建筑和河流对绿色景观的反射，形成一个新的绿色肌理。

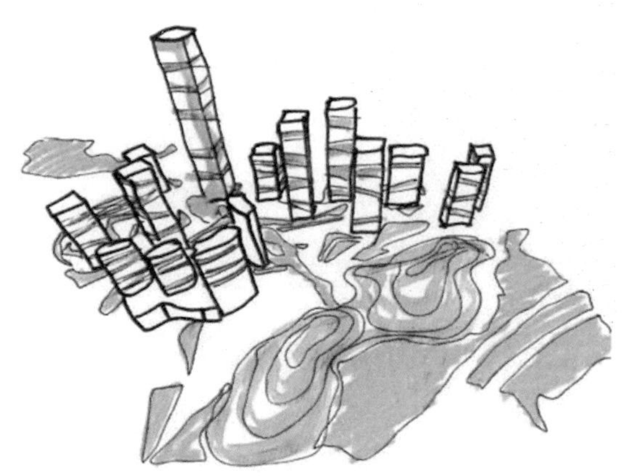

第四步：利用穿越基地的水体，将散落的建筑联系起来。

模型展示

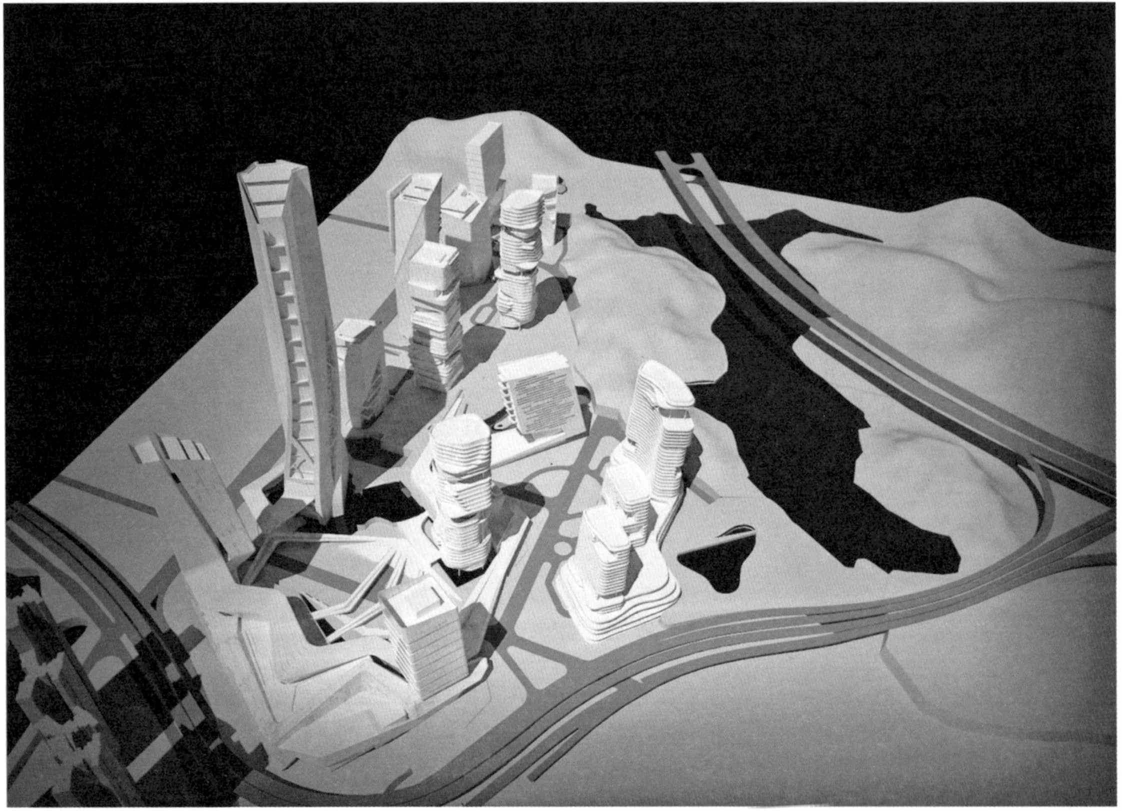

北京市昌平新城东部新区商务中心区城市设计

项目地点：中国北京市

总建筑面积：173.92 万平方米

设计单位：北京土人景观与建筑规划设计研究院

设计团队：俞孔坚等

业主：昌平区人民政府

规划从区位和自然及社会特征明确了其作为中央游憩商业区的定位。从宏观层面分析，本项目有如下特点：

优越的地理位置；

独特的自然资源；

丰富的旅游资源。

从微观层面分析，本项目有如下特点：

东部新区中心区的交通位置优越；

场地西临占地 398 公顷的东沙河生态湿地，自然条件非常优越。

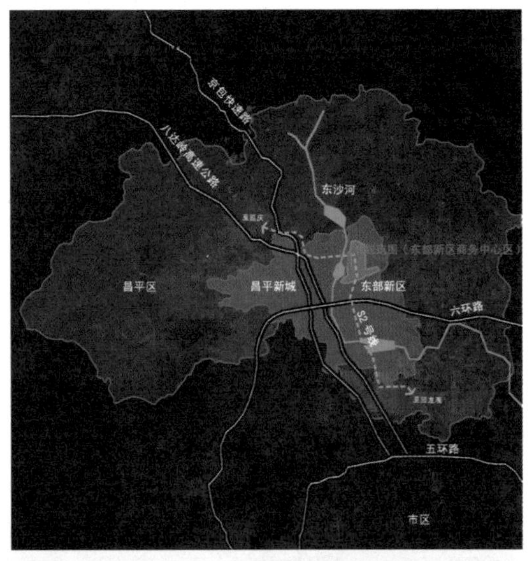

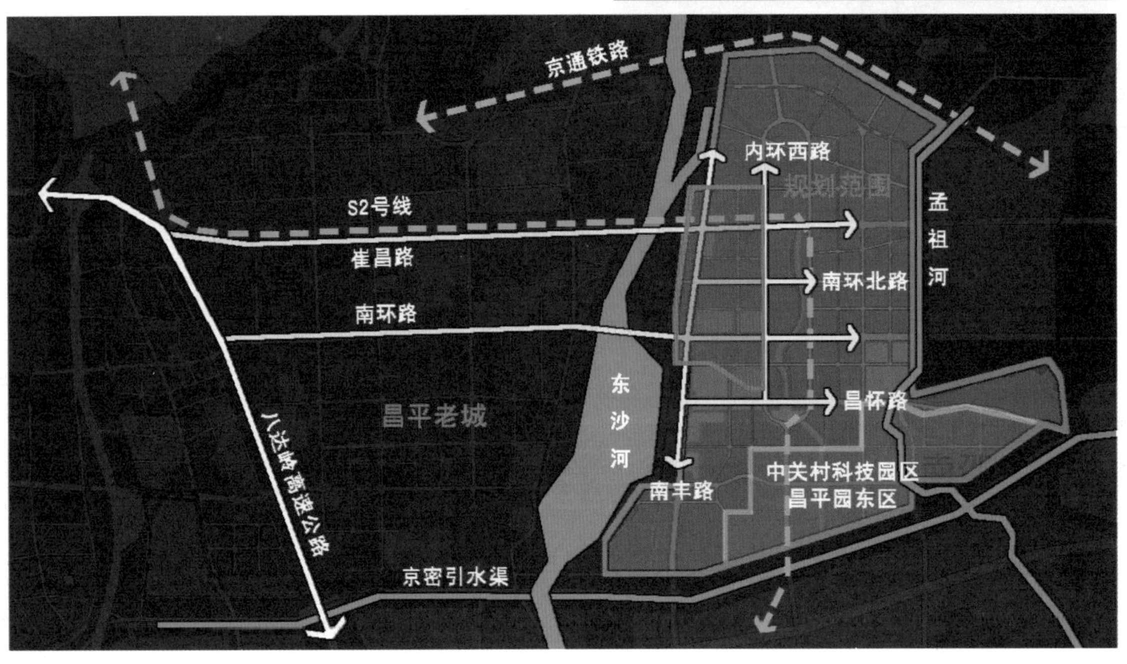

综合现状分析

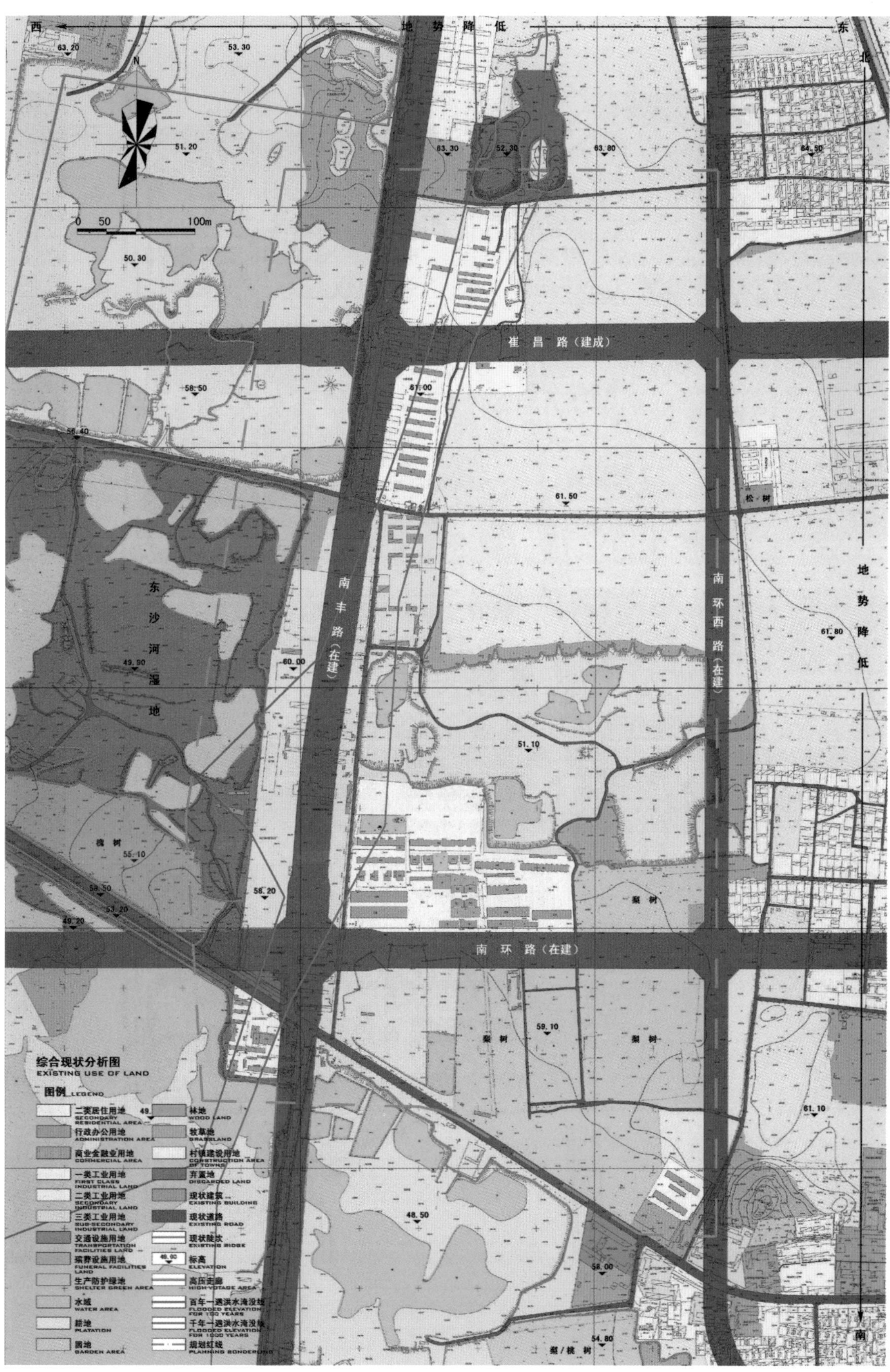
西
地 势 降 低
东
北
南
地
势
降
低
N
0 50 100m
崔 昌 路（建成）
南环路（在建）
南丰路（在建）
南环西路（在建）
东沙河湿地
松树
槐树
梨树
梨/桃树
63.20
53.30
51.20
50.30
63.30
52.30
63.80
64.50
58.50
61.00
56.40
61.50
61.80
49.90
60.00
51.10
55.10
58.50
53.20
49.20
58.20
59.10
61.10
48.50
58.00
54.80
综合现状分析图
EXISTING USE OF LAND
图例 LEGEND
二类居住用地 SECONDARY RESIDENTIAL AREA
行政办公用地 ADMINISTRATION AREA
商业金融业用地 COMMERCIAL AREA
一类工业用地 FIRST CLASS INDUSTRIAL LAND
二类工业用地 SECONDARY INDUSTRIAL LAND
三类工业用地 SUB-SECONDARY INDUSTRIAL LAND
交通设施用地 TRANSPORTATION FACILITIES LAND
殡葬设施用地 FUNERAL FACILITIES LAND
生产防护绿地 SHELTER GREEN AREA
水域 WATER AREA
耕地 PLATATION
园地 GARDEN AREA
林地 WOOD LAND
牧草地 GRASSLAND
村镇建设用地 CONSTRUCTION AREA OF TOWNS
弃置地 DISCARDED LAND
现状建筑 EXISTING BUILDING
现状道路 EXISTING ROAD
现状陡坎 EXISTING RIDGE
标高 ELEVATION
高压走廊 HIGH-VOTAGE AREA
百年一遇洪水淹没线 FLOODED ELEVATION FOR 100 YEARS
千年一遇洪水淹没线 FLOODED ELEVATION FOR 1000 YEARS
规划红线 PLANNING BONDERLINE

总平面规划图

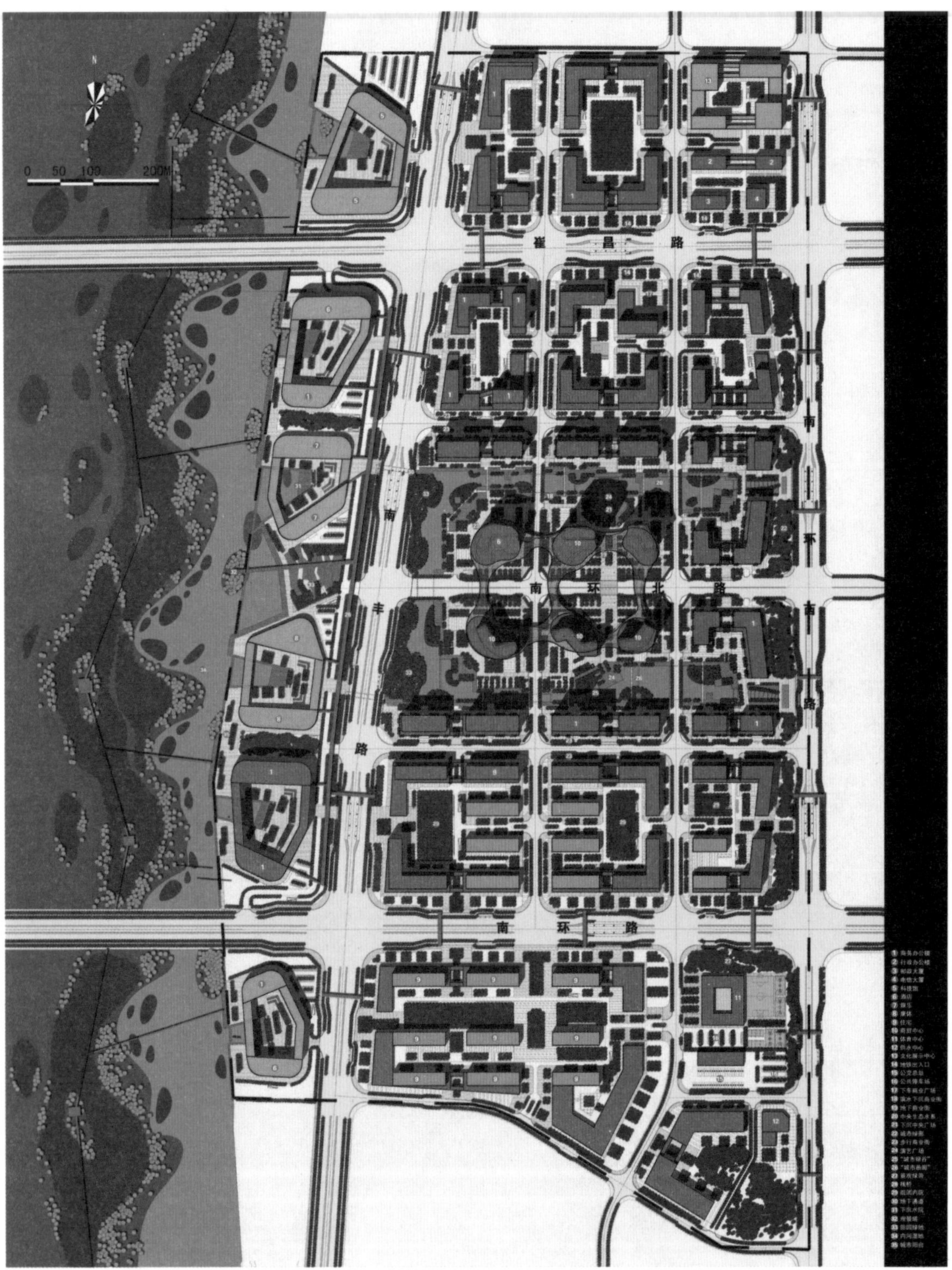
N
0 50 100 200M
崔 昌 路
南 丰 路
南 环 北 路
南 环 路
南 环 南 路
1 商务办公楼
2 行政办公楼
3 邮政大厦
4 电信大厦
5 科技馆
6 酒店
7 娱乐
8 康体
9 住宅
10 商贸中心
11 体育中心
13 文化展示中心
14 地铁出入口
15 公交总站
16 公共停车场
18 滨水下沉商业街
19 地下商业街
20 中央生态水系
21 下沉中央广场
22 城市绿廊
23 步行商业街
24 演艺广场
25 "城市绿谷"
26 "城市画廊"
28 栈桥
29 组团内院
30 地下通道
31 下沉水院
33 田园绿地
34 内河湿地
35 城市阳台

总鸟瞰图

天际线

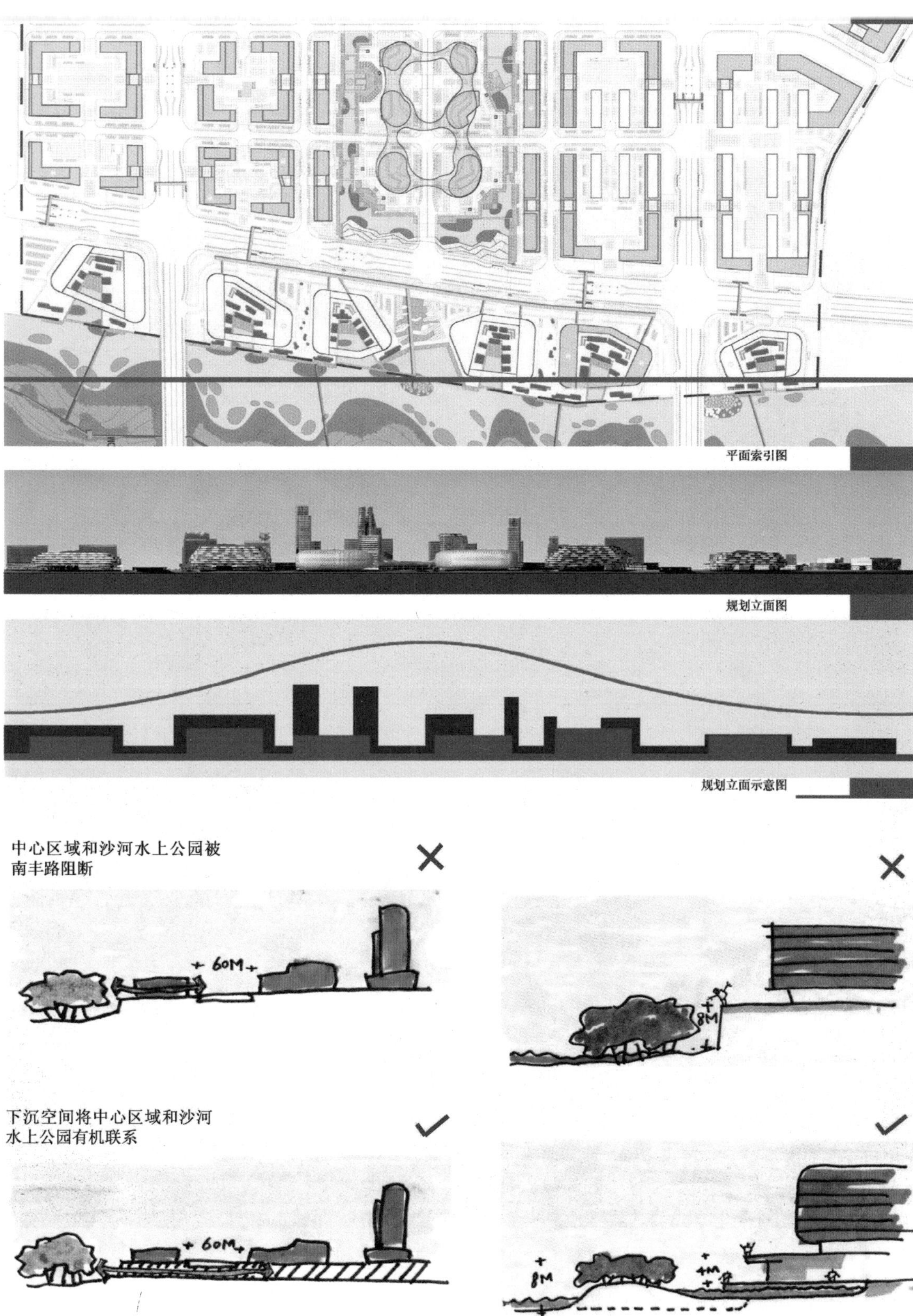

平面索引图

规划立面图

规划立面示意图

中心区域和沙河水上公园被南丰路阻断

下沉空间将中心区域和沙河水上公园有机联系

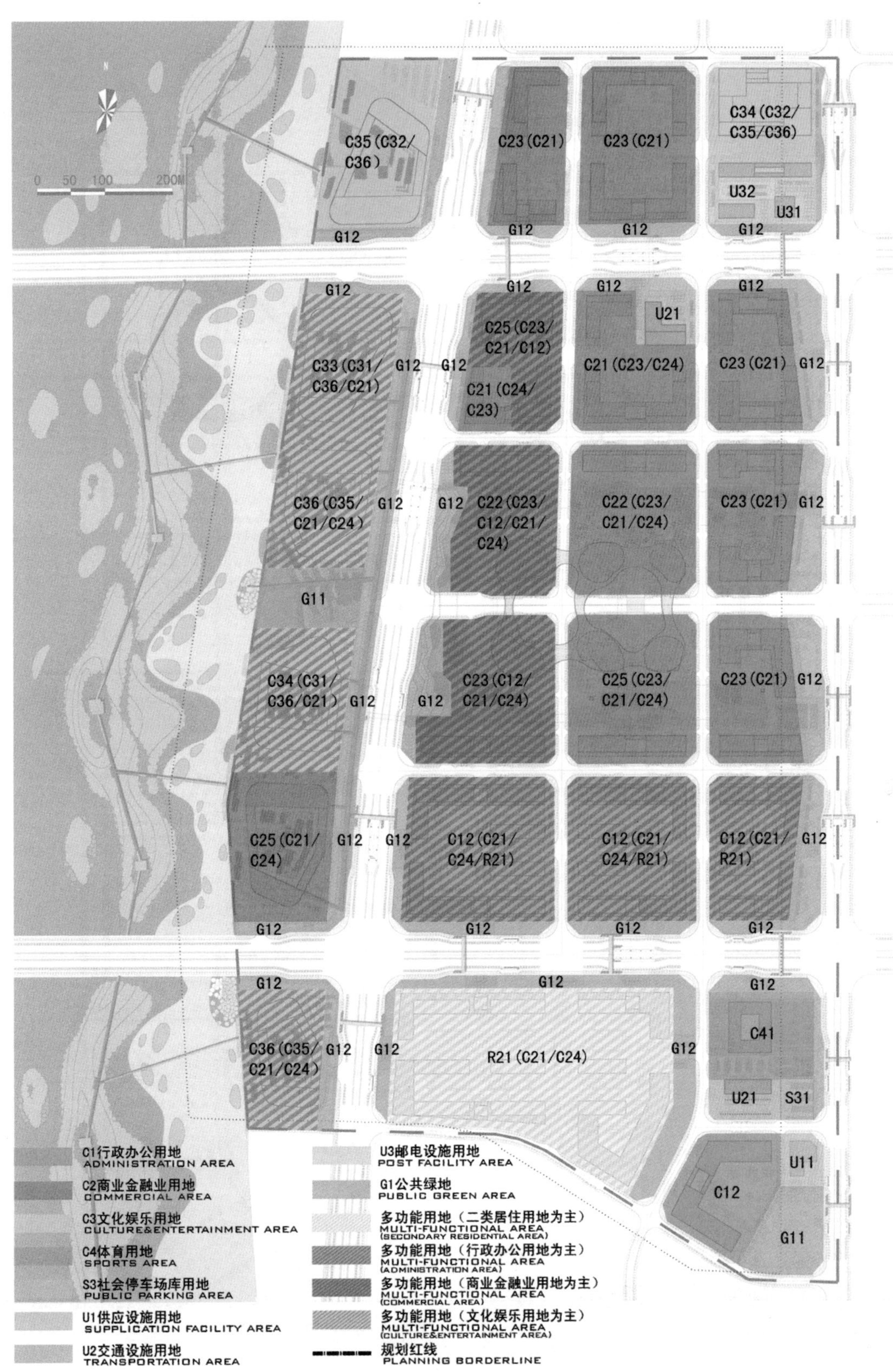

0 50 100 200M
C35(C32/C36)
C23(C21)
C23(C21)
C34(C32/C35/C36)
U32
U31
G12
U21
C25(C23/C21/C12)
C33(C31/C36/C21)
C21(C23/C24)
C23(C21)
C21(C24/C23)
C36(C35/C21/C24)
C22(C23/C12/C21/C24)
C22(C23/C21/C24)
G11
C34(C31/C36/C21)
C23(C12/C21/C24)
C25(C23/C21/C24)
C25(C21/C24)
C12(C21/C24/R21)
C12(C21/C24/R21)
C12(C21/R21)
C36(C35/C21/C24)
R21(C21/C24)
C41
U21
S31
U11
C12
G11
C1行政办公用地
ADMINISTRATION AREA
C2商业金融业用地
COMMERCIAL AREA
C3文化娱乐用地
CULTURE&ENTERTAINMENT AREA
C4体育用地
SPORTS AREA
S3社会停车场库用地
PUBLIC PARKING AREA
U1供应设施用地
SUPPLICATION FACILITY AREA
U2交通设施用地
TRANSPORTATION AREA
U3邮电设施用地
POST FACILITY AREA
G1公共绿地
PUBLIC GREEN AREA
多功能用地（二类居住用地为主）
MULTI-FUNCTIONAL AREA (SECONDARY RESIDENTIAL AREA)
多功能用地（行政办公用地为主）
MULTI-FUNCTIONAL AREA (ADMINISTRATION AREA)
多功能用地（商业金融业用地为主）
MULTI-FUNCTIONAL AREA (COMMERCIAL AREA)
多功能用地（文化娱乐用地为主）
MULTI-FUNCTIONAL AREA (CULTURE&ENTERTAINMENT AREA)
规划红线
PLANNING BORDERLINE

步行交通

方案打破常规的建筑退红线做法，通过建立穿越地块的步行绿道，形成城市步行绿道网络，与公交系统有机结合，形成绿色交通网络。

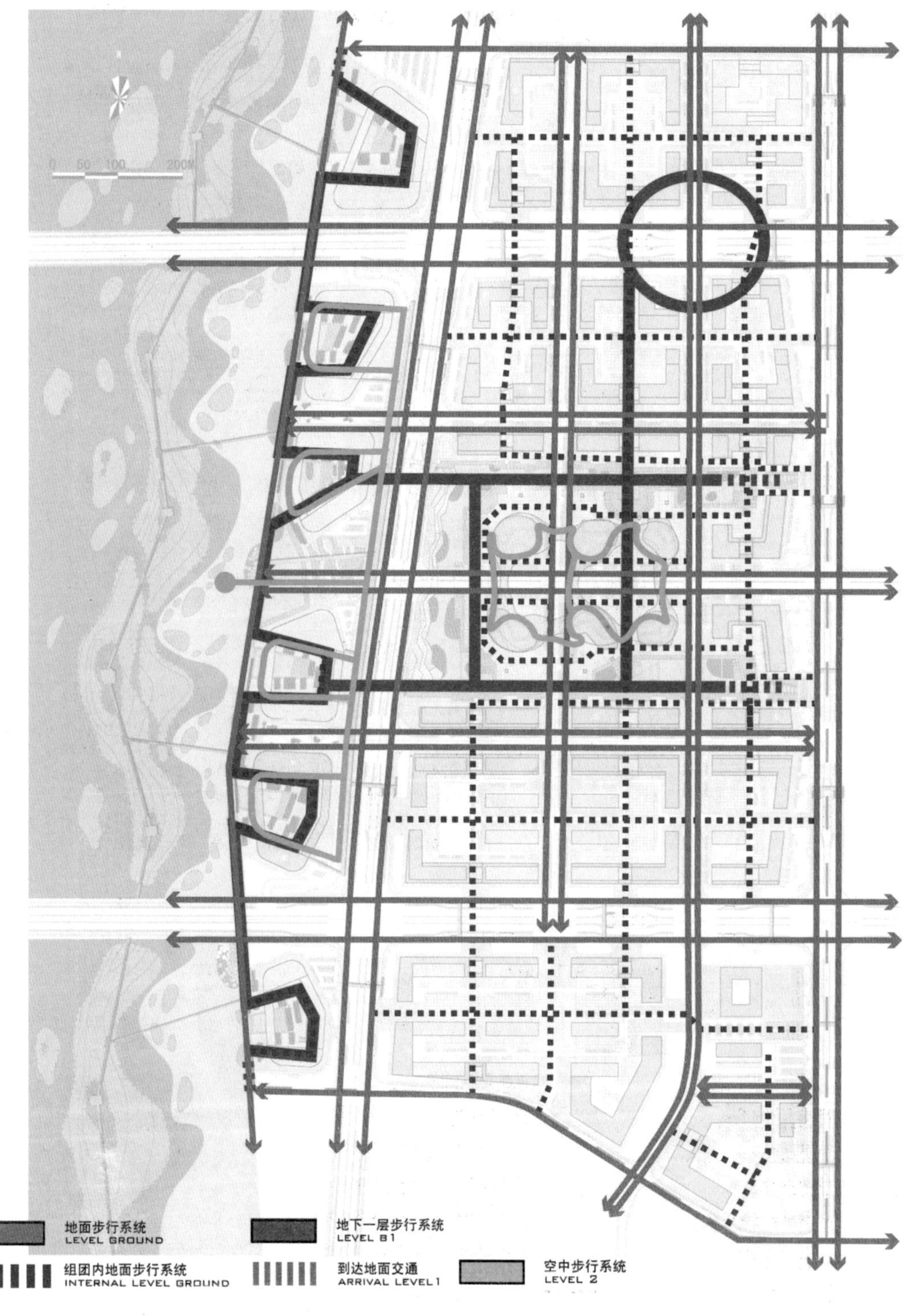

绿地系统

充分利用场地及其附近的自然条件，通过营造内湖，抬高水面和水城相穿插，创造滨水游憩空间，构建滨水城市阳台和空中画廊，通过将核心区的街道下沉，形成城市绿谷，营造冬暖夏凉的微气候，并通过立体交通处理，与滨水带连为一体，形成步行友好的休闲商业环境。

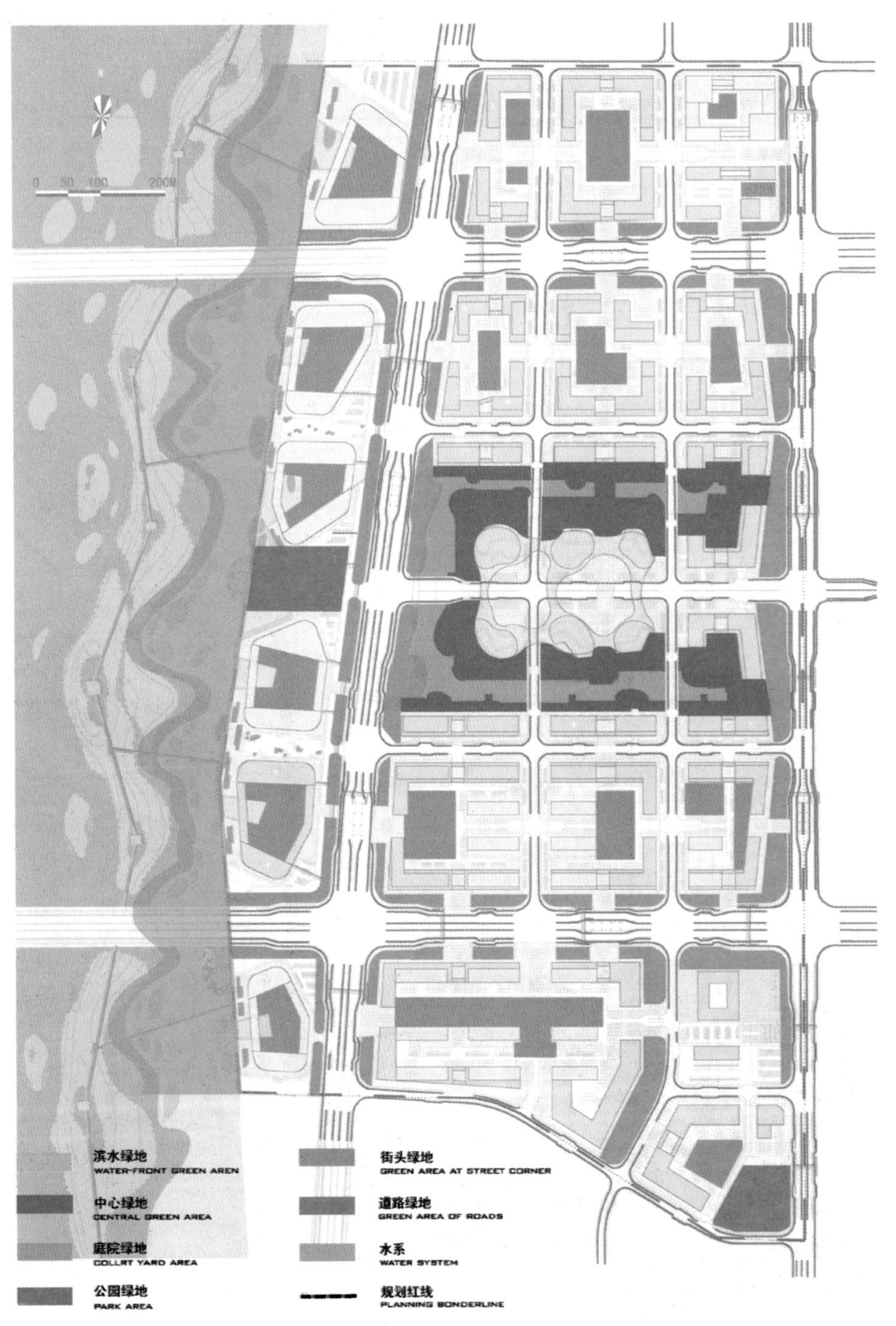

公共空间

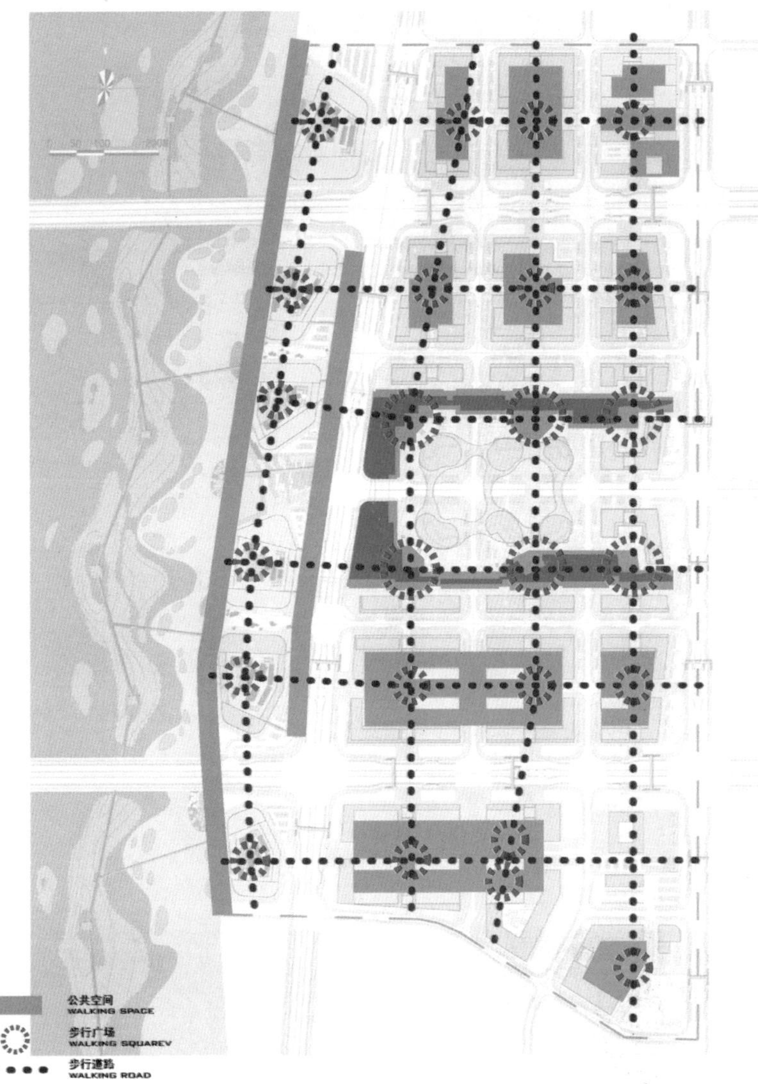

单元结构与建筑退线

在建筑布局上采用合院方式，营造宜人的空间和良好的微气候。

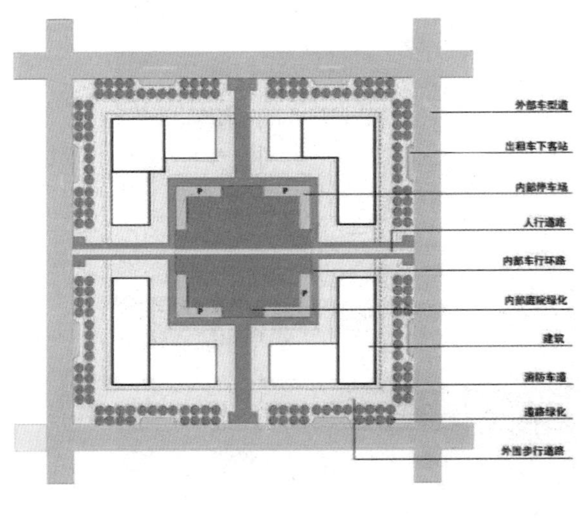

地块结构分析图

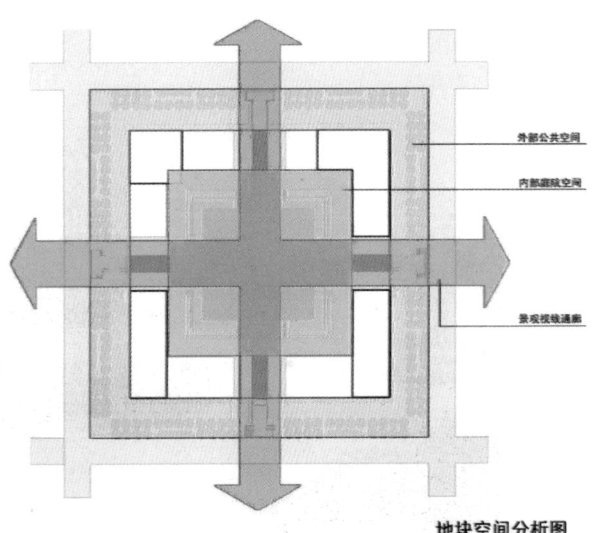

地块空间分析图

街区平面

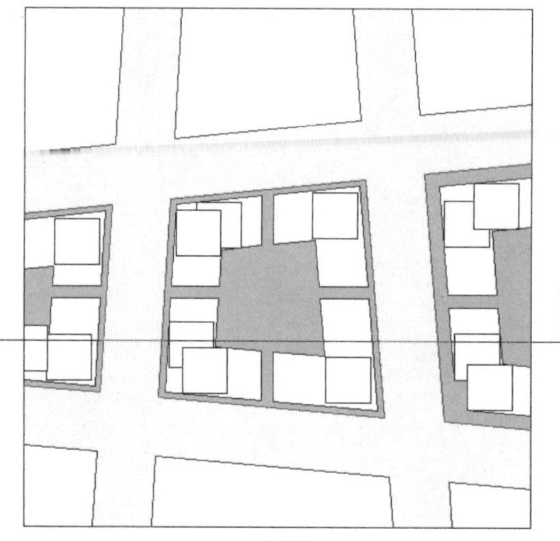

街区平面

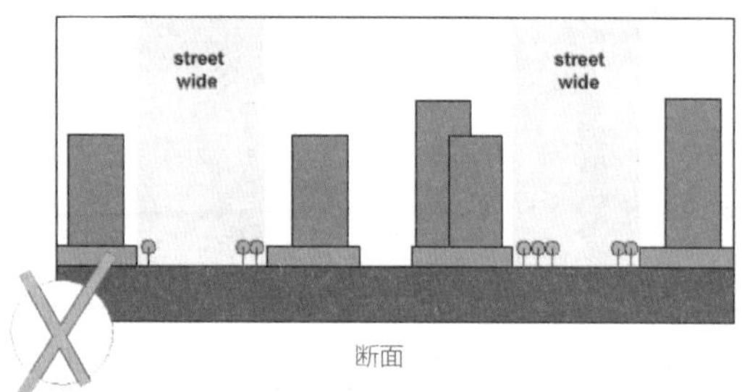

断面

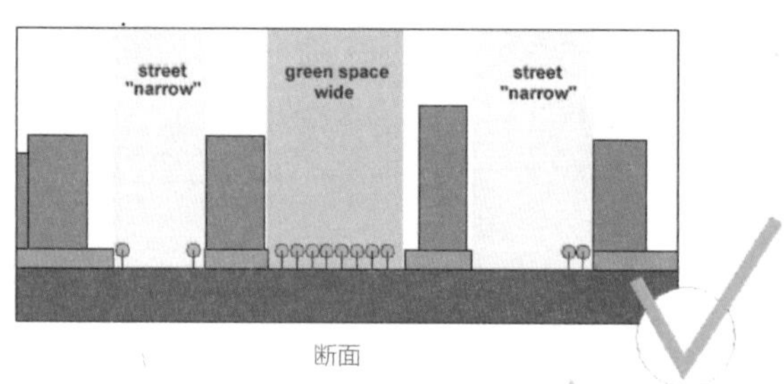

断面

城市阳台

城市画廊

城市绿谷

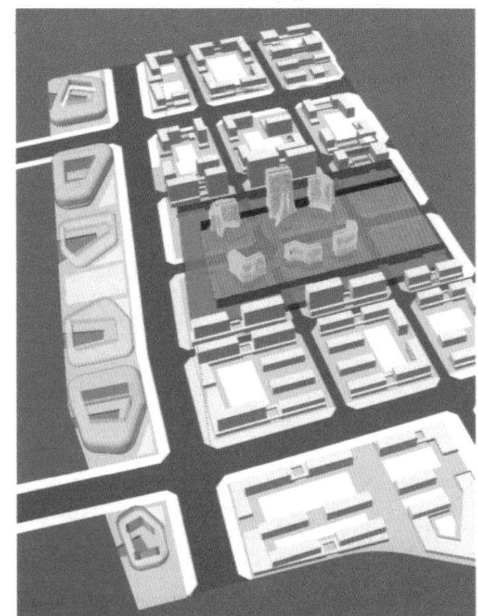

核心区

半岛状核心区节点场地断面关系

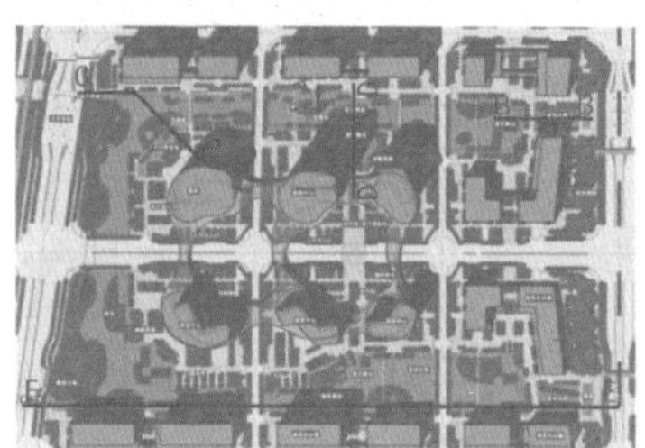
剖面图索引

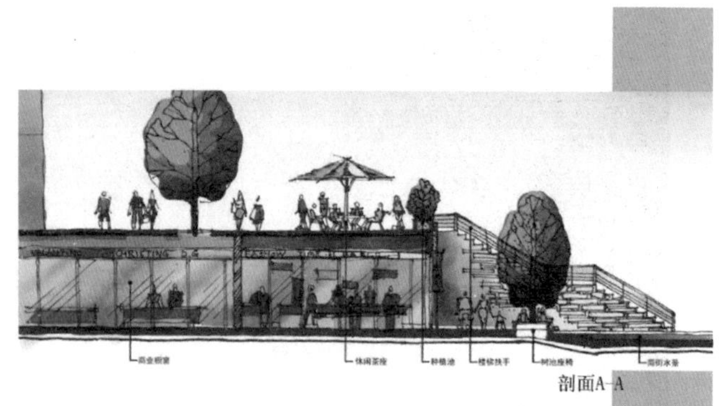
剖面A-A

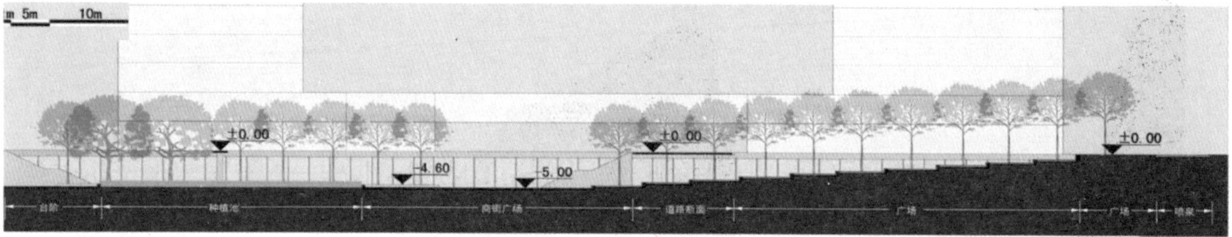

剖面B—B

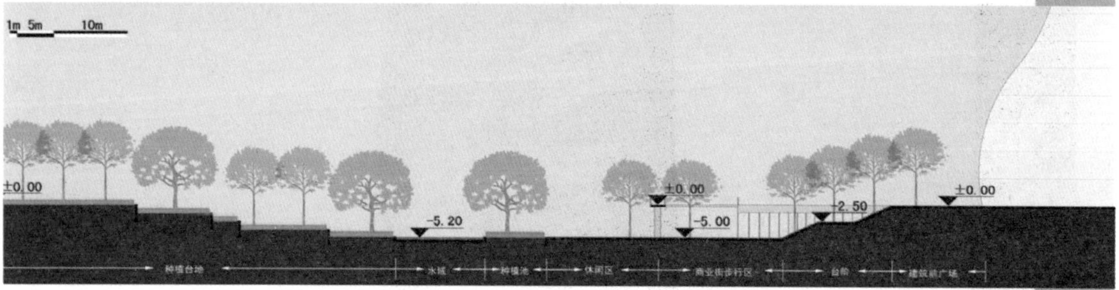

剖面C—C

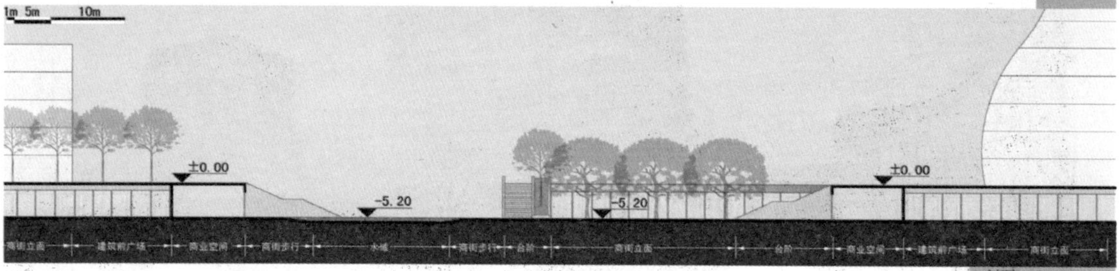

剖面D—D

剖面E—E

四合院

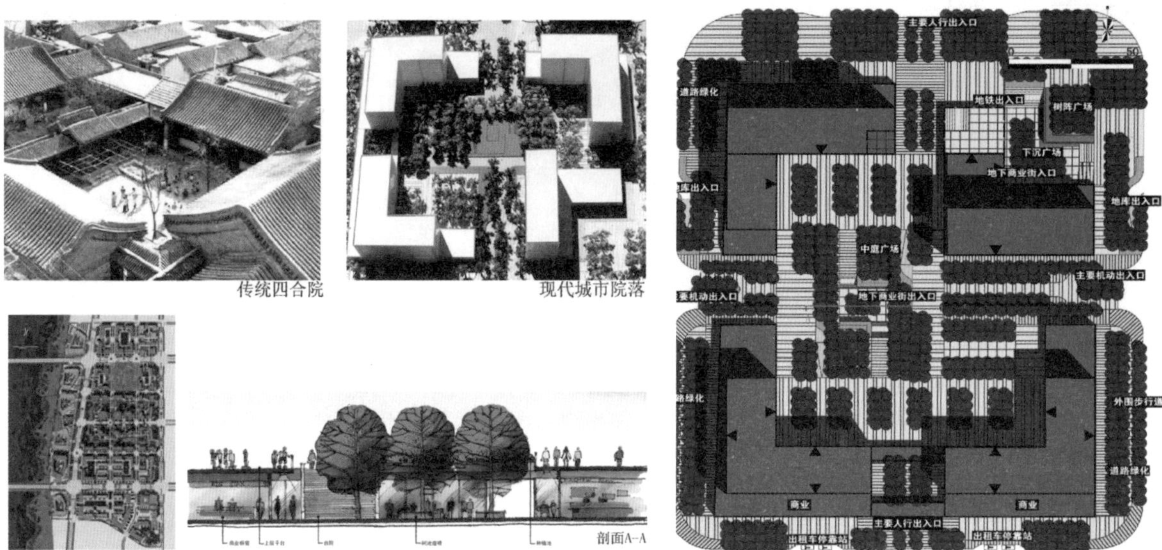

传统四合院

现代城市院落

剖面A-A

庭院节点平面

参考文献

[1] 陈天 . 城市设计的整合性思维 [D]. 天津大学，2007.

[2] 王峤 . 高密度环境下的城市中心区防灾规划研究 [D]. 天津大学，2013.

[3] 吉伯德 . 市镇设计 [M]. 程里尧 . 译 . 北京：中国建筑工业出版社，1983.

[4] 邹经宇，张晖在 . 适合高人口密度的城市生态住区研究——关于香港模式的思考 [J]. 新建筑，2004(4)：51-54.

[5] 费移山，王建国 . 高密度城市形态与城市交通——以香港城市发展为例 [J]. 新建筑，2004(5)：4-6.

[6] 缪朴 . 高密度环境中的城市设计准则 [J]. 竺晓军，编译 . 时代建筑，2001(3)：22-25.

[7] 赵勇伟 . 中心区高密度协调单元的构建—— 一种整体适应的城市设计策略 [J]. 建筑学报，2005(7)：44-45.

[8] 陈昌勇 . 空间的“驳接” —— 一种改善高密度居住空间环境的途径 [J]. 华中建筑，2006(12)：112-115.

[9] 王峤，曾坚，臧鑫宇 . 高密度城区开放空间的生态防灾策略 [J]. 天津大学学报 (社会科学版)，2014(3)：221-227.

[10] 臧鑫宇，陈天，王峤 . 生态城市设计研究层级的技术体系构建 [J].《规划师》论丛，2014 (00)：64-72.

[11] 王文卿 . 城市地下空间规划与设计 [M]. 南京：东南大学出版社，2006.

[12] 臧鑫宇，陈天，王峤 . 生态城理论与实践研究进程中的绿色街区思维 [J]. 建筑学报 . 2014，S1 (11): 143-147.

[13] (美) 康妮 · 小泽 . 生态城市前沿——美国波特兰成长的挑战和经验 [M]. 寇永霞，朱力，译 . 南京：东南大学出版社，2010.

[14] 伊恩 · 论诺克斯 · 麦克哈格 . 设计结合自然 [M]. 芮经纬，译 . 天津：天津大学出版社，2006.

[15] 臧鑫宇 . 生态城街区尺度研究模型的技术体系构建 [J]. 城市规划学刊，2013(4): 81-87.

[16] 臧鑫宇 . 绿色街区城市设计策略与方法研究 [D]. 天津大学，2014.

[17] 裴丹 . 绿色基础设施构建方法研究述评 [J]. 城市规划，2012 (5)：84-90.

[18] 刘冬飞 . “绿色交通”：一种可持续发展的交通理念 [J]. 现代城市研究，2003 (1) : 60-63.

[19] Jesper Dahl. 城市空间与交通——哥本哈根的策略与实践 [J]. 李华东，王晓京，译 . 建筑学报，2011(1)：5-12.

[20] 斯图加特空间规划环境分析 [DB/OL]. 斯图加特城市官方网 , http://www.stadtklima-stuttgart.de/index.php?start

[21] 曾坚，蔡良娃 . 建筑美学 [M]. 北京：中国建筑工业出版社，2010.

[22] (美) 罗杰 · 特兰西克 . 寻找失落的空间：城市设计的理论 [M]. 朱子瑜等，译 . 北京：中国建筑工业出版社，2008.

[23] 王晖，陈帆 . 写意与几何——对比浙江美术馆和苏州博物馆 [J]. 建筑学报，2010(6):70-73.

[24] 程泰宁 . 理性与意念的结合——杭州铁路新客站建筑设计介绍 [J]. 时代建筑，2000(4):40-43.

[25] 孙施文 . 公共空间的嵌入与空间模式的翻转——上海 " 新天地 " 的规划评论 [J]. 城市规划，2007，31(8):80-87.

[26] 罗小未 . 上海新天地广场——旧城改造的一种模式 [J]. 时代建筑，2001(4):24-29.

[27] 蒋涤非 . 城市形态活力论 [M]. 南京：东南大学出版社，2007.

[28] 王峤，曾坚，臧鑫宇 . 高密度城市中心区易发灾害及灾害特征研究 [A]. 中国城市规划学会 . 城乡治理与规划改革——2014 中国城市规划年会论文集 (01 城市安全与防灾规划) [C]. 中国城市规划学会：2014，12.

[29] 王峤，曾坚 . 高密度城市中心区的防灾规划体系构建 [J]. 建筑学报，2012，S2：144-148.

[30] 李松涛，曾坚 . 地震避难场所的设置原则与措施 [J]. 新建筑，2008 (4)：121-125.

[31] 费文君 . 城市避震减灾绿地体系规划理论研究 [D]. 南京：南京林业大学，2010.

[32] 刘海燕 . 基于城市综合防灾的城市形态优化研究 [D]. 西安：西安建筑科技大学，2005.

图书在版编目（CIP）数据

高密度城市中心区规划设计 / 陈天，王峤，臧鑫宇编著. -- 南京 ：江苏凤凰科学技术出版社，2017.1
ISBN 978-7-5537-7432-9

Ⅰ. ①高… Ⅱ. ①陈… ②王… ③臧… Ⅲ. ①市中心－城市规划 Ⅳ. ①TU984.16

中国版本图书馆CIP数据核字(2016)第273636号

高密度城市中心区规划设计

编　　著	陈天　王峤　臧鑫宇
项目策划	凤凰空间/高雅婷
责任编辑	刘屹立
特约编辑	陈丽新

出版发行	凤凰出版传媒股份有限公司 江苏凤凰科学技术出版社
出版社地址	南京市湖南路1号A楼，邮编：210009
出版社网址	http://www.pspress.cn
总　经　销	天津凤凰空间文化传媒有限公司
总经销网址	http://www.ifengspace.cn
经　　销	全国新华书店
印　　刷	北京彩和坊印刷有限公司

开　　本	889 mm×1194 mm　1/16
印　　张	16
字　　数	204 800
版　　次	2017年1月第1版
印　　次	2023年3月第2次印刷

标准书号	ISBN 978-7-5537-7432-9
定　　价	128.00元

图书如有印装质量问题，可随时向销售部调换（电话：022-87893668）。